建设行业专业技术管理人员职业资格培训教材

施工员（工长）专业基础知识

中国建设教育协会组织编写

危道军　李　志　主编

孙沛平　吴之昕　主审

中国建筑工业出版社

图书在版编目（CIP）数据

施工员（工长）专业基础知识/中国建设教育协会组
织编写．—北京：中国建筑工业出版社，2007
建设行业专业技术管理人员职业资格培训教材
ISBN 978-7-112-09377-9

Ⅰ．施⋯　Ⅱ．中⋯　Ⅲ．建筑工程-工程施工-工程
技术人员-资格考核-教材　Ⅳ．TU7

中国版本图书馆 CIP 数据核字（2007）第 091676 号

建设行业专业技术管理人员职业资格培训教材

施工员（工长）专业基础知识

中国建设教育协会组织编写

危道军　李　志　主编

孙沛平　吴之昕　主审

*

中国建筑工业出版社出版、发行（北京西郊百万庄）
各地新华书店、建筑书店经销
霸州市顺浩图文科技发展有限公司制版
北京同文印刷有限责任公司印刷

*

开本：787×1092 毫米　1/16　印张：16　字数：389 千字
2007 年 8 月第一版　2015 年 11 月第十九次印刷
定价：**27.00** 元
ISBN 978-7-112-09377-9
（16041）

本套书由中国建设教育协会组织编写，为建设行业专业技术人员职业资格培训用书。本书为施工员专业基础知识。本书主要内容包括建筑材料、建筑构造与识图、力学与结构的基本知识和其他相关知识等四方面的内容。

　　本书可作为施工员的培训教材，也可作为相关专业工程技术人员的参考用书。

＊　　＊　　＊

　　责任编辑：朱首明　李　明
　　责任设计：董建平
　　责任校对：陈晶晶　兰曼利

建设行业专业技术管理人员职业资格培训教材
编审委员会

出 版 说 明

　　由中国建设教育协会牵头、各省市建设教育协会共同参与的建设行业专业技术管理人员职业资格培训工作，经全国地方建设教育协会第六次联席会议商定，从今年下半年起，在条件成熟的省市陆续展开，为此，我们组织编写了《建设行业专业技术管理人员职业资格培训教材》。

　　开展建设行业专业技术管理人员职业资格培训工作，一方面是为了满足建设行业企事业单位的需要，另一方面也是为建立行业新的职业资格培训考核制度积累经验。

　　该套教材根据新制订的职业资格培训考试标准和考试大纲的要求，一改过去以理论知识为主的编写模式，以岗位所需的知识和能力为主线，精编成《专业基础知识》和《专业管理实务》两本，以供培训配套使用。该套教材既保证教材内容的系统性和完整性，又注重理论联系实际、解决实际问题能力的培养；既注重内容的先进性、实用性和适度的超前性，又便于实施案例教学和实践教学，具有可操作性。学员通过培训可以掌握从事专业岗位工作所必需的专业基础知识和专业实务能力。

　　由于时间紧，教材编写模式的创新又缺少可以借鉴的经验，难度较大，不足之处在所难免。请各省市有关培训单位在使用中将发现的问题及时反馈给我们，以作进一步的修订，使其日臻完善。

中国建设教育协会

2007 年 7 月

序

　　由中国建设教育协会组织编写的《建设行业专业技术管理人员职业资格培训教材》与读者见面了。这套教材对于满足广大建设职工学习和培训的需求，全面提高基层专业技术管理人员的素质，对于统一全国建设行业专业技术管理人员的职业资格培训和考试标准，推进行业职业资格制度建设的步伐，是一件很有意义的事情。

　　建设行业原有的企事业单位关键岗位持证上岗制度作为行政审批项目被取消后，对基层专业技术管理人员的教育培训尚缺乏有效的制度措施，而当前，科学技术迅猛发展，信息技术日益渗透到工程建设的各个环节，现在结构复杂、难度高、体量大的工程越来越多，新技术、新材料、新工艺、新规范的更新换代越来越快，迫切要求提高从业人员的素质。只有先进的技术和设备，没有高素质的操作人员，再先进的技术和设备也发挥不了应有的作用，很难转化为现实生产力。我们现在的施工技术、施工设备对生产一线的专业技术人员、管理人员、操作人员都提出了很高的要求。另一方面，随着市场经济体制的不断完善，我国加入WTO过渡期的结束，我国建筑市场的竞争将更加激烈，按照我国加入WTO时的承诺，我国的建筑工程市场将对外开放，其竞争规则、技术标准、经营方式、服务模式将进一步与国际接轨，建筑企业将在更大范围、更广领域和更高层次上参与国际竞争。国外知名企业凭借技术力量雄厚、管理水平高、融资能力强等优势进入我国市场。目前已有39个国家和地区的投资者在中国内地设立建筑设计和建筑施工企业1400多家，全球最大的225家国际承包商中，很多企业已经在中国开展了业务。这将使我国企业面临与国际跨国公司在国际、国内两个市场上同台竞争的严峻挑战。同国际上大型工程公司相比，我国的建筑业企业在组织机构、人力资源、经营管理、程序与标准、服务功能、科技创新能力、资本运营能力、信息化管理等多方面存在较大差距，所有这些差距都集中地反映在企业员工的全面素质上。最近，温家宝总理对建筑企业作了四点重要指示，其中强调要"加强领导班子建设和干部职工培训，提高建筑队伍整体素质。"贯彻落实总理指示，加强企业领导班子建设是关键，提高建筑企业职工队伍素质是基础。由此，我非常支持中国建设教育协会牵头把建设行业基层专业技术管理人员职业资格培训工作开展起来。这也是贯彻落实温总理指示的重要举措。

　　我希望中国建设教育协会和各地方的同行们齐心协力，规范有序地把这项工作做好，确保工作的质量，满足建设行业企事业单位对专业技术管理人员培训的需要，为行业新的职业资格培训考核制度的建立积累经验，为造就全球范围内的高素质建筑大军做出更大贡献。

姚兵

24/7/07.

前　　言

本书按照中国建设教育协会组织论证的"建设行业专业技术管理人员《施工员（工长）专业基础知识》职业资格培训考试大纲"的要求编写的。在编写过程中，参照了我国最新颁布的新标准、新规范，取材上力图反映我国工程建设施工的实际，内容上尽量符合实践需要，以达到学以致用、学有创造的目的，文字上深入浅出、通谷易懂、便于自学，以适应建筑施工企业管理的特点。

本书为施工员职业岗位资格考试培训教材。重点介绍了作为施工员所必须掌握的建筑材料、建筑构造与识图、力学与结构知识以及工程造价、合同管理、施工项目管理等基本知识。与《施工员（工长）专业实务》一书配套使用。

本书由湖北省建设教育协会、湖北城市技术职业技术学院的具体组织、指导下由危道军、李志主编。具体编写分工为：一由李林、郑日忠编写，二由盛平、冯晨编写，三由陈洁、马桂芬编写，四由危道军、顾娟编写。全书由危道军、李志统稿，由孙沛平、吴之昕审稿。

本书编写过程中得到了河南省建设教育协会、中国建设第三工程局、武汉建工集团等的大力支持，在此表示衷心感谢！

本书在编写过程中，参考了大量文献，在此，特表示衷心的谢意！并对为本书付出辛勤劳动的编辑同志表示衷心感谢！

由于我们水平有限，加之时间仓促，错误之处在所难免，我们恳切希望广大读者批评指正。

目　　录

一、建 筑 材 料

建筑材料是指用于建造建筑物、构筑物的一切材料的总称，它是从事工程建设的基本物质要素之一。

（一）建筑材料的基本性质

1. 材料基本的物理性质

（1）材料的密度

材料的密度是指材料在特定的体积状态下，单位体积的质量。按照材料体积状态的不同，材料的密度可分为实际密度、表观密度和堆积密度等。

1）实际密度

实际密度是指材料在绝对密实状态下，单位体积的质量，一般简称密度。按下式计算：

$$\rho = \frac{m}{V} \tag{1-1}$$

式中　ρ——材料的实际密度，g/cm^3 或 kg/m^3；

　　m——材料的质量，g 或 kg；

　　V——材料在绝对密实状态下的体积，cm^3 或 m^3。

绝对密实状态下的体积是指不包括孔隙在内的体积。除了金属材料及花岗岩、玻璃等少数较密实的非金属材料外，绝大多数材料都有一定数量的孔隙。

2）表观密度

表观密度是指材料在自然状态下，单位体积的质量。按下式计算：

$$\rho_0 = \frac{m}{V_0} \tag{1-2}$$

式中　ρ_0——材料的表观密度，g/cm^3 或 kg/m^3；

　　m——材料的质量，g 或 kg；

　　V_0——材料在自然状态下的体积，cm^3 或 m^3。

自然状态下的体积是指材料含孔隙的体积。在干燥状态下的表观密度即为干表观密度。

3）堆积密度

堆积密度是指散粒状材料（粉状、粒状或纤维状等）在自然堆积状态下，单位体积的质量。按下式计算：

$$\rho_0' = \frac{m}{V_0'} \tag{1-3}$$

式中 ρ_0'——堆积密度，kg/m^3；

m——材料的质量，kg；

V_0'——材料在堆积状态下的体积，m^3；

堆积状态下的体积是指包括材料固体部分、孔隙部分和空隙等部分的体积之和。测定时是指所用容器的容积，而质量是指填充在测定的容器内的材料的质量。

(2) 材料的密实度和孔隙率

1) 密实度

密实度是指材料体积内被固体物质所充实的程度，在数值上等于固体物质的体积占其表观体积的百分率。它可以评定材料的密实程度，用 D 表示，按下式计算：

$$D = \frac{V_0}{V} \times 100\% = \frac{\rho_0}{\rho} \times 100\% \tag{1-4}$$

一般材料的密实度均小于 1。材料的密实度决定了其强度、耐久性、保温隔热性和吸水性等许多性质。

2) 孔隙率

孔隙率是指材料体积内孔隙部分所占的比率，在数值上等于材料孔隙部分的体积与其表观体积的比率。它也是评定材料密实性能的指标，用 P 表示，按下式计算：

$$P = \frac{V_0 - V}{V_0} \times 100\% = \left(1 - \frac{\rho_0}{\rho}\right) \times 100\% \tag{1-5}$$

孔隙率与密实度的关系为：

$$P + D = 1 \tag{1-6}$$

上式表明，材料的表观体积是由其固体部分的体积与其所含孔隙部分体积构成的。

孔隙率和密实度都是表征材料密实性能的指标。

(3) 材料的填充率和空隙率

1) 填充率

填充率是指散粒状材料在特定的堆积状态下，被其固体颗粒填充的程度，以 D' 表示。按下式计算：

$$D' = \frac{V_0'}{V} \times 100\% = \frac{\rho_0}{\rho} \times 100\% \tag{1-7}$$

2) 空隙率

空隙率是指散粒状材料在特定的堆积体积中，颗粒之间的空隙体积所占的比率，以 P' 表示。按下式计算：

$$P' = \left(1 - \frac{V}{V_0'}\right) \times 100\% = \left(1 - \frac{\rho_0'}{\rho}\right) \times 100\% \tag{1-8}$$

空隙率与填充率的关系是：

$$P' + D' = 1 \tag{1-9}$$

填充率和空隙率，均可以作为评定散状材料颗粒之间相互填充的密实程度的技术指标。空隙率还可以作为控制混凝土集料级配与计算砂率的依据。

2. 材料与水有关的性质

（1）亲水性和憎水性

大多数建筑材料，如砖、混凝土、加气混凝土砌块、木材等都属于亲水性材料，表面均能被水润湿，且能通过毛细管作用将水吸入材料的毛细管内部。而沥青、油漆等属于憎水性材料，该类材料一般能阻止水分的渗入。憎水性材料不仅可用作防水材料，而且还可用于亲水性材料的表面处理，以降低其吸水性。

（2）吸水性

材料在浸水状态下，吸收水分的性能称为吸水性。

材料的吸水性能，不仅取决于材料本身是否具有亲水性，还与其孔隙率的大小及孔隙构造有关。

（3）吸湿性

材料在空气中吸收空气中水分的性质，称为吸湿性。吸湿性的大小用含水率表示。

材料所含有水分的质量占材料干燥质量的百分数，称为材料的含水率，可按下式计算：

$$W_含 = \frac{m_水}{m_干} \times 100\%$$ （1-10）

式中　$W_含$——材料的含水率，%；

　　　$m_水$——材料含有水的重量，g；

　　　$m_干$——材料干燥至恒重时的重量，g。

材料含水率的大小，除与材料本身的特性有关外，还与周围环境的温度、湿度有关。

（4）耐水性

材料长期在饱和水作用下保持其原有功能，抵抗破坏的能力称为耐水性。

（5）抗渗性

材料抵抗压力水或其他液体渗透的性质，称为抗渗性。混凝土的抗渗性常用抗渗等级来表示，如 P10 表示混凝土可抵抗渗水压力为 1.0MPa。

（6）抗冻性

材料在吸水饱和状态下，能经受多次冻结和融化（冻融循环）而不破坏，同时也不严重降低强度的性质，称为抗冻性。抵抗冻融循环次数越多，抗冻等级越高，材料的抗冻性也越好。材料的抗冻性用抗冻等级 F 表示，如 F_{15}、F_{25}、F_{50} 等。

（7）导热性

材料传导热量的能力称为导热性。材料导热性可用导热系数（λ）表示。材料的导热系数越小，绝热性能或保温性能就越好。

3. 材料的力学性质

（1）材料的强度

材料在外力（荷载）作用下，抵抗破坏的能力，称为该材料的强度。其值通常以 f 表示。

材料按外力作用的方式不同，可以将强度分为抗拉强度、抗压强度、抗弯（折）强度和抗剪强度等。材料的抗拉、抗压和抗剪强度按下式计算：

$$f = \frac{F}{A}$$ （1-11）

式中 f——抗拉、抗压和抗剪强度，MPa；

F——材料抗拉、抗压和抗剪破坏时的荷载，N；

A——材料的受力面积，mm^2；

材料的抗弯强度（也称抗折强度）与材料的受力情况和截面形状有关。当矩形截面的试件跨中作用一集中荷载时，材料抗弯强度按下式计算：

$$f = \frac{3FL}{2bh^2} \tag{1-12}$$

式中 f——抗弯强度，MPa；

F——材料抗弯至破坏时的荷载，N；

b，h——材料的截面宽度、高度，mm；

L——两支点的间距，mm。

（2）材料的弹性与塑性

材料在外力作用下产生变形，当外力取消后，材料变形即可消失并能完全恢复到原来形状的性质称为弹性。这种当外力取消后瞬间内即可完全消失的变形，即为弹性变形。

材料在外力作用下产生变形，当外力取消后，仍保持变形后的形状和尺寸，并且不产生裂缝的性质称为塑性。这种不能消失的变形，称为塑性变形（或永久变形）。

（3）材料的脆性和韧性

在外力作用下，当外力达到一定限度后，材料突然破坏而又无明显变形征兆的性质，称为脆性。脆性材料抵抗冲击荷载或振动作用的能力较差。脆性材料的抗压强度一般比抗拉强度高。

材料的韧性是指材料在荷载作用下，能承受较大变形也不至于立即破坏的性能。钢材比混凝土有大得多的韧性。

4. 材料的耐久性

材料在使用过程中，能够抵抗所处环境中各种介质的侵蚀而不破坏，并保持其原有性质的能力称为耐久性。耐久性是材料的一种综合性能，它包括抗冻性、抗渗性、抗风化性、抗老化性、耐化学腐蚀性等。此外，材料的强度、密实性能、耐磨性等也与材料的耐久性有着密切的关系。材料在使用过程中，除受到各种外力的作用外，还长期受到周围环境和各种自然因素的破坏作用，这些作用一般可分为物理作用、化学作用及生物作用等。

为了提高材料的耐久性，可根据材料的组成、性质、用途以及所处的环境条件等因素，采取相应的措施。如木材表面涂刷油漆、墙面粘贴墙面砖等都是提高材料耐久性的有效措施。

（二）气硬性胶凝材料

工程建设中，常把能将散粒状、块状或纤维状等材料粘结成为整体，并具有一定强度的材料，统称为胶凝材料。胶凝材料根据化学成分不同分为无机和有机两大类。无机胶凝材料又按其硬化条件不同分为气硬性和水硬性两大类。

气硬性无机胶凝材料是指只能在空气中凝结硬化，也只能在空气中保持和发展其强度的一类胶凝性材料。如石灰、石膏、水玻璃等。

1. 石灰的性质及应用

（1）石灰的品种及技术性质

石灰的原料是石灰岩。它的主要成分为碳酸钙和碳酸镁。石灰岩经过石灰窑煅烧后，即成生石灰。生石灰主要成分为氧化钙，次要成分为氧化镁。生石灰在使用时可以分为：生石灰块窑厂出来即是；经机磨后，可成生石灰粉；生石灰块，以人工洒水消化成熟石灰粉；用生石灰在淋灰池边淋制后，在池中沉淀可成为石灰膏；其稀浆部分取出可作为石灰乳应用。

（2）石灰的特性

1）可塑性好、保水性好。熟石灰表面吸附一层厚的水膜，因此，具有良好的可塑性和较好的和易性。在水泥砂浆中掺入石灰膏，能使其可塑性和保水性显著提高，方便施工。

2）吸湿性强。生石灰吸湿性强，是传统的干燥剂。

3）凝结硬化慢，强度低。由于石灰浆结晶和碳化过程的相互制约、相互影响，导致石灰的硬化速度较慢，并且 $Ca(OH)_2$ 晶体的强度也不高。通常，1：3 石灰砂浆 28d 的抗压强度只有 0.2～0.5MPa。

4）体积收缩大。石灰浆在硬化过程中，由于水分的大量蒸发，引起体积收缩，使其开裂，因此，除调成石灰乳作薄层涂料外，不宜单独使用。为了避免石灰收缩引起的开裂，常在石灰中掺入适量的砂、麻刀、玻璃纤维、纸筋等。

5）耐水性差。石灰结晶后的成分 $Ca(OH)_2$ 能溶于水，若长期受潮或被水浸泡，会使已硬化的石灰溃散。

（3）石灰的应用

1）配制石灰砂浆和石灰乳涂料。用石灰膏和砂或麻刀、纸筋等配制成的石灰砂浆、麻刀灰、纸筋灰广泛用作内墙、顶棚的抹面砂浆。用石灰膏和水泥、砂配制成的混合砂浆通常作墙体砌筑或抹灰之用。由石灰膏稀释成的石灰乳常用作内墙和顶棚的粉刷涂料。

2）配制灰土和三合土。灰土（石灰＋黏土）和三合土（石灰＋黏土＋砂、石或炉渣等填料）的应用，在我国有很长的历史。经夯实后的灰土或三合土广泛用作建筑物的基础、路基或地面的垫层，其强度和耐水性比石灰或黏土都高。

3）制作碳化石灰板。碳化石灰板是将磨细生石灰、纤维状填料（如玻璃纤维）或轻质骨料（如矿渣）搅拌、成型，然后经人工碳化而制成的一种轻质板材。为了减小表观密度和提高碳化效果，多制成空心板。这种板材能锯、能刨、能钉，适宜作非承重内墙板、天花板等。

4）制作硅酸盐制品。磨细生石灰或消石灰粉与砂或粒化高炉矿渣、炉渣、粉煤灰等硅质材料经配料、混合、成型，再经常压或高压蒸汽养护，就可制得密实或多孔的硅酸盐制品。如灰砂砖、粉煤灰砖及砌块、加气混凝土砌块等。

5）配制无熟料水泥。将具有一定活性的材料（如粒化高炉矿渣、粉煤灰、煤矸石灰渣等工业废渣），按适当比例与石灰配合，经共同磨细，可得到具有水硬性的胶凝材料，即为无熟料水泥。

2. 石膏及制品的性质及应用

建筑石膏是一种以硫酸钙（$CaSO_4$）为主要成分的气硬性胶凝材料。

（1）石膏的技术性质

石膏呈白色粉末状，密度约为 $2.60\sim2.75g/cm^3$，堆积密度约为 $800\sim1100kg/m^3$。建筑石膏的技术指标应符合表 1-1 的要求。

建筑石膏的技术指标（GB 9776）   表 1-1

技 术 指 标		优等品	一等品	合格品
强度（MPa）	抗折强度 ≥	2.5	2.1	1.8
	抗压强度 ≥	4.9	3.9	2.9
细度	0.2mm 方孔筛筛余（%）≤	5.0	10.0	15.0
凝结时间（min）	初凝时间 ≥	6		
	终凝时间 ≤	30		

建筑石膏易受潮吸湿，凝结硬化快，因此在运输、储存的过程中，应注意避免受潮及混入杂物。不同质量等级的石膏应分别储运，不得混杂。建筑石膏储存期为 3 个月，若超过 3 个月，应重新检验并确定其质量等级。

（2）建筑石膏的特性

1）凝结硬化快。建筑石膏的初凝和终凝时间都很短。

2）凝固时体积微膨胀。建筑石膏在凝结硬化时具有微膨胀性，其体积膨胀率约为 0.05%～0.15%。

3）孔隙率大，表观密度小，保温、吸声性能好。建筑石膏硬化后，由于多余水分的蒸发，内部形成大量孔隙（约占总体积的 50%～60%）。石膏制品具有表观密度小、质轻，保温隔热性能好和吸声性强等特点。

4）具有一定的调温调湿性。石膏制品的热容量大，吸湿性强，在室内温度、湿度变化时，由于制品的"呼吸"作用，使环境温度、湿度能得到一定的调节。

5）耐水性、抗冻性差。石膏是气硬性胶凝材料，吸水性大，长期在潮湿环境中，其晶体粒子间的结合力会削弱，直至溶解，因此不耐水，不抗冻。

6）具有防火性。石膏具有防火性，可阻止火势蔓延，起到防火作用。

（3）建筑石膏的用途

1）室内抹灰及粉刷。石膏洁白细腻，用于室内抹灰、粉刷，具有良好的装饰效果。

2）制作石膏制品。由于石膏制品质量轻，且可锯、可刨、可钉，加工性能好，同时石膏凝结硬化快，制品可连续生产，工艺简单，能耗低，生产效率高，施工时制品拼装快，可加快施工进度等，是当前着重发展的新型轻质材料之一。

（三）水　泥

水泥呈粉末状，加入适量的水混合后，经过一系列物理和化学变化由可塑性的浆体变成坚硬的人造石材，并能将砂、石等材料胶结成为整体，并具有水硬性，所以水泥是一种性能良好的水硬性胶凝性材料。它用量大，品种多，用途广，耐久性好，被广泛应用于建筑、水利、交通、电力和国防等工程建设中。

水泥按其主要化学成分不同分为许多种类别，如硅酸盐类水泥、铝酸盐类水泥、硫铝酸盐类水泥、铁铝酸盐类水泥和氟铝酸盐水泥等等。目前工程建设中使用较多的是硅酸盐类水泥。硅酸盐类水泥又可分为用于一般土木工程的通用水泥，以及适应专门用途的专用水泥。其中，通用水泥包括硅酸盐水泥、普通硅酸盐水泥、矿渣硅酸盐水泥、火山灰质硅酸盐水泥、粉煤灰硅酸盐水泥和复合硅酸盐水泥等；专用硅酸盐水泥包括快硬硅酸盐水泥、白色硅酸盐水泥、膨胀硅酸盐水泥、道路硅酸盐水泥和低水化热硅酸盐水泥等。

1. 通用硅酸盐水泥的技术要求、特点及应用

由硅酸盐水泥熟料加入 0～5％的石灰石或粒化高炉矿渣和适量石膏，经磨细而制成的水硬性胶凝材料，即为硅酸盐水泥（国外通称波特兰水泥）。硅酸盐水泥分两种类型，不掺加混合材料的称Ⅰ型硅酸盐水泥，代号 P·Ⅰ。掺加混合材料的称Ⅱ型硅酸盐水泥，代号 P·Ⅱ。

（1）硅酸盐水泥的主要技术性质

1）密度、堆积密度、细度

硅酸盐水泥的密度主要决定于其熟料矿物组成，一般为 3.00～3.20g/cm³。在进行混凝土配合比计算时，通常取 3.10g/cm³。

硅酸盐水泥的堆积密度，疏松堆积时约为 1000～1100kg/m³，紧密堆积时可达 1600kg/m³。在混凝土配合比计算中，通常采用 1200～1300kg/m³。

细度是指水泥颗粒的粗细程度。水泥细度决定了水泥的凝结硬化时间、强度和均质性等性能。根据国家标准《硅酸盐水泥、普通硅酸盐水泥》GB 175—1999 的规定，硅酸盐水泥的细度用比表面积评定，且不得小于 300m²/kg。凡水泥细度不符合规定的应定为不合格品。

2）凝结时间

水泥的凝结时间分为初凝和终凝。按国家标准《水泥标准稠度用水量、凝结时间、安定性检验方法》GB 1346—2001 规定的方法测定。

国家标准规定：硅酸盐水泥初凝时间不得早于 45min，终凝时间不得迟于 6.5h（390min）。

3）体积安定性

水泥体积安定性简称水泥安定性，是指水泥浆体在凝结硬化过程中，体积变化的均匀性。安定性不良的水泥，在浆体硬化过程中或硬化后产生不均匀的体积膨胀，使水泥制品产生膨胀性的裂缝、翘曲，甚至崩溃，严重影响工程质量。所以，国家标准规定体积安定性不合格的水泥应定为废品，严禁用于建设工程中。

4）强度与强度等级

硅酸盐水泥的强度等级是按规定龄期的抗压强度和抗折强度来划分，各强度等级水泥的各龄期强度不得低于表 1-2 的规定。

5）水化热

水化热是指水泥和水之间发生化学反应时放出的热量，通常以焦耳/千克(J/kg) 表示。在冬期施工中，水化热可以维持水泥的正常凝结和硬化，使水泥石在凝结硬化之前免遭冻结；但在大体积混凝土工程中，由于聚集在制品内部的水化热不易散出，常使制品内部的温度高达 50～60℃，由于温度应力的作用，可使水泥制品产生膨胀性的裂缝。因此大体积混凝土要采取施工措施。

（2）硅酸盐水泥的特性及应用

硅酸盐水泥强度较高，常用于重要结构的高性能混凝土和预应力混凝土工程中。由于硅酸盐水泥耐磨性好、早期强度较高，且强度增长速度较快，因此也适用于有耐磨要求、工程进度要求紧、凝结快、早期强度高、冬期施工及严寒地区有抗冻性要求的工程。

硅酸盐水泥水化石含有较多的氢氧化钙，因此其水泥石抵抗软水侵蚀和抗化学腐蚀的能力差，故不宜用于受流动的软水和有水压水作用的工程，也不宜用于受硫酸及硫酸盐、海水和其他有腐蚀性介质作用的工程。由于硅酸盐水泥水化时放出的热量大，因此不宜用于大体积混凝土工程中。该水泥耐热性差，也不宜用于有耐热要求的工程中。

2. 掺加混合材料的硅酸盐水泥的特性及应用

若在硅酸盐水泥熟料中掺入一定量的混合材料（掺量大于 6%）和适量石膏，共同磨细制成的水硬性胶凝材料，即为掺加混合材料的硅酸盐水泥。它能够改善原水泥的性能，增加品种，提高产量，节约熟料，降低成本，并可满足不同的工程需求。按掺加混合材料的品种和数量不同，掺加混合材料的硅酸盐水泥可分为普通硅酸盐水泥、矿渣硅酸盐水泥、火山灰质硅酸盐水泥、粉煤灰硅酸盐水泥和复合硅酸盐水泥等。

（1）掺加混合材料的硅酸盐水泥的种类和技术特性

掺加混合材料的硅酸盐水泥的种类、掺量、代号等技术性能和要求可见表 1-2、表 1-3。

通用水泥的主要技术性能 表 1-2

水泥品种性能与应用		硅酸盐水泥 (P·Ⅰ,P·Ⅱ)		普通水泥 (P·O)		矿渣水泥 (P·S)		火山灰水泥 (P·P)		粉煤灰水泥 (P·F)		复合水泥 (P·C)	
混合材料掺量		0~5%		6%~15%		20%~70%		20%~50%		20%~40%		15%~50%	
密度（g/cm³）		3.00~3.15				2.80~3.10							
堆积密度（kg/m³）		1000~1600				1000~1200		900~1000				1000~1200	
细度		比表面积>300m²/kg				过 0.080mm 的方孔筛，筛余量<10%							
凝结时间	初凝	>45min											
	终凝	<6.5h				<10h							
体积安定性	安定性	沸煮法检验必须合格（若饼法与雷氏夹法两者有争议时，以雷氏夹法为标准方法）											
	MgO 含量	<5.0%											
	SO₃ 含量	<3.5%（矿渣水泥中<4.0%）											
强度等级	龄期	抗折（MPa）	抗压（MPa）	抗折（MPa）	抗压（MPa）	抗折（MPa）	抗压（MPa）					抗折（MPa）	抗压（MPa）
32.5	3d	—	—	2.5	11.0	2.5	10.0					2.5	11.0
	28d	—	—	5.5	32.5	5.5	32.5					5.5	32.5
32.5R	3d	—	—	3.5	16.0	3.5	15.0					3.5	16.0
	28d	—	—	5.5	32.5	5.5	32.5					5.5	32.5
42.5	3d	3.5	17.0	3.5	16.0	3.5	15.0					3.5	16.0
	28d	6.5	42.5	6.5	42.5	6.5	42.5					6.5	42.5
42.5R	3d	4.0	22.0	4.0	21.0	4.0	19.0					4.0	21.0
	28d	6.5	42.5	6.5	42.5	6.5	42.5					6.5	42.5
52.5	3d	4.0	23.0	4.0	22.0	4.0	21.0					4.0	22.0
	28d	7.0	52.5	7.0	52.5	7.0	52.5					7.0	52.5
52.5R	3d	4.0	27.0	5.0	26.0	4.0	23.0					5.0	26.0
	28d	7.0	52.5	7.0	52.5	7.0	52.5					7.0	52.5
62.5	3d	5.0	28.0	—	—	—	—					—	—
	28d	8.0	52.5	—	—	—	—					—	—
62.5R	3d	5.5	32.0	—	—	—	—					—	—
	28d	8.0	62.5	—	—	—	—					—	—
碱含量		用户要求低碱水泥时，按 Na₂O＋0.685K₂O 计算的碱含量，不得大于水泥重的 0.6%，或由供需双方协商。											

通用水泥的特性 表 1-3

品种	硅酸盐水泥 (P·Ⅰ，P·Ⅱ)	普通水泥 (P·O)	矿渣水泥 (P·S)	火山灰水泥 (P·P)	粉煤灰水泥 (P·F)	复合水泥 (P·C)
主要特性	1. 凝结硬化速度快，早期强度高 2. 水化热大 3. 抗冻性好 4. 干缩性小 5. 耐腐蚀性差 6. 耐热性差 7. 耐磨性好	1. 凝结硬化速度较快，早期强度较高 2. 水化热较大 3. 抗冻性较好 4. 干缩性较小 5. 耐腐蚀性差 6. 耐热性较差 7. 耐磨性较好	1. 凝结硬化速度慢 2. 早期强度低，后期强度增长较快 3. 水化热低 4. 耐热性好 5. 泌水性大 6. 干缩性大 7. 抗冻性差 8. 耐腐蚀性好 9. 碱度较低，抗碳化性能差	1. 凝结硬化速度慢 2. 早期强度低，后期强度增长较快 3. 水化热低 4. 耐热性较好 5. 耐腐蚀性好 6. 干缩性较大 7. 在潮湿或与水接触环境中，抗渗性好 8. 干燥环境中易"起粉" 9. 碱度较低，抗碳化性能差	1. 凝结硬化速度慢 2. 早期强度低，后期强度增长较快 3. 水化热低 4. 耐热性较好 5. 耐腐蚀性好 6. 干缩性小 7. 抗裂性好 8. 同配合比时，和易性较好 9. 碱度较低，抗碳化性能差	与所掺两种或两种以上混合材料的种类和掺量有关，其特性基本与矿渣水泥、火山灰水泥、粉煤灰水泥的特性相似

（2）通用水泥的选用

各种不同水泥在不同混凝土中的应用见表1-4。

通用水泥的选用 表 1-4

混凝土工程特点及所处环境条件		优先选用	可以使用	不宜使用
普通混凝土	在一般气候和环境中的混凝土工程	普通水泥	矿渣水泥、火山灰水泥、粉煤灰水泥、复合水泥	
	在干燥环境中的混凝土工程	普通水泥	矿渣水泥	火山灰水泥、粉煤灰水泥
	在高潮湿环境或长期处于水中的混凝土工程	矿渣水泥、火山灰水泥、粉煤灰水泥、复合水泥	普通水泥	硅酸盐水泥
	厚大体积的混凝土工程	矿渣水泥、火山灰水泥、粉煤灰水泥、复合水泥		硅酸盐水泥
有特殊要求的混凝土	要求快硬高强（＞C40）的混凝土工程	硅酸盐水泥	普通水泥	矿渣水泥、火山灰水泥、粉煤灰水泥、复合水泥
	严寒地区的露天混凝土工程，寒冷地区处于地下水位升降范围的混凝土工程	普通水泥	矿渣水泥（强度等级＞32.5）	火山灰水泥、粉煤灰水泥、复合水泥
	有抗渗要求的混凝土工程	普通水泥、火山灰水泥		矿渣水泥
	有耐磨性要求的混凝土工程	硅酸盐水泥、普通水泥	矿渣水泥（强度等级＞32.5）	火山灰水泥、粉煤灰水泥
	受侵蚀介质作用的混凝土工程	矿渣水泥、火山灰水泥、粉煤灰水泥、复合水泥		硅酸盐水泥

3. 其他品种的水泥及应用

为了满足工程建设中的多种需要，我国水泥工业还生产了具有特殊性能的水泥品种。

（1）铝酸盐水泥

1）凡以铝酸钙为主要成分的铝酸盐水泥熟料（氧化铝含量约占50%），磨细制成的水硬性胶凝材料，称为铝酸盐水泥（或高铝水泥，俗称矾土水泥），代号CA。

2）主要技术性能

铝酸盐水泥的主要技术性能见表1-5。

铝酸盐水泥的主要技术性能 表1-5

水泥类型	抗折强度（MPa）				抗压强度（MPa）				细 度	初凝时间（min）	终凝时间（h）
	6h	1d	3d	28d	6h	1d	3d	28d			
CA-50	3.0	5.5	6.5	—	20	40	50	—	过45μm的方孔筛，筛余量不大于20%或比表面积不小于300m²/kg	30	6
CA-60	—	2.5	5.0	10.0	—	20	45	85			
CA-70	—	5.0	6.0	—	—	30	40	—			
CA-80	—	4.0	5.0	—	—	25	30	—		60	18

3）应用

由于铝酸盐水泥的早期强度较高，且早期强度增长速度特别快，宜用于早期强度要求高的特殊工程，如紧急军事及抢修工程（筑路、修桥、堵漏等）。铝酸盐水泥混凝土后期强度下降较大，不宜用于长期承重的结构。在设计时应以该水泥最低稳定的强度为设计依据，其值按GB 201—2000规定选用或经试验确定。

铝酸盐水泥在高温时，水化物产生固相反应，以烧结结合逐步代替了水化结合，使制品虽在高温下仍能保持较高的强度。如果采用耐火的粗、细骨料（如铬铁矿等），可以制成使用温度达1300～1400℃的耐热混凝土。

（2）膨胀水泥

在水泥凝结和硬化过程中，能使其产生体积膨胀的一类水泥，称为膨胀类水泥。根据在约束条件下所产生的膨胀量（自应力值）的大小和用途不同，可分为收缩补偿型膨胀水泥（简称膨胀水泥）及自应力型膨胀水泥（简称自应力水泥）两大类。前者表示水泥水化硬化过程中的体积膨胀，在实用上具有补偿收缩的性能，其自应力值小于2.0MPa，通常为0.5MPa，因而可减少和防止混凝土的收缩裂缝，并增加其密实度；后者表示水泥水化硬化后的体积膨胀，能使砂浆或混凝土在受约束条件下产生附加自应力的性能，其自应力值不小于2.0MPa。

根据膨胀水泥的基本组成，可分为以下五种：

1）硅酸盐膨胀水泥：以硅酸盐水泥为主，外加铝酸盐水泥和石膏配制而成。

2）明矾石膨胀水泥：以硅酸盐水泥熟料为主，外加天然明矾石、石膏和粒化高炉矿渣（或粉煤灰）配制而成。

3）铝酸盐膨胀水泥：由铝酸盐水泥熟料和二水石膏配制而成。

4）铁铝酸盐膨胀水泥：由铁铝酸盐水泥熟料，加入适量石膏，磨细而成。

5）硫铝酸盐膨胀水泥：由硫铝酸盐水泥熟料，加入适量石膏，磨细而成。

膨胀水泥适用于补偿收缩混凝土结构工程，防渗抗裂混凝土工程，补强和防渗抹面工程，大口径混凝土管及其接缝，梁柱和管道接头，固接机器底座和地脚螺栓等。

（3）快硬型水泥

1）快硬硅酸盐水泥

它是以硅酸盐水泥熟料和适量石膏磨细制成的，以 3d 抗压强度表示强度等级的水硬性胶凝材料，称为快硬硅酸盐水泥，简称快硬水泥。

快硬水泥的生产方法与普通水泥基本相同，只是较严格地控制水泥熟料中的矿物成分含量。另外，为了加速水泥的凝结和硬化，水泥磨得较细，比表面积较大，且杂质含量较少。

快硬水泥的初凝不得早于 45min，终凝不得迟于 10h。安定性（沸煮法检验）必须合格。水泥的强度等级以 3d 抗压强度表示，分为 32.5、37.5 和 42.5 三个强度等级。

快硬硅酸盐水泥可用于紧急抢修工程和低温施工工程，可配制早强、高等级混凝土。快硬水泥易受潮变质，故储运时须特别注意防潮，并应及时使用、不宜久存。从出厂之日起，超过 1 个月，应重新检验，合格后方可使用。

2）快硬铁铝酸盐水泥

凡以适当成分的生料，经煅烧所得以无水硫铝酸钙、铁相和硅酸二钙为主要矿物成分的熟料，加入适量石膏和 $0\sim10\%$ 的石灰石，经磨细制成的早期强度高的水硬性胶凝材料，称为快硬铁铝酸盐水泥，代号 R·FAC。

该水泥比表面积不小于 350kg/m²。初凝时间不早于 25min，终凝不迟于 3h。按《快硬铁铝酸盐水泥》JC 435—1996 标准，其强度以 3d 抗压强度划分为 425、525、625 和 725 等四个强度标号。

该水泥适用于要求快硬、早强、耐腐蚀、负温施工的海工、道路等工程。

（4）白色硅酸盐水泥与彩色硅酸盐水泥

白色硅酸盐水泥系指用含极少量着色物质（氧化铁、氧化镁等）的原料，如纯净的石英砂、纯净的高岭土等，在较高的温度下（1500～1600℃）烧至部分熔融，所得以硅酸钙为主要成分，氧化铁、氧化镁含量极少的水泥熟料，加入适量石膏，经磨细制成的水硬性胶凝材料，称为白色硅酸盐水泥（简称白水泥）。

白色硅酸盐水泥细度要求过 80μm 的方孔筛，筛余量不得超过 10%，初凝不得早于 45min，终凝不得迟于 10h，安定性用沸煮法检验必须合格，熟料中氧化镁含量不得超过 5.0%，水泥中三氧化硫含量不得超过 3.5%，强度等级以 28d 抗压强度划分为 32.5、42.5 和 52.5 三个强度等级。

在白色硅酸盐水泥中加入耐碱的颜料，即可制成彩色水泥。常用的耐碱颜料有：氧化铁（红、黄、褐、黑）、氧化锰（褐、黑）、氧化铬（绿色）、群青（蓝色）、赭石（赭色）以及普鲁士红等。

白色和彩色水泥，主要用于建筑物室内外的装饰工程中，如地面、台阶、柱等部位，还可配制彩色混凝土或砂浆等。

4. 水泥的验收与检验、储运与管理方法

（1）水泥的验收与检验

水泥进入施工现场后应进行验收，验收时，以同一水泥厂，按同品种、同强度等级，同期到达的袋装水泥，不超过 200t（散装水泥 500t）为一个检验批，不足 200t（散装水泥不足 500t）的，也作为一个检验批，进行验收。验收时，应核验生产厂家的产品质量合格证和出厂检验报告，并按规定的方法抽样复检。取样应有代表性，可以连续取，也可以从 20 个以上不同部位等量抽取，总数至少 10kg。然后，将试样送具有资质的检测单位进行复检。水泥的复检项目主要有：水泥细度、凝结时间、体积安定性和强度等。水泥技术性能的检验按现行国家有关标准进行。

（2）水泥的储运与管理

水泥的包装及标志，必须符合国家标准规定。通用水泥一般为袋装，也可以散装。袋装水泥每袋净含量 50kg，且不得少于标志重量的 98％；随机抽取 20 袋，水泥总重量不得少于 1000kg。其他包装形式由供需双方协商确定，但有关袋装质量要求必须符合上述规定。

水泥包装袋必须符合标准规定，包装袋上应标明：生产厂家名称、生产许可证编号、品种名称、代号、强度等级、包装日期和编号。掺火山灰质混合材料的矿渣水泥，还应标上"掺火山灰"的字样。包装袋两侧应印有水泥名称和强度等级，硅酸盐水泥、普通水泥和复合水泥的印刷采用红色，矿渣水泥采用绿色，火山灰水泥和粉煤灰水泥采用黑色。散装水泥供应时，应提交袋装水泥相同的内容卡片。

水泥在运输和保管期间，不得受潮和混入杂质，不同品种、出厂日期和等级的水泥应分别储运，并加以标志，不得混杂。储存水泥要有专用的仓库，仓库内应有分类标牌，库房要有防潮防漏措施，存放袋装水泥时，地面垫板要距地 300mm 以上，四周离墙 300mm 以上。散装水泥应有专用运输车，直接卸入现场特制的贮罐中，贮罐亦应有标牌标明类别，以分别存放。袋装水泥堆放高度一般不宜超过 10 袋，最高不得超过 15 袋，因为堆放过高一是易使下部水泥受潮；二是荷载过大易把下部的水泥袋压破；三是工人搬运不安全。在储存期内，水泥会吸收空气中的水分和二氧化碳，经三个月后，水泥的强度约降低 10％～20％；经六个月后，约降低 15％～30％。故硅酸盐水泥的存放期一般不应超过 3 个月，超过 3 个月的水泥必须经过重新检验，按鉴定后的强度等级使用。

（四）混　凝　土

1. 混凝土的主要技术性质

混凝土是指由胶凝材料，粗、细骨料及其他材料，按适当比例配制，经凝结、硬化而制成的具有所需形体、强度和耐久性等性能要求的人造石材。其主要技术性质包括：

（1）混凝土拌合物的和易性

混凝土拌合物的和易性是指混凝土拌合物易于施工操作（包括搅拌、运输、浇筑、捣实、泵送等），并能获得质量均匀、成型密实混凝土的性能。和易性是一项综合性的技术指标，它一般包括流动性、黏聚性和保水性等方面的含义。流动性是指混凝土拌合物在自重或外力作用下，能产生流动并均匀密实地填满模板的性能；黏聚性是指混凝土拌合物各组成材料之间具有一定的凝聚力，在运输和浇筑过程中不致发生分层离析现象，使混凝土保持整体均匀的性能；保水性是指混凝土拌合物具有一定保持内部拌合水分，不易产生泌水的性能。

1）和易性的测定及选择

《普通混凝土拌合物性能试验方法标准》GB/T 50080—2002 规定，用坍落度法或维勃稠度法来测定混凝土拌合物的流动性，并辅以直观和经验来评定其黏聚性和保水性，由此来综合评定混凝土拌合物的和易性。

选择合适的混凝土拌合物坍落度，原则上要根据结构类型、构件截面大小、配筋疏密、输送方式和施工搅拌、捣实的方法等因素来综合确定。根据《混凝土结构工程施工质量验收规范》（GB 50204—2002）的要求，混凝土浇筑的坍落度宜按表1-6选用。

混凝土浇筑时的坍落度 表1-6

结构种类	坍落度（mm）	泵送商品混凝土坍落度（mm）
基础或地面等的垫层、无配筋的大体积结构（挡土墙、基础等）或配筋稀疏的结构	10～30	（90～100）±20
梁、板和大型及中型截面的柱子等	35～50	120±20
配筋密集的结构（薄壁、斗仓、筒仓、细柱等）	50～70	140±20
配筋特密的结构（泵送高层建筑100m以内）	70～90	180±20

注：1. 本表系指采用机械振捣的坍落度，当采用人工捣实时可适当增大；
2. 当要求混凝土拌合物具有高的流动性时应掺入外加剂；
3. 曲面或斜面结构混凝土的坍落度应根据实际需要另行确定；
4. 轻骨料混凝土的坍落度，宜比表中数值减少10～20mm。

2）影响和易性的因素

在建设工程施工现场，往往会出现混凝土拌合物的流动性、黏聚性或保水性满足不了实际的需要，这时必须采用正确的方法对混凝土拌合物作适当的调整。

A. 水泥浆的用量。在水灰比不变的情况下，单位体积拌合物内，如果水泥浆愈多，则拌合物的流动性愈大，但水泥浆过多，又将会出现漏浆现象，并使拌合物的保水性、黏聚性变差，同时对混凝土的强度与耐久性也会产生一定的影响，且不经济。水泥浆过少，就不能填满骨料间空隙或不能很好包裹集料表面，拌合物就会产生崩塌现象，黏聚性也变差。因此，混凝土拌合物中水泥浆的用量，应以满足流动性和强度要求的前提下，使水泥浆用量最省为宜。

B. 水泥浆的稠度。水泥浆的稠度是由水灰比所决定的（水灰比是指拌制混凝土时，用水量与水泥用量的比值）。在水泥用量不变的情况下，当水灰比过小，水泥浆干稠，混凝土拌合物的流动性过低，会使施工困难，不能保证混凝土的密实性。增大水灰比，虽使流动性加大，但会造成混凝土拌合物的黏聚性和保水性不良，和严重影响混凝土的强度和耐久性。所以，水灰比一般应根据混凝土强度和耐久性要求，合理地选用。

C. 砂率。砂率是指混凝土中砂的重量占砂石总重量的百分率，以β_s表示。当水泥浆一定，砂率过大时，会导致混凝土拌合物流动性降低；如果砂率过小，又不能保证粗骨料之间有足够的砂浆层，也会降低混凝土拌合物的流动性，并严重影响其黏聚性和保水性。

D. 组成材料品种的影响。级配良好的骨料，在水泥浆用量相同的情况下，和易性好。碎石比卵石表面粗糙，所配制的混凝土拌合物流动性较卵石配制的差。细砂的比表面积大，用细砂配制的混凝土比用中、粗砂配制的混凝土拌合物流动性小。

E. 外加剂。在拌制混凝土时，加入少量的外加剂能使混凝土拌合物在不增加水泥用量的条件下，获得良好的和易性，不仅流动性显著增加，而且还有效地改善混凝土拌合物的黏聚性和保水性。

F. 时间和温度。搅拌后的混凝土拌合物，随着时间的延长或温度升高而逐渐变得干稠，和易性变差。在初凝之前完成施工操作有利于获得更好的性能，在温度较高时应适当缩短时间。

（2）混凝土的强度

混凝土的强度包括抗压强度、抗拉强度、抗弯强度（或抗折强度）、抗剪强度和与钢筋的粘结强度等。

1）立方体抗压强度

混凝土的立方体抗压强度是指以边长为 150mm 的立方体试件为标准试件，按标准方法成型，在标准条件（温度 20±2℃，相对湿度 95％以上）下，养护至 28d 龄期，用标准试验方法测得的极限抗压强度值，以 f_{cu} 表示。

混凝土立方体抗压强度标准值系指在混凝土立方体极限抗压强度总体分布中，具有 95％强度保证率的混凝土立方体抗压强度值，以 $f_{cu,k}$ 表示。

混凝土的强度等级是按混凝土立方体抗压强度标准值来划分的。采用符号 C 与立方体抗压强度标准值（单位为 MPa）表示，有 C15、C20、C25、C30、C35、C40、C45、C50、C55、C60、C65、C70、C75、C80 等 14 个强度等级。例如，C25 表示混凝土立方体抗压强度标准值 $f_{cu,k}=25MPa$，即满足设计要求时，该混凝土立方体抗压强度大于 25MPa 的概率为 95％以上。

2）混凝土的轴心（棱柱体）抗压强度

混凝土轴心抗压强度是采用 150mm×150mm×300mm 的棱柱体作为标准试件（或直径为 150mm，高 300mm 的圆柱体试件），按标准的试验方法成型，在标准的养护条件下，养护至 28 天，所测得的抗压强度值，以 f_{cp} 表示。

3）混凝土的抗拉强度

混凝土的抗拉强度（以 f_{tk} 表示）只有抗压强度的 1/20～1/10，并且该强度值随混凝土强度等级的提高，而抗拉值与抗压值之比会相应降低。

4）影响混凝土强度的主要因素

影响混凝土强度的因素很多，其主要影响因素包括原材料的质量、水泥石的强度及其与骨料的粘结强度、水灰比、试验方法、试件尺寸，此外还有施工质量、养护条件及龄期等。

A. 骨料的品种和质量。骨料中含有有害杂质或泥和泥块含量较多且品质低劣时，就会降低混凝土强度。碎石与水泥的粘结力较强，在同配合比的条件下，所配制的混凝土强度比用卵石的要高。骨料级配良好、砂率适当，也能使混凝土获得较高的强度。

B. 水泥强度等级与水灰比。在原材料确定时，混凝土强度与水泥强度成正比，与水灰比成反比。

C. 施工因素的影响。在配料、搅拌、运输、振捣、养护等过程中，若有任一环节未达到施工操作标准，都会导致混凝土强度的降低。

D. 养护条件。混凝土的养护是指在混凝土振捣成型后的一段时间内，保持适当的温度和湿度，使水泥充分水化的过程。因此，养护得好，对混凝土强度有利，反之不利。

E. 龄期。龄期是指混凝土在拌制成型后所历经的时间。在正常的养护条件下，混凝土的强度将随龄期的增长而增大，最初的 3～14d 强度增长速度较快，28d 以后逐渐缓慢。

（3）混凝土的耐久性

混凝土在实际使用条件下抵抗所处环境各种不利因素的作用，长期保持其使用性能和外观完整性，维持混凝土结构的安全和正常使用的能力称为混凝土耐久性。混凝土的耐久性是一项综合性指标，它主要包括抗冻性、抗渗性、抗侵蚀性、抗碳化性能、抗碱—骨料反应及抗风化性能等。

增强混凝土的耐久性。一般来说孔隙率小的混凝土具有更好的耐久性，可以通过以下方法降低孔隙率：掺入引气剂、减水剂或防冻剂等合适的外加剂；减小水灰比；选择级配良好的骨料；加强振捣，提高混凝土的密实性和加强养护等。

2. 混凝土组成材料的选择

普通混凝土是由水泥、砂、石子、水和相应掺合料及外加剂按比例混合拌制成的建筑材料。它的组成材料及选择要求介绍如下：

（1）水泥

1）水泥品种的选择

配制混凝土用的水泥品种，应当根据工程性质与特点、工程所处环境及施工条件等，并依据各种水泥的特性，生产厂的稳定性品牌等，正确、合理地选择。常用水泥品种的选用见表1-4。

2）水泥强度等级的选择

水泥强度等级的选择，应当与混凝土的设计强度等级相适应。原则上配制高强度等级的混凝土选用高强度等级水泥，低强度等级的混凝土选用低强度等级水泥

（2）细骨料（砂）

凡粒径在 $150\mu m \sim 4.75mm$ 之间的颗粒，称为细骨料。

细骨料一般按成因不同分为天然砂和人工砂。天然砂按其产源不同可分为河砂、湖砂、山砂和海砂；人工砂包括机制砂和混合砂。一般在当地缺乏天然砂源时，才采用人工砂。

其技术指标如下：

1）砂中有害物质含量

应符合表1-7的规定。

砂中有害物质含量（GB/T 14684—2001）　　　　　　　　表1-7

项　　目	指　　标		
	Ⅰ类	Ⅱ类	Ⅲ类
云母（按质量百分比计）（%）<	1.0	2.0	2.0
轻物质（按质量百分比计）（%）<	1.0	1.0	1.0
有机物（比色法）	合格	合格	合格
硫化物及硫酸盐（按 SO_3 质量计）（%）<	0.5	0.5	0.5
氯化物（以氯离子质量计）（%）	0.01	0.02	0.06

注：轻物质指表观密度小于 $2000kg/m^3$ 的物质

2）泥、泥块及石粉含量

应符合表1-8及表1-9的要求。

天然砂含泥量和泥块含量（GB/T 14684—2001）　　　　　　表1-8

项　　目	指　　标		
	Ⅰ类	Ⅱ类	Ⅲ类
含泥量（按质量百分比计）（%）	<1.0	<3.0	<5.0
泥块含量（按质量百分比计）（%）	0	<1.0	<2.0

注：表中Ⅰ类指用于大于 C60 混凝土的砂，Ⅱ类指用于 C30～C60 混凝土，Ⅲ类指用于＜C30 混凝土。

人工砂石粉含量和泥块含量（GB/T 14684—2001）　　　表 1-9

项　　目		指　　标		
		Ⅰ类	Ⅱ类	Ⅲ类
亚甲蓝试验	MB值<1.40 或合格　石粉含量（按质量百分比计）（%）	<3.0	<5.0	<7.0①
	MB值<1.40 或合格　泥块含量（按质量百分比计）（%）	0	<1.0	<2.0
	MB值≥1.40 或不合格　石粉含量（按质量百分比计）（%）	<1.0	<3.0	<5.0
	MB值≥1.40 或不合格　泥块含量（按质量百分比计）（%）.	0	<1.0	<2.0

注：根据使用地区和用途，在试验验证的基础上，可由供需双方协商确定，用于 C30 的混凝土和建筑砂浆。

3）砂的细度模数（M_X）和颗粒级配

砂的颗粒级配，是指大小不同粒径的砂颗粒相互搭配的情况。在混凝土中砂粒之间的空隙是由水泥浆所填充，为节约水泥和提高混凝土的密实性，就应尽量减小砂粒之间的空隙，要减小砂间的空隙，就必须有大小不同的颗粒合理搭配。

砂的粗细程度是指不同粒径的砂粒，混合在一起后的总体砂的粗细程度。粗细程度用筛分测定，称为细度模数。细度模数（M_X）越大，表示砂越粗。按《建筑用砂》GB/T 14684—2001 的规定，按细度模数的不同，将砂分为粗、中、细三种：

粗砂细度模数在 3.7～3.1；

中砂细度模数在 3.0～2.3；

细砂细度模数在 2.2～1.6。

根据混凝土的要求最好用细度模数 3.1～3.7 的粗砂，但目前国内这类砂已经很难获得，因此在做配合比时，一般只能达到 2.3～3.0 的中砂细度模数，所以做混凝土配合比时，必须加以注意。

4）砂的表观密度、堆积密度、空隙率

砂的表观密度、堆积密度、空隙率应符合如下规定：表观密度大于 2500kg/m³；松散堆积密度大于 1350kg/m³；空隙率小于 47%。

（3）粗骨料（卵石、碎石）

粗骨料是指凡粒径大于 4.75mm 的颗粒。普通混凝土常用的粗骨料为 5～40mm 粒径，按表观形状不同，分为卵石和碎石两类。

粗骨料按技术要求分为Ⅰ类、Ⅱ类、Ⅲ类三种类别。Ⅰ类宜用于强度等级大于 C60 的混凝土；Ⅱ类宜用于强度等级为 C30～C60 及抗冻、抗渗或有其他要求的混凝土；Ⅲ类宜用于强度等级小于 C30 的混凝土。

1）有害物质的允许含量

粗骨料有害物质含量应符合表 1-10 的规定。

2）泥和泥块含量

卵石、碎石中有害物质的含量（GB/T 14685—2001）　　　表 1-10

项　　目	指　　标		
	Ⅰ类	Ⅱ类	Ⅲ类
有机物（比色法检验）	合格	合格	合格
硫化物及硫酸盐（按 SO₃ 质量计）（%）<	0.5	1.0	1.0

卵石、碎石的泥含量是指粒径小于 0.075mm 的颗粒含量；泥块含量是指卵石、碎石中粒径大于 4.75mm 经水浸洗、手捏后小于 2.36mm 的颗粒含量。

卵石、碎石中泥和泥块含量应符合表 1-11 的规定。

卵石、碎石中泥和泥块含量（GB/T 14685—2001）　　　　　表 1-11

项　目	指　标		
	Ⅰ类	Ⅱ类	Ⅲ类
泥含量(按质量计)(%)＜	0.5	1.0	1.5
泥块含量(按质量计)(%)＜	0	0.5	0.7

3）针、片状颗粒含量

提高混凝土强度和减小集料间的空隙，粗集料比较理想的颗粒形状应该是接近立方体形或球形颗粒。

粗骨料中，凡颗粒长度尺寸大于该类颗粒平均粒径（平均粒径是指该粒级上、下限粒径的平均值）2.4 倍者，称为针状颗粒；厚度小于平均粒径 0.4 倍者，称为片状颗粒。这些颗粒的含量应严格控制。按现行国家标准规定，粗集料中针、片状颗粒的含量应符合表 1-12 的要求。

粗骨料针、片状颗粒含量　　　　　表 1-12

项　目	指　标		
	Ⅰ类	Ⅱ类	Ⅲ类
针、片状颗粒(按质量计)(%)＜	5	15	25

4）粗骨料的颗粒级配

粗骨料的级配也是通过筛分析试验来确定。依据现行国家标准，普通混凝土用卵石及碎石的颗粒级配应符合表 1-13 的规定。

碎石和卵石的颗粒级配　　　　　表 1-13

	累计筛余（%） 公称料径（mm） 方孔筛	2.36	4.75	9.50	16.0	19.0	26.5	31.5	37.5	53	63	75	90
连续粒级	5～10	95～100	80～100	0～15	0								
	5～16	95～100	85～100	30～60	0～10	0							
	5～20	95～100	90～100	40～80	—	0～10	0						
	5～25	95～100	90～100	—	30～70	—	0～5	0					
	5～31.5	95～100	90～100	70～90	—	15～45	—	0～5	0				
	5～40	—	90～100	70～90	—	30～65	—	—	0～5	0			
单粒粒级	10～20		95～100	85～100	—	0～15							
	16～31.5		95～100		85～100			0～10	0				
	20～40			95～100		80～100			0～10	0			
	31.5～63				95～100			75～100	45～75		0～10	0	
	40～80					95～100			70～100		30～60	0～10	0

5）粗骨料的最大粒径

粗骨料公称粒径的上限为该粒级石子的最大粒径。粗骨料的公称粒径，是用其最小粒径至最大粒径的尺寸标出，如5～20mm、5～31.5mm等。为了节省水泥，粗骨料的最大粒径在条件允许时，尽量选较大值。但还要受到结构截面尺寸、钢筋疏密和施工方法等因素的限制。最大粒径不得超过结构截面最小尺寸的1/4，且不得大于钢筋间最小净距的3/4，对于混凝土实心板，骨料的最大粒径不宜超过板厚的1/2，且不得超过50mm。对于泵送混凝土，碎石最大粒径与输送管内径之比，宜小于或等于1：2，卵石宜小于或等于1：2.5。

6）强度

碎石和卵石的强度，采用岩石立方体强度和压碎指标两种方法检验。

根据标准规定，火成岩的立方体抗压强度值应不小于80MPa；变质岩应不小于60MPa；水成岩应不小于30MPa。

工程上常采用压碎指标进行现场质量控制。压碎指标值越小，表示石子抵抗受压破坏的能力越强。根据标准，压碎指标值应符合表1-14的规定。

石子的压碎指标（%）　　　　　　　　　　　　表1-14

项　　目	指　　标		
	Ⅰ类	Ⅱ类	Ⅲ类
卵石压碎指标　<	10	20	30
碎石压碎指标　<	12	16	16

7）表观密度、堆积密度、空隙率

粗集料的表观密度、堆积密度、空隙率应符合如下规定：表观密度大于2500kg/m³；松散堆积密度大于1350kg/m³；空隙率小于47%。

（4）混凝土拌合及养护用水

混凝土拌合用水及养护用水应符合《混凝土用水标准》JGJ 63—2006）的规定，见表1-15。

混凝土拌合及养护用水中物质的含量限制　　　　　表1-15

项　　目	预应力混凝土	钢筋混凝土	素混凝土
pH 值	≥5.0	≥4.5	≥4.5
不溶物(mg/L)　　　　　　≤	2000	2000	5000
可溶物(mg/L)　　　　　　≤	2000	5000	10000
氯化物以(Cl^- 计)(mg/L)　≤	500	1000	3500
硫酸盐以(SO_4^{2-} 计)(mg/L)　≤	600	2000	2700
碱含量(mg/L)　　　　　　≤	1500	1500	1500

注：碱含量按 $Na_2O+0.658K_2O$ 计算值来表示。采用非碱活性骨料时，可不检验碱含量。

对水质有怀疑时，应将待检验水与蒸馏水分别做水泥凝结时间和砂浆或混凝土强度对比试验。

3. 混凝土配合比设计

普通混凝土配合比是指混凝土中各组成材料之间用量的关系。配合比常用的表示方法有两种：

1）以每立方米混凝土拌合物中各种材料的质量表示，如水泥 300kg/m³、砂 660kg/m³、石子 1240kg/m³、水 180kg/m³。

2）以各种材料的重量比表示（以水泥重量为 1），将上例换算成重量比为：水泥：砂：石子＝1：2.20：4.10；$\frac{W}{C}$＝0.60。

（1）混凝土配合比设计的基本要求

1）满足与设计相适应的强度要求；

2）满足与施工相适应的和易性要求；

3）满足与其所处环境相适应的耐久性要求；

4）在满足上述要求的同时，还应满足经济性的要求。

（2）混凝土配合比设计中的三个参数

水灰比、砂率、单位用水量是混凝土配合比设计的三个重要参数，正确地确定这三个参数，是确定混凝土合理配合比的基础。

1）水灰比 $\left(\frac{W}{C}\right)$

水灰比是影响混凝土强度和耐久性的主要因素。确定的原则是在满足强度和耐久性的前提下，尽量选择较大值。

2）砂率 (β_s)

确定砂率的原则是在用水量及水泥用量一定的情况下，能使混凝土拌合物获得最大的流动性，并保持良好的黏聚性和保水性；或者，能使混凝土拌合物获得所要求的流动性及良好的黏聚性与保水性的前提下，水泥用量最少，即选择合理砂率。

3）单位用水量 (m_{w0})

单位用水量是指 1 立方米混凝土拌合物中，拌合水的用量。它反映混凝土中水泥浆用量的多少。确定的原则是在满足流动性的要求条件下，尽量取较小值。

（3）混凝土配合比设计的方法与步骤

混凝土配合比设计，应首先根据对混凝土的基本要求，与所使用原材料的实际品种，进行初步计算，得出"初步配合比"；再经实验室试拌调整，得出"基准配合比"；然后，经过强度和相关耐久性的检验，确定出满足混凝土基本要求的"实验室配合比"；最后根据施工现场砂、石料的含水率，对实验室配合比进行换算，即可得出满足实际需要的"施工配合比"。

1）初步配合比的计算

A. 初步确定混凝土配制强度 $(f_{cu,0})$

混凝土配制强度按式 1-13 确定。

$$f_{cu,0} = f_{cu,k} + 1.645\sigma \tag{1-13}$$

式中　$f_{cu,0}$——混凝土配制强度，MPa；

　　　$f_{cu,k}$——混凝土立方体抗压强度标准值，MPa；

　　　σ——混凝土强度标准差，MPa。

混凝土强度标准差 σ 宜根据同类混凝土统计资料计算确定，并应符合下列规定：

当施工单位具有近期同品种混凝土强度统计资料时，混凝土强度标准差按式 1-14 计算：

$$\sigma = \sqrt{\frac{\sum\limits_{i=1}^{n} f_{cu,i}{}^2 - n\overline{f}_{cu}{}^2}{n-1}}$$ (1-14)

式中　$f_{cu,i}$——第 i 组混凝土的强度值，MPa；

$\overline{f}_{cu}$——n 组混凝土试件强度的算术平均值，MPa；

n——混凝土试件的组数，$n \geqslant 25$ 组。

当混凝土强度等级为 C20 和 C25，其强度标准差计算值小于 2.5MPa 时，计算配制强度用的标准差应取不小于 2.5MPa；当混凝土强度等级等于或大于 C30，其强度标准差计算值小于 3.0MPa 时，计算配制强度用的标准差应取不小于 3.0MPa。

当无统计资料计算混凝土强度标准差时，其值应按现行国家标准《混凝土结构工程施工质量验收规范》GB 50204—2002 的规定取用，见表 1-16。

混凝土强度标准差取值　　　　　　　　　　　表 1-16

混凝土强度等极	<C20	C20~C25	>C35
标准差 σ(MPa)	4.0	5.0	6.0

B. 初步确定水灰比 $\left(\dfrac{W}{C}\right)$

水灰比先按混凝土强度公式计算：

$$\frac{W}{C} = \frac{\alpha_a \cdot f_{ce}}{f_{cu,0} + \alpha_a \cdot \alpha_b \cdot f_{ce}}$$ (1-15)

式中　$f_{cu,0}$——混凝土配制强度，MPa；

f_{ce}——水泥 28d 实测抗压强度值，MPa；

当无水泥 28d 抗压强度实测值时，可按下式确定：

$$f_{ce} = \gamma_c \cdot f_{ce,k}$$ (1-16)

式中　γ_c——水泥强度等级值的富余系数，$\gamma_c \geqslant 1.0$，也可按实际统计资料确定；

$f_{ce,k}$——水泥强度等级值，MPa；

$\dfrac{W}{C}$——水灰比；

α_a、α_b——回归系数。根据工程所使用的水泥、集料种类通过试验确定。

当不具备试验统计资料时，可按《普通混凝土配合比设计规程》JGJ 55—2000 提供的经验系数取用：

碎石混凝土 $\alpha_a = 0.46$，$\alpha_b = 0.07$；

卵石混凝土 $\alpha_a = 0.48$，$\alpha_b = 0.33$。

C. 初步确定单位用水量（m_{w0}）

水灰比在 0.40~0.80 范围时，根据粗骨料的品种、粒径及施工要求的混凝土拌合物稠度，按表 1-17 选取用水量。

塑性和干硬性混凝土的用水量选用表（kg/m³） 表 1-17

拌合物的稠度		卵石最大粒径(mm)				碎石最大粒径(mm)			
项目	稠度	10	20	31.5	40	16	20	31.5	40
维勃稠度(s)	16～20	175	160		145	180	170		155
	11～15	180	165		150	185	175		160
	5～10	185	170		155	190	180		165
坍落度(mm)	10～30	190	170	160	150	220	185	175	165
	35～50	200	180	170	160	210	195	185	175
	55～70	210	190	180	170	220	205	195	185
	75～90	215	195	185	175	230	215	205	195

注：1. 本表用水量系采用中砂时的平均取值。采用细砂时，每立方米混凝土用水量可增加 5～10kg；采用粗砂时，则可减少 5～10kg。

2. 掺用各种外加剂或掺合料时，用水量应相应调整。

D. 初步确定水泥用量（m_{c0}）

根据已初步确定的水灰比$\left(\dfrac{W}{C}\right)$和单位用水量（$m_{w\alpha}$），即可计算出水泥用量：

$$m_{c0} = \frac{m_{w0}}{W/C} \tag{1-17}$$

为了满足混凝土耐久性的要求，由上式计算而得的水泥用量应与最小水泥用量作比对后，取较大值。

E. 初步确定砂率（β_s）

如果有以往的历史资料可参考时，可按以往资料初步选取砂率。否则，按以下规定初步确定砂率：

A）坍落度为 10～60mm 的混凝土的砂率，可根据粗集料品种、粒径及水灰比值按表 1-18 选取。

混凝土砂率选用表（%） 表 1-18

水灰比(W/C)	卵石最大粒径(mm)			碎石最大粒径(mm)		
	10	20	40	16	20	40
0.40	26～32	25～31	24～30	30～35	29～34	27～32
0.50	30～35	29～34	28～33	33～38	32～37	30～35
0.60	33～38	32～37	31～36	36～41	35～40	33～38
0.70	36～41	35～40	34～39	39～44	38～43	36～41

注：1. 本表数值系中砂的选用砂率，对粗砂或细砂，可相应地增大或减小砂率；

2. 只用一个单粒级粗骨料配制混凝土时，砂率应适当增大；

3. 对薄壁构件，砂率取偏大值。

B）坍落度大于 60mm 的混凝土的砂率，可经试验确定，也可在表 1-18 的基础上，按坍落度每增大 20mm，砂率增大 1% 的幅度予以调整；

C）坍落度小于 10mm 的混凝土，砂率应经试验确定。

F. 初步确定粗、细骨料用量（m_{s0}，m_{g0}）

A）当采用质量法时，应按下式计算：

$$m_{c0} + m_{w0} + m_{s0} + m_{g0} = m_{cp} \tag{1-18}$$

$$\beta_s = \frac{m_{s0}}{m_{s0} + m_{g0}} \times 100\% \tag{1-19}$$

式中 m_{c0}——每立方米混凝土的水泥用量，kg；

　　　m_{s0}——每立方米混凝土的细骨料用量，kg；

　　　m_{g0}——每立方米混凝土的粗骨料用量，kg；

　　　m_{w0}——每立方米混凝土的用水量，kg；

　　　β_s——砂率，%；

　　　m_{cp}——每立方米混凝土拌合物的假定质量，kg，其值可取 2400～2450kg/m³。

B）当采用体积法时，应按下式计算：

$$\frac{m_{c0}}{\rho_c} + \frac{m_{w0}}{\rho_w} + \frac{m_{s0}}{\rho_s} + \frac{m_{g0}}{\rho_g} + 10\alpha = 1000 \tag{1-20}$$

$$\beta_s = \frac{m_{s0}}{m_{s0} + m_{g0}} \times 100\% \tag{1-21}$$

式中 ρ_c——水泥的密度，可取 2.90～3.10g/cm³；

　　　ρ_w——水的密度，可取 1.00g/cm³；

　　　ρ_s——细骨料的表观密度，g/cm³；

　　　ρ_g——粗骨料的表观密度，g/cm³；

　　　α——混凝土含气量的百分数值，在不使用引气型外加剂时，可取 $\alpha=1.0$。

解联立方程，求出细骨料（m_{s0}）、粗骨料（m_{g0}）用量。

G. 得出初步配合比

经上述计算，得出混凝土初步配合比为：1m³ 混凝土拌合物中水泥、砂子、石子、水的用量分别为：m_{c0}、m_{s0}、m_{g0}、m_{w0}；或混凝土配合比表示为：

$$水泥：砂子：石子 = m_{c0}：m_{s0}：m_{g0} = 1：\frac{m_{s0}}{m_{c0}}：\frac{m_{g0}}{m_{c0}}；\quad \frac{W}{C} = \frac{m_{w0}}{m_{c0}} \tag{1-22}$$

2）混凝土基准配合比的确定

初步配合比是否满足基本要求，必须经过试拌确定。应检验其和易性，即流动性、黏聚性和保水性。

进行混凝土配合比试拌时，应采用工程中实际使用的原材料。拌合方法，宜与生产时使用的方法相同。

按初步配合比的材料用量和规定的拌制方法试拌后，即检查拌合物的和易性。当试拌得到的拌合物流动性不能满足要求，或黏聚性和保水性不好时，应在保证水灰比不变的条件下相应调整水泥浆的用量或砂率等，直到符合要求为止，即得出满足混凝土拌合物和易性要求的基准配合比。

3）实验室配合比的确定

按基准配合比和标准的制作方法，制作规定的混凝土试块进行混凝土强度检验。为了一次性得到试验结果，应至少采用三个不同的配合比，一个为基准配合比，另外两个配合比的水灰比，宜较基准配合比分别增加和减少 0.05；用水量应与基准配合比相同，砂率可分别增加和减少 1‰。将三个配合比的拌合物分别检验流动性、黏聚性、保水性和表观密度，并满足相关要求。以此结果代表相应配合比的混凝土拌合物性能；然后，制作强度试件，标准养护到 28d 时试压。

根据试验得出的混凝土强度与其相对应的水灰比关系，用作图法或计算法求出与混凝土配制强度相对应的水灰比，然后按下列原则确定各材料用量。

A. 用水量（m_w）应取基准配合比中的用水量，并根据制作强度试件时测得的坍落度（或维勃稠度）进行调整确定；

B. 水泥用量（m_c）应以用水量除以选定的水灰比计算确定；

C. 细骨料、粗骨料用量（m_s、m_g）应取基准配合比中的细骨料、粗骨料用量，并按选定的水灰比进行调整。

4）施工配合比

上述实验室配合比中的骨料是以干燥状态为准确定出来的。而施工现场的砂、石骨料常含有一定量的水分，并且含水率随环境温度和湿度的变化而改变。为保证混凝土质量，现场材料的实际称量应按施工现场砂、石的含水情况进行修正，修正后的配合比称为施工配合比。若施工现场实测砂子的含水率为 a%（a%＞0.5%），石子含水率为 b%（b%＞0.2%），则应将上述实验室配合比换算为施工配合比，即

$$m_c' = m_c \tag{1-23}$$

$$m_s' = m_s(1 + 0.01a) \tag{1-24}$$

$$m_g' = m_g(1 + 0.01b) \tag{1-25}$$

$$m_w' = m_w - 0.01am_s - 0.01bm_g \tag{1-26}$$

式中　m_c'、m_s'、m_g'、m_w'——分别为 1m³ 混凝土拌合物中水泥、砂子、石子、水的施工用量，kg。

4. 混凝土的检验和强度评定

（1）混凝土的检验

1）混凝土坍落度检测

本方法适用于粗集料最大粒径不大于 40mm、坍落度不小于 10mm 的稠度测定。

A. 仪器设备

标准坍落度筒、小铲、钢尺、喂料斗、捣棒等。

B. 检验步骤

A）湿润坍落度筒及其他用具，固定坍落度筒的位置。

B）用小铲把需检验的混凝土拌合物分三层装入坍落度筒内。

C）垂直平稳地提起坍落度筒。坍落度筒的提离过程应在 5～10s 内完成。

D）量测筒高与坍落后混凝土试体最高点之间的高度差（单位 mm，精确至 5mm），即为该混凝土拌合物的坍落度值。

C. 结果评定

坍落度筒提离后，如混凝土发生崩坍或一边剪坏现象，则应重新取样另行测定。如第二次试验仍出现上述现象，则表示该混凝土拌合物和易性差，应予记录备查。

用捣棒在已坍落的混凝土锥体侧面轻轻敲打，如果锥体逐渐下沉，表示黏聚性良好；如果锥体倒塌、部分崩裂或出现离析现象，表示黏聚性差。

坍落度筒提起后，如有较多的稀浆从底部析出，锥体部分的拌合物也因失浆而集料外露，表明其保水性差。如坍落度筒提起后，无稀浆或仅有少量稀浆自底部析出，表明其保水性良好。

2）混凝土立方体抗压强度试块送检

A. 试件成型

A）工具。试模、钢制捣棒、小铲。

B）试件成型。

混凝土抗压强度试验一般以三个试件为一组。每一组试件所用的拌合物应从同一盘或同一车运送的混凝土中取出。

制作试件前，应将试模清刷干净，在其内壁涂上一薄层矿物油脂。

所有试件应在取样后立即制作。用小铲将混凝土分层加入铸铁模中，分层用捣棒人工捣实，待沉积 5 分钟后，将表面抹平，送养护室。

B. 养护

试件在工地养护室成型后，应覆盖表面，以防止水分蒸发，并应在温度为 20±5℃ 情况下静置 1d（不得超过 2d），然后编号拆模。

拆模后的试件应立即放在温度为 20±2℃，湿度为 95％ 以上的标准养护室中养护。试件放在架上，彼此间隔为 10～20mm，并应避免用水直接冲淋试件。当无标准养护室时，试件可以放在温度为 20±2℃ 的不流动水中养护。水的 pH 值≥7。

若试件成型后需同条件养护时，应覆盖其表面。试件的拆模时间可与实际构件的拆模时间相同，拆模后。拆模后的试件仍需保持同条件养护。

C. 送实验室进行抗压试验

试件在养护室养护到 28d 后，应尽快送试验检测单位进行强度检测试验，保证 28d 的时间准确性。

（2）混凝土强度的评定

混凝土强度的评定分为统计法和非统计法两种。

1）统计法

根据混凝土生产条件不同，统计法又分为以下两种。

A. 统计法一（标准差已知方案）

当混凝土的生产条件在较长时间内能保持一致，且同一品种混凝土的强度变异性能保持稳定，标准差（σ）能根据前一时期生产积累的同类混凝土强度数据而确定时，应由连续的三组试件组成一个检验批，其强度应同时满足下列要求：

$$m_{f_{cu}} \geq f_{cu,k} + 0.7\sigma_0 \tag{1-27}$$

$$f_{cu,min} \geq f_{cu,k} - 0.7\sigma_0 \tag{1-28}$$

当混凝土强度等级不高于 C20 时，强度的最小值还应满足下式要求：

$$f_{cu,min} \geq 0.85 f_{cu,k} \tag{1-29}$$

当混凝土强度等级高于 C20 时，强度的最小值还应满足下式要求：

$$f_{cu,min} \geq 0.90 f_{cu,k} \tag{1-30}$$

式中　m_{fcu}——同一验收批混凝土立方体抗压强度的平均值，MPa；

　　　$f_{cu,k}$——混凝土立方体抗压强度标准值，MPa；

　　　σ_0——检验批混凝土立方体抗压强度的标准差，MPa；

　　　$f_{cu,min}$——同一检验批混凝土立方体抗压强度最小值，MPa。

检验批混凝土立方体抗压强度标准差，应根据前一个检验期内同一品种混凝土试件的强度数据，按下式计算：

$$\sigma_0 = \frac{0.59}{m} \sum_{i=1}^{m} \Delta f_{cu,i} \tag{1-31}$$

式中　$\Delta f_{cu,i}$——第 i 批混凝土立方体试件抗压强度中最大值与最小值之差，MPa；

　　　m——用以确定该检验批混凝土立方体抗压强度标准差的数据总批数。

上述检验期不应超过三个月，且在该期间内强度数据的总批数不得少于 15。

B. 统计法二（标准差未知方案）

当混凝土的生产条件在较长时间内不能保持一致，且混凝土强度变异性能不能保持稳定时，或在前一个检验期内的同品种混凝土没有足够的数据确定标准差时，应由不少于 10 组的试件组成一个检验批，其强度应同时满足下式要求：

$$m_{cu} - \lambda_1 S_{fcu} \geq 0.90 f_{cu,k} \tag{1-32}$$

$$f_{cu,min} \geq \lambda_2 f_{cu,k} \tag{1-33}$$

式中　S_{fcu}——同一检验批混凝土立方体抗压强度的标准差，MPa；

　　　λ_1、λ_2——合格判定系数；按表 1-19 选取。

混凝土强度合格判定系数　　　　　　　　表 1-19

试件组数	10～14	15～20	≥25
λ_1	1.70	1.65	1.60
λ_2	0.90	0.85	

混凝土立方体抗压强度的标准差 S_{fcu} 可按下式计算：

$$S_{fcu} = \frac{\sqrt{\sum_{i=1}^{n} f_{cu,i}^2 - n \cdot m_{fcu}^2}}{n-1} \tag{1-34}$$

式中　$f_{cu,i}$——第 i 组混凝土试件的立方体抗压强度值，MPa；

　　　n——一个检验批混凝土试件的组数。

2）非统计法

当不具备按统计法评定混凝土强度的条件时，可采用非统计法，其强度应同时满足下式要求：

$$m_{fcu} \geq 1.15 f_{cu,k} \tag{1-35}$$

$$f_{cu,min} \geq 0.95 f_{cu,k} \tag{1-36}$$

当检验结果能满足上述统计法一或统计法二，或非统计法的要求时，则该批混凝土判定为合格；否则，该批混凝土判为不合格。

5. 其他品种的混凝土

（1）预拌混凝土

预拌混凝土（又称商品混凝土）是指在混凝土厂预先拌制均匀、质量合格的混凝土拌合物。它以成品的形式出售，并用搅拌车运到施工现场进行浇筑。

当采用预拌混凝土时，预拌厂应提供的资料包括：有关原材料的资料；混凝土的强度等级和坍落度值；混凝土配合比和标准试件的强度；有耐久性要求的预拌混凝土，应出具相关检测参数；对轻骨料混凝土尚应提供其密度等级等资料。

混凝土运送至浇筑地点时，应检验其和易性，所测坍落度值应符合设计和施工要求。预拌混凝土出料时，严禁加水。

（2）抗渗混凝土

抗渗混凝土是指能抵抗 0.6MPa 及其以上的静水压力作用而不发生透水现象的混凝土。

抗渗混凝土主要用于水工、地下室、屋面防水等工程。为了提高混凝土的抗渗性能，应选择符合要求的原材料，合理选择混凝土配合比以及掺加适量外加剂等方法，改善混凝土内部孔隙结构，使混凝土更加密实或堵塞混凝土内部的毛细孔隙。

1）原材料的选择

应选择合适的水泥品种；粗骨料宜采用连续级配，其最大粒径不宜大于 40mm，含泥量不得大于 1.0%，泥块含量不得大于 0.5%；细骨料的含泥量不得大于 3.0%，泥块含量不得大于 1.0%；外加剂宜采用防水剂、膨胀剂、引气剂、减水剂；抗渗混凝土宜掺用符合现行国家标准要求的矿物掺合料。

2）抗渗混凝土配合比设计要点

除按普通混凝土配合比设计进行计算和试配外，还应符合以下规定：每立方米混凝土中的水泥和矿物掺合料总量不宜小于 320kg；砂率宜为 35%～45%；供试配用的最大水灰比应符合规定；掺用引气剂的抗渗混凝土，其含气量宜控制在 3%～5%。

抗渗混凝土的检验项目包括：抗渗试验和含气量试验。其含气量宜控制在 3%～5%。

（3）泵送混凝土

混凝土拌合物坍落度不低于 100mm，并用泵送施工的混凝土称为泵送混凝土。泵送混凝土可用于大多数混凝土工程，尤其适用于多层、高层混凝土的浇筑，施工场地狭窄和施工机具受到限制的混凝土工程的施工。它具有施工速度快、效率高、节约劳动力等特点，近年来在国内逐步得到推广应用。

泵送混凝土不仅要满足设计强度和耐久性要求，其拌合物还应具有良好的可泵性。所谓可泵性是指混凝土拌合物具有一定的流动性能和良好的黏聚性，摩擦阻力小、不离析、不阻塞。

1）原材料选择

应选用硅酸盐水泥、普通水泥、矿渣水泥和粉煤灰水泥，不宜采用火山灰水泥；粗骨料宜采用连续级配，其针、片状颗粒含量不宜大于 10%，最大粒径与输送管径之比应符合规定；细骨料宜采用中砂，其通过 0.315mm 筛孔的颗粒含量不应少于 15%；应掺用泵送剂或减水剂，并宜掺用粉煤灰或其他活性矿物掺合料，其质量应符合国家现行有关标准的规定。

2）泵送混凝土配合比设计要点

除按普通混凝土配合比设计进行计算和试配外，还应符合下列规定：泵送混凝土的用水量与水泥和矿物掺合料的总量之比不宜大于 0.60；泵送混凝土的水泥和矿物掺合料的总量不宜小于 300kg/m³；泵送混凝土的砂率宜为 35%～45%；掺用引气型外加剂时，其混凝土含气量不宜大于 4%。

（4）轻骨料混凝土

轻骨料混凝土是指用轻粗骨料、轻砂（或普通砂）、水泥和水配制而成的，其干表观密度不大于 1950kg/m³ 的混凝土。

轻骨料混凝土中，采用轻砂作细骨料的称为全轻混凝土；用普通砂或部分普通砂和部分轻砂作细骨料的称为砂轻混凝土。粗骨料必须是轻骨料。

轻骨料分为轻粗骨料和轻细骨料。凡粒径大于 4.75mm，堆积密度小于 1000kg/m³ 的轻质骨料称为轻粗骨料；凡粒径在 0.15～4.75mm 之间，堆积密度小于 1200kg/m³ 的轻质骨料称为轻细骨料。

对轻骨料的技术要求有堆积密度、颗粒的粗细程度及级配、强度和吸水率等，此外还对耐久性、安定性、有害杂质含量等提出了相关要求。

轻骨料混凝土的技术性能包括：和易性、强度及密度、抗冻性、导热系数等。

轻骨料混凝土的强度等级按其立方体抗压强度标准值划分为 LC5.0、LC7.5、LC10、LC15、LC20、LC25、LC30、LC35、LC40、LC45、LC50、LC55、LC60 等 13 个等级。按其干表观密度，分为 800～1900 十二个等级。

6. 混凝土外加剂

混凝土外加剂是指为了改善混凝土的性能，在混凝土拌制过程中掺入的，一般不超过水泥用量的 5% 的一类材料的总称。外加剂已成为混凝土中必不可少的第五种组分。

建设工程中常用的外加剂主要有减水剂、引气剂、早强剂、缓凝剂、防冻剂等。

（1）减水剂

减水剂是指在混凝土坍落度基本相同的条件下，能够减少拌合用水量的外加剂。在混凝土拌合物中掺入减水剂后，根据使用的目的不同，可取得以下技术经济效果：

1）提高混凝土拌合物的流动性。在各种材料用量不变的条件下，可提高混凝土拌合物坍落度 100～200mm，且不影响混凝土硬化后的强度。

2）提高混凝土的强度。在保证混凝土拌合物和易性及水泥用量不变的前提下，可减少拌合水用量 10%～15%，从而使混凝土强度提高 15%～20%，特别是高效型减水剂的效果更加显著。

3）节约水泥。在保证混凝土拌合物的流动性及硬化后的强度不变的前提下，可节约水泥 10%～15%。

4）改善混凝土的耐久性能。由于减水剂可减少拌合水的用量、提高流动性，使得在施工时能较容易保证混凝土的密实性，从而提高混凝土的抗渗性、抗冻性、抗碳化性等。

减水剂按其化学成分不同可分为木质素磺酸盐系减水剂、萘磺酸盐系减水剂、可溶性树脂系减水剂、糖蜜系减水剂、腐殖酸系减水剂及复合系减水剂等；按其减水效果不同可分为普通型减水剂、高效型减水剂；按凝结时间不同可分为标准型减水剂、早强型减水剂、缓凝型减水剂；按是否引气又可分为引气型减水剂和非引气型减水剂等。

减水剂在使用时应注意：一要注意减水剂与水泥的适应性，特别是水泥中铝酸三钙、碱或石膏等矿物成分含量过多，会使减水剂的减水效果变差，甚至产生和易性或强度的下降；二是施工时要严格控制掺量，少掺达不到减水剂的预期效果，而多掺又会使混凝土长期不凝结或强度下降，甚至还会产生严重的泌水现象；三是要选择符合要求的粗、细集料，集料的粒径、表观形状和颗粒级配等，也对减水剂的减水效果有一定的影响；四是要注意施工时环境的温湿度，因为不同的减水剂在不同的环境温湿度下作用效果不同，因此混凝土拌合物适应的温湿度范围也不相同；最后是要注意减水剂掺入的时机，是采用先掺法或后掺法，效果存在一定的差异，应根据工程实际情况具体确定。

（2）引气剂

引气剂是指混凝土在搅拌过程中，能引入大量均匀分布、稳定而封闭的微小气泡，以减少混凝土拌合物的泌水、离析，并能显著提高混凝土硬化后的抗冻性、抗渗性的外加剂。目前常用的引气剂为松香热聚物和松香皂等。引气剂的掺用量极小，一般仅为水泥质量的 0.005%～0.015%，并具有一定的减水效果，减水率为 8% 左右，混凝土的含气量为 3%～5%。一般情况下，含气量每增加 1%，混凝土的抗压强度约下降 4%～6%。引气剂可用于抗渗混凝土、抗冻混凝土、抗硫酸盐侵蚀的混凝土、泌水严重的混凝土、贫混凝土、轻混凝土以及对饰面有要求的混凝土等，但引气剂不宜用于蒸养混凝土和预应力混凝土。

（3）早强剂

早强剂是指能提高混凝土早期强度，并对后期强度无显著影响的外加剂。早强剂可在不同温度下加速混凝土的强度发展，常用于要求早期强度较高、抢修及冬期施工等混凝土工程。早强剂可分为氯盐类、硫酸盐类、有机胺类及复合类早强剂等。

氯盐类早强剂主要有氯化钙、氯化钠等，其中以氯化钙的早强效果最佳。氯化钙易溶于水，适宜掺量为水泥质量的 1%～2%，能使混凝土 3d 强度提高 40%～100%，7d 强度提高 20%～40%，同时能降低混凝土中水的冰点，防止混凝土早期受冻。氯盐类早强剂的缺点是会引起钢筋锈蚀，从而导致混凝土开裂。《混凝土结构工程施工质量验收规范》（GB50204—2002）规定，在钢筋混凝土中氯盐的掺量不得超过水泥质量的 1%，在无筋混凝土中掺量不得超过 3%，在使用冷拉和冷拔低碳钢丝的混凝土结构及预应力混凝土结构中，不允许掺用氯盐早强剂。同时还规定，在下列结构的钢筋混凝土中不得掺入氯化钙和含有氯盐的复合早强剂：在高湿度空气环境中、处于水位升降部位、露天结构或受水淋的结构；与含有酸、碱和硫酸盐等侵蚀性介质相接触的结构；使用过程中经常处于环境温度为 60℃ 以上的结构；直接接触直流或高压电源的结构等。为抑制氯盐对钢筋的锈蚀作用，常将氯盐早强剂与阻锈剂（如亚硝酸钠）等复合使用。

硫酸盐类早强剂包括硫酸钠、硫代硫酸钠、硫酸钙、硫酸铝等，其中应用较多的是硫酸钠，一般掺量为水泥质量的 0.5%～2.0%，当掺量为 1%～1.5% 时，达到混凝土设计强度 70% 的时间可缩短一半左右。硫酸钠对钢筋无锈蚀作用，适用于不允许掺用氯盐的混凝土，但严禁用于含有活性集料的混凝土。同时应注意硫酸钠掺量过多，会导致混凝土后期产生膨胀开裂以及混凝土表面产生"白霜"等现象。

有机胺类早强剂包括三乙醇胺、三乙丙醇胺等，其中是三乙醇胺的早强效果最好。三乙醇胺呈碱性，能溶于水，掺量为水泥质量的 0.02%～0.05%，能使混凝土早期强度提高 50% 左右。与其他外加剂（如氯化钠、氯化钙、硫酸钠等）复合使用，早强效果更加显著。三乙醇胺对混凝土稍有缓凝作用，掺量过多会造成混凝土严重缓凝和混凝土强度下降，故应严格控制掺量。

试验表明，上述几类早强剂以适当比例配制成的复合早强剂具有较好的早强效果。

（4）缓凝剂

缓凝剂是指能延缓混凝土凝结时间，并对混凝土后期强度发展无不利影响的外加剂。缓凝剂主要有四类：糖类，如糖蜜；木质素磺酸盐类，如木钙、木钠；羟基羧酸及其盐类，如柠檬酸、酒石酸；无机盐类，如锌盐、硼酸盐等。常用的缓凝剂是糖蜜和木钙，其中糖蜜的缓凝效果最好。

糖蜜的适宜掺量为水泥重量的 0.1%～0.3%，混凝土凝结时间可延长 2～4h，掺量过大会使混凝土长期酥松不硬，强度严重下降，但对钢筋无锈蚀作用。

缓凝剂主要适用于夏季及大体积的混凝土、泵送混凝土、长时间或长距离运输的预拌混凝土，不适用于 5℃以下施工的混凝土、有早强要求的混凝土及蒸养混凝土。

（5）防冻剂

防冻剂是指在规定温度下，能显著降低混凝土的冰点，使混凝土液相不冻结或仅部分冻结，以保证水泥的正常水化作用，并在一定的时间内获得预期强度的外加剂。常用的防冻剂有氯盐类（氯化钙、氯化钠）、氯盐阻锈类（以氯盐与亚硝酸钠阻锈剂复合而成）、无氯盐类（以亚硝酸盐、硝酸盐、碳酸盐及尿素复合而成）。

氯盐类防冻剂适用于无筋混凝土，氯盐阻锈类防冻剂可用于钢筋混凝土，无氯盐类防冻剂可用于钢筋混凝土和预应力钢筋混凝土。另外，含有六价铬盐、亚硝酸盐等有毒成分的防冻剂，严禁用于饮水工程及与食品接触的部位。

（五）砂浆及墙体材料

1. 砌筑砂浆的组成材料、主要技术性质与性能

能将砖、石、砌块等墙体材料粘结成砌体的砂浆称为砌筑砂浆。砌筑砂浆在建筑工程中起粘结、垫平及传递荷载的作用。

（1）砌筑砂浆的组成材料

1）水泥

水泥品种应根据工程使用部位的耐久性要求来选择，砌筑工程常用水泥品种有普通水泥、矿渣水泥、火山灰水泥、粉煤灰水泥等。选用作为砌筑砂浆的水泥的强度等级不宜超过 32.5 级，最高不宜超过 42.5 级。

2）掺加料

掺加料是为了改善建筑砂浆的和易性而加入到砂浆中的无机材料。常用掺加料有石灰膏、黏土膏、磨细生石灰粉、粉煤灰等无机材料，或松香皂、微沫剂以及近年新产品 M_T 型石灰土等有机材料。生石灰粉、石灰膏和黏土膏必须配制成稠度为（120±5）mm 的膏状体，并过 3mm×3mm 的滤网。严禁使用已经干燥脱水的石灰膏。

3）砂

砂的技术指标应符合《建筑用砂》GB/T 14684—2001 的规定。砌筑砂浆宜采用中砂，并且应过筛，砂中不得含有杂质，含泥量不应超过 5%。最大粒径不得大于砂浆厚度的 1/4；毛石砌体宜用粗砂，最大粒径应不得大于砂浆厚度的 1/4～1/5。

4）拌合及养护用水

应符合《混凝土用水标准》JGJ 63—2006 中的规定。

（2）砌筑砂浆的主要技术性质与性能

1）和易性

A. 流动性

砂浆的流动性又称砂浆稠度，是指新拌砂浆在自重或外力作用下能够产生流动的性能，用沉入度表示，用砂浆稠度仪测定，以 mm 为单位。沉入度的大小，根据砌体的种类、施工条件和气候条件，从表 1-20 中选择。

砌筑砂浆的稠度选择表 表 1-20

砌 体 种 类	砂浆稠度(mm)	备 注
烧结普通砖砌体	70～90	
轻骨料混凝土小型砌块砌体	60～90	
烧结多孔砖、空心砖砌体	60～80	在气温高、干燥时稠度取高值,环境湿润、温度低取低值
烧结普通砖平拱式过梁 空斗墙、筒拱 普通混凝土小型空心砌体 加气混凝土砌块砌体	50～70	
石砌体	30～50	

B. 保水性

砂浆的保水性是指砂浆保持水分不易析出的性能，用分层度表示，以 mm 为单位，用分层度测定仪测定。砂浆的分层度越大，保水性越差，且容易产生分层离析。根据《砌筑砂浆配合比设计规程》JGJ 98—2000 规定：砌筑砂浆的分层度不宜大于 30mm，也不宜小于 10mm。

2）强度

砂浆强度是按标准方法制作的，以边长为 70.7mm×70.7mm×70.7mm 的立方体试件，标准养护至 28d，测得的抗压强度值确定。砌筑砂浆按抗压强度划分为 M20、M15、M10、M7.5、M5.0 和 M2.5 等六个强度等级。常用的为 M10、M7.5、M5.0 三种。

3）粘结力

砌筑砂浆必须具有足够粘结力，才能将砌筑材料粘结成一个整体。粘结力的大小，会影响砌体的强度、稳定性、耐久性和抗震性能。一般来说，砂浆的粘结力与其抗压强度成正比，抗压强度越大，粘结力越大；另外，砂浆的粘结力还与基层材料的清洁程度、含水状态、表面状态、养护条件等有关。

2. 砌筑砂浆配合比的选择

（1）砌筑砂浆配合比

砂浆配合比用每立方米砂浆中各种材料的用量或各种材料的质量比来表示。

确定建筑砂浆配合比的原则，与混凝土配合比的设计类同，都是以满足和易性、强度、耐久性和经济性为基本原则。确定方法，目前主要按《砌筑砂浆配合比设计规程》JGJ 98—2000 的规定，首先确定初步配合比，再经试配和调整得到实验室配合比。

1）计算砂浆的试配强度

$$f_{m,0} = f_2 + 0.645\sigma \tag{1-37}$$

式中　$f_{m,0}$——砂浆的试配强度，精确至 0.1MPa；

　　　f_2——砂浆的设计强度，精确至 0.1MPa；

　　　σ——砂浆的现场强度标准差，精确至 0.01MPa。

当有统计资料时，砂浆现场强度标准差按下式计算：

$$\sigma = \sqrt{\frac{\sum\limits_{i=1}^{n} f_{m,i}^2 - n\mu_{fm}^2}{n-1}} \tag{1-38}$$

式中　$f_{m,i}$——统计周期内，同一品种砂浆第 i 组试件的强度，MPa；

　　　μ_{fm}——统计周期内，同一品种砂浆 n 组试件的强度平均值，MPa；

　　　n——统计周期内，同一品种砂浆试件的总组数，$n \geqslant 25$。

当不具有近期统计资料时，现场强度标准差 σ 可从表 1-21 中选用。

砂浆强度标准差 σ 选用表（MPa）　　　　　　　表 1-21

砂浆强度等级 施工水平	M2.5	M5.0	M7.5	M10	M15	M20
优良	0.50	1.00	1.50	2.00	3.00	4.00
一般	0.62	1.25	1.88	2.50	3.75	5.00
较差	0.75	1.50	2.55	3.00	4.50	6.00

2）计算水泥用量

$$Q_c = \frac{1000(f_{m,0} - \beta)}{\alpha \cdot f_{ce}} \tag{1-39}$$

式中　Q_c——每立方米砂浆的水泥用量，精确至 1kg；

　　　$f_{m,0}$——砂浆的试配强度，精确至 0.1MPa；

　　　f_{ce}——水泥的实测强度值（若无水泥的实测强度值，取 $f_{ce} = f_{ce,k}$），精确至 0.1MPa；

　　　α、β——砂浆的特征系数，其中 $\alpha = 3.03$、$\beta = -15.09$，也可由当地的统计资料计算（$n \geqslant 30$）获得。

3）计算掺加料的用量（Q_d）

$$Q_d = Q_a - Q_c \tag{1-40}$$

式中　Q_d——每立方米砂浆中掺加料的用量，精确至 1kg；

　　　Q_a——经验数据，指每立方米砂浆中掺加料与水泥的总量，精确至 1kg；宜在 300～350kg 之间。

4）确定用砂量（Q_s）

$$Q_s = \rho_{0,s} \cdot V \tag{1-41}$$

式中　Q_s——每立方米砂浆的用砂量，精确至 1kg；

　　　$\rho_{0,s}$——砂子干燥状态时的堆积密度（含水量小于 0.5%）值，kg/m³；

V——每立方米砂浆所用砂的堆积体积，取 $1m^3$。

5）选定用水量（Q_w）

根据砂浆的稠度，拌合水用量在 $240\sim310kg/m^3$ 之间选用。

6）配合比试配、调整和确定

A. 试配时应采用与工程实际使用的原材料和搅拌方法相同。搅拌时间应从投料结束算起，对水泥砂浆和水泥混合砂浆，搅拌时间不得少于 120s；对掺用粉煤灰和外加剂的砂浆，不得少于 180s。

B. 按计算或查表所得的初步配合比进行试拌时，应首先测定拌合物的和易性（包括流动性、保水性），当不能满足要求时，应调整材料用量，直到满足要求为止。由此即得到砂浆的基准配合比。

C. 为了一次性地得到试验结果，检测砂浆强度时，应至少采用三个不同的配合比，基准配合比及基准配合比中水泥用量分别增减 10%。在保证砂浆和易性的前提下，可将用水量或掺加料用量作相应调整。

D. 按标准的要求，分别制作强度试件，并按标准养护至 28d，测定砂浆的抗压强度，选用符合设计强度要求，且水泥用量最少的砂浆配合比。

根据拌合物的密度，校正材料的用量，保证每立方米砂浆中的用量准确，水泥砂浆拌合物的表观密度不宜小于 $1900kg/m^3$；水泥石灰混和砂浆拌合物的表观密度不宜小于 $1800kg/m^3$。

（2）砂浆强度的检测

1）在砌筑施工时，必须制作反映砂浆强度的检测试块，作为评定砂浆强度的依据。制作试块的模具是一模三块，每格内净尺寸为 $70.7mm\times70.7mm\times70.7mm$，二只试模共六块为一组砂浆试块，作为评定依据之一。

2）制作试块时，应在砂浆存储器内随机取样，分层装入试模，并加以捣实，表面抹平。做好后分组存放在室内，待其凝结，48h 后拆模，送实验室养护。到 28d 即送检测机构进行试压，检验其强度。

3）试压之后，将一组六块的抗压强度平均值，作为该组的试块抗压强度值。若其中最大值或最小值与平均值的差超过 20% 时，以其余四个检测值的算术平均值作为该组试块的抗压强度。

4）根据《砌体工程施工质量验收规范》GB 50203—2002 中规定：同一批砂浆试块（最少三组）的抗压强度平均值，必须大于等于设计要求的强度值；同时最小一组的平均值必须大于等于设计强度值的 75%，则该批试块合格，否则不合格。

3. 抹面砂浆的主要技术要求

抹面砂浆（也称抹灰砂浆）是指涂抹在建筑物表面保护墙体，具有一定装饰性的一类砂浆的统称。抹面砂浆与砌筑砂浆的组成材料基本相同。但为了防止抹面砂浆表层开裂，有时需加入适量的纤维材料，如麻刀、玻璃纤维、纸筋等；有时为了满足某些功能性要求需加入一些特殊的集料或掺合料，如保温砂浆、防辐射砂浆等。

抹面砂浆的技术性质包括和易性和粘结力。和易性的概念及检测与砌筑砂浆相同；粘结力主要是靠增加胶凝性材料的用量来实现。

（1）普通抹面砂浆

普通抹面砂浆有内用和外用两种。它可以保护建筑物免遭各种自然因素（如雨、雪、霜等）的侵蚀，提高建筑物的耐久性，并使制品表面平整美观。

为了使表面平整，不容易脱落，应分两层或三层施工，各层砂浆所用砂的最大粒径以及砂浆稠度见表1-22。

砂浆的材料及稠度选择表　　　　　　　　　　　　　表1-22

抹面层	沉入度（mm）	砂子的最大粒径（mm）	抹面层	沉入度（mm）	砂子的最大粒径（mm）
底层	100～120	2.5	面层	70～80	1.2
中层	70～90	2.5			

普通抹面砂浆的配合比可用质量比，也可用体积比。常用普通砂浆的配合比及适用范围见表1-23。

常用抹面砂浆配合比及适用范围　　　　　　　　　　　表1-23

砂浆品种	配合比（体积比）	适　用　范　围
石灰∶砂	（1∶2）～（1∶4）	用于砖石墙表面（檐口、勒脚、女儿墙及潮湿房间的墙除外）
石灰∶石膏∶砂	（1∶1∶4）～（1∶1∶3）	用于不潮湿房间的墙及天花板
石灰∶石膏∶砂	（1∶2∶2）～（1∶2∶4）	用于不潮湿房间的线脚及其他装饰工程
石灰∶水泥∶砂	（1∶0.5∶4.5）～（1∶1∶5）	用于檐口、勒脚、女儿墙以及比较潮湿的部位
水泥∶砂	（1∶3）～（1∶2.5）	用于浴室、潮湿房间的墙裙、勒脚或地面基层
水泥∶砂	（1∶2）～（1∶1.5）	用于地面、顶棚火墙面面层
水泥∶砂	（1∶0.5）～（1∶1）	用于混凝土地面面层
白灰∶麻刀	100∶2.5（重量比）	用于板条的底层抹灰
石灰膏∶麻刀	100∶1.3（重量比）	用于板条的面层抹灰
水泥∶白石子	（1∶2）～（1∶1）	用于水磨石（打底用1∶2.5水泥砂浆）
水泥∶白石子	1∶1.5	用于斩假石［打底用(1∶2)～(1∶2.5)]水泥砂浆

（2）防水砂浆

防水砂浆是具有显著的防水和防潮性能的一类砂浆的统称。一般依靠特定的施工工艺或在普通水泥砂浆中加入防水剂、膨胀剂、聚合物等配制而成，适用于不受振动或埋置深度不大、具有一定刚度的防水工程；不适用于易受振动或发生不均匀沉降的部位。

防水砂浆的组成材料：

1）水泥选用强度等级 32.5 以上的微膨胀水泥或普通水泥，配制时适当增加水泥的用量；

2）采用级配良好的中砂，水泥与砂的重量比不宜大于 1∶2.5，水灰比应控制在 0.5～0.55；

3）常用的防水剂有无机铝盐类、氯化物金属盐类、金属皂化物类及聚合物类；

4）防水砂浆应分 4～5 层分层涂抹在基层上，每层涂抹约 5mm 厚，总厚度 20～30mm。每层在初凝前压实一遍，最后一遍要压光，并应精心养护。

4. 墙体材料

墙体在房屋建筑中具有承重、围护和分隔的作用。目前用于建设工程中的墙体材料的品种较多，总体上可分为砌墙砖、砌块、墙板等三大类。

（1）砌墙砖

砌墙砖是指以工业废料及其他地方资源为主要原料，由不同工艺制成，在建筑中用来砌筑墙体的一类材料。按其生产工艺分为烧结砖和非烧结砖；按其孔隙大小及构造分为实心砖、多孔砖和空心砖，其中孔洞数量多、孔径小的称为多孔砖，而孔洞数量少、孔径尺寸大的称为空心砖。

1）烧结普通砖

经焙烧制成的孔洞率小于 15% ，尺寸小，主要用于承重墙体和非承重墙体的砖。

A. 烧结普通砖的技术性能

A）规格尺寸

烧结普通砖为直角六面体，外形尺寸为 240mm×115mm×53mm。以 4 个砖长、8 个砖宽、16 个砖厚，再加上 10mm 的灰缝厚度，长度均为 1m，$1m^3$ 砖砌体的理论需砖量为 512 块。

B）外观质量和尺寸偏差

外观质量应符合表 1-24 的规定；尺寸偏差应符合表 1-25 的规定。

烧结普通砖的外观质量要求　　　　　　　　表 1-24

项　　目		优 等 品	一 等 品	合 格 品
两条面高度差(mm) ≤		2	3	4
弯曲(mm) ≤		2	3	4
杂质凸出高度(mm) ≤		2	3	4
缺棱掉角的三个破坏尺寸(mm)不得同时大于		15	20	30
裂纹长度(mm)≤	A	30	60	80
	B	50	80	100
完整面不少于		二条面、二顶面	一条面、一顶面	—
泛霜		无泛霜	不允许有中等泛霜	不允许有严重泛霜
石灰爆裂		不允许出现最大破坏尺寸大于 2mm 的爆裂区	不允许出现最大破坏尺寸大于 10mm 的爆裂区，最大破坏尺寸为 2mm～10mm 的区域不得多于 15 处	最大破坏尺寸为 2～15mm 的爆裂区不得多于 15 处，其中大于 10mm 的不得多于 7 处；不得有最大破坏尺寸大于 15mm 的爆裂区
其他		不允许出现欠火砖、酥砖和螺纹砖		

注：A 为大面上宽度方向及其延伸至条面上的裂纹长度；

　　B 为大面上长度方向延伸至顶面上的裂纹长度或条、顶面上水平裂纹的长度。

烧结普通砖的尺寸偏差要求　　　　　　　　表 1-25

标准尺寸(mm)	优等品		一等品		合格品	
	平均偏差(mm)	级差(mm) ≤	平均偏差(mm)	级差(mm) ≤	平均偏差(mm)	级差(mm) ≤
240	±2.0	6	±2.5	7	±3.0	8
115	±1.5	5	±2.0	6	±2.5	7
53	±1.5	4	±1.6	5	±2.0	6

C）强度等级

烧结普通砖按抗压强度划分为 MU30、MU25、MU20、MU15、MU10 五个强度等级。

D）抗风化性能

抗风化性能是指在干湿变化、温度变化、冻融变化等物理因素作用下，材料不破坏并能长期保持原有性能的能力。按《烧结普通砖》GB 5101—2003 的规定，东三省、内蒙古、新疆等严重风化地区的砖必须做冻融试验，其他非严重风化地区的砖的抗风化性能如果符合规定时，可不做冻融试验，否则必须做冻融试验；强度和抗风化性能合格的砖，按尺寸偏差、外观质量、泛霜和石灰爆裂划分为优等品（A）、一等品（B）、合格品（C）。

E）泛霜

泛霜（也称起霜、盐析、盐霜等），是指在砂浆或烧结砖中，会存在一些可溶性的盐类（如硫酸钠等），当砂浆和砌体在干燥时，这些盐分的结晶析出于砌体表面的一种现象。这些结晶会影响建筑物的外观和砂浆的粘结力。对不同质量等级烧结砖的泛霜要求见表1-24。

F）石灰爆裂

石灰爆裂是指烧结砖的原料砂质黏土中若含有石灰石，焙烧时将被烧成生石灰块，在使用过程中一旦吸水，即生成熟石灰，而产生体积膨胀，导致砌体裂缝的一种现象。对不同质量等级烧结砖的石灰爆裂要求见表1-24。

B. 烧结普通砖的应用

烧结普通砖具有一定的强度，耐久性好，保温隔热、隔声性能好，价格低，生产工艺简单，原材料丰富，可用于砌筑墙体、基础、柱、拱、烟囱，铺砌地面。优等品用于墙体装饰和清水墙，一等品和合格品可用于混水墙，中等泛霜的砖不得用于潮湿部位。

烧结砖的缺点是制砖需大量的取土，毁坏了耕地，加之自重大、生产能耗高，不利于节能和环境保护的要求。

2）烧结多孔砖

经焙烧制成的孔洞率大于15％，一般孔洞为20个、孔径约 φ18mm，主要用于承重墙体和非承重墙体的砖。

A. 烧结多孔砖的技术性能

A）形状尺寸

烧结多孔砖为直角六面体；长、宽、厚应符合下列尺寸要求：290mm、240mm、180mm；190mm、175mm、140mm、115mm；90mm。圆孔洞的直径不应大于22mm，非圆孔内切圆的直径小于15mm，手抓孔尺寸为 (30～40)mm～(75～85)mm。

B）外观质量和尺寸偏差

外观质量应符合表1-26，尺寸偏差和孔洞率及孔洞排列应符合《烧结多孔砖》GB 13544—2000 的要求。

C）强度等级

按抗压强度划分为 MU30、MU25、MU20、MU15、MU10 等五个强度等级。

D）抗风化性能、泛霜和石灰爆裂

标准尺寸 (mm)	优等品		一等品		合格品	
	平均偏差 (mm)	级差(mm) ≤	平均偏差 (mm)	平均偏差 (mm)	级差(mm) ≤	平均偏差 (mm)
290、240	±2.0	6	±2.5	7	±3.0	8
190、180、175、140、115	±1.5	5	±2.0	6	±2.5	7
90	±1.5	4	±1.7	5	±2.0	6
孔形	圆孔				矩形孔或其他孔	
孔洞率	大于或等于22%					
孔洞排列	交错排列				—	

抗风化性能、泛霜和石灰爆裂的要求同烧结普通砖。强度和抗风化性能合格的砖，按尺寸偏差、外观质量、孔形及孔洞排列、泛霜和石灰爆裂分为优等品（A）、一等品（B）、合格品等三个质量等级。

B. 烧结多孔砖的应用

烧结多孔砖可以代替烧结普通砖，但不宜用于建筑物的基础，可用于砖混结构中的承重墙体。其中优等品可以用于墙体装饰和清水墙砌筑，一等品和合格品可用于混水墙，中等泛霜的砖不得用于潮湿部位。

3）烧结空心砖

烧结空心砖是经焙烧制成的空洞率≥35%，而且孔洞数量少、尺寸大，用于非承重墙和填充墙体的烧结砖。烧结空心砖的长、宽、厚应符合以下系列：290mm、190（140）mm、90mm；240mm、180（175）mm；115mm。

根据表观密度不同划分为 800、900、1000、1100 四个密度级别；按抗压强度分为 MU10、MU7.5、MU5.0、MU3.5、MU2.5 五个强度等级；每个密度等级根据孔洞及其排数、尺寸偏差、外观质量、强度等级和物理性能分为优等品（A）、一等品（B）、合格品（C）三个质量等级。

烧结空心砖的孔数少、孔径大，具有良好的保温、隔热功能，可用于多层建筑的隔断墙和填充墙。采用多孔砖和空心砖，可以节约燃料 10%～20%，节约黏土 25% 以上，减轻墙体自重，提高工效 40%，降低造价 20%，改善墙体的热工性能。

4）非烧结砖

不经焙烧而制成的砖为非烧结砖。常见的品种有混凝土多孔砖、粉煤灰砖、蒸压灰砂砖等。

A. 混凝土多孔砖

是指以水泥、砂、石为主要原料，经加水搅拌、成型、养护制成的孔洞率不小于 30% 且有多排小孔的混凝土砖。

混凝土多孔砖的外形为直角六面体，其主规格尺寸为 240mm×115mm×90mm；配砖规格尺寸有半砖（120mm×115mm×90mm）、七分头（180mm×115mm×90mm）、混凝土实心砖（240mm×115mm×53mm）等。

混凝土多孔砖按抗压强度划分为 MU30、MU25、MU20、MU15、MU10 等五个强度等级。其强度等级的评定按现行国家标准《混凝土小型空心砌块试验方法》GB/T

4111—1997 的评定方法进行。

砌筑砂浆的强度等级应为 M15、M10、M7.5 和 M5。在检验砌筑砂浆强度等级时，应采用混凝土多孔砖侧面为砂浆强度石块底模。

尺寸偏差、孔洞及结构、壁厚、肋厚的试验方法按现行国家标准《砌墙砖试验方法》GB/T 2542—2003 进行，线干燥收缩率及相对含水率的试验方法按现行国家标准《混凝土小型空心砌块试验方法》GB/T 4111—1997 进行。

混凝土多孔砖是一种新型墙体材料，它的推广应用将有助于减少烧结黏土砖和烧结多孔砖的生产和使用，有助于节约能源，保护土地资源。除清水墙外，混凝土多孔砖与烧结普通砖和烧结多孔砖的应用范围基本相同。

B. 蒸压灰砂砖

蒸压灰砂砖是以石灰、砂子（也可以掺入颜料和外加剂）为原料，经制坯、压制成型、蒸压养护而成的实心砖。根据颜色可分为彩色（Co）和本色（N）蒸压灰砂砖。

《蒸压灰砂砖》GB 11945—1999 规定：蒸压灰砂砖的外形、公称尺寸与烧结普通砖相同；按抗压强度和抗折强度划分为 MU25、MU20、MU15、MU10 等四个强度等级。

根据外观质量、尺寸偏差、强度和抗冻性分为优等品（A）、一等品（B）、合格品（C）三个质量等级。

强度等级为 MU25、MU20、MU15 的蒸压灰砂砖可用于无地下水基础和其他建筑；强度等级为 MU10 的蒸压灰砂砖可用于防潮层以上的建筑，但不得用于长期受热 20℃以上、受急冷急热和有酸性介质侵蚀的建筑部位，也不适用于有流水冲刷的部位。

C. 蒸压粉煤灰砖

蒸压粉煤灰砖是指以粉煤灰、石灰和水泥为主要原料，掺加适量石膏、外加剂和集料，经高压或常压蒸汽养护而成的实心或多孔粉煤灰砖。砖的外形、公称尺寸同烧结普通砖或烧结多孔砖。

《粉煤灰砖》JC 239—2001 中规定：粉煤灰砖有彩色（Co）、本色（N）两种；按抗压强度和抗折强度划分为 MU30、MU25、MU20、MU15、MU10 等五个强度等级；按外观质量、尺寸偏差、强度和干燥收缩值分为优等品（A）、一等品（B）、合格品（C），优等品强度等级应不低于 MU15；干燥收缩率为：优等品和一等品应不大于 0.65mm/m，合格品不大于 0.75mm/m；碳化系数不低于 0.8，色差不显著。

蒸压粉煤灰砖可用于工业及民用建筑的墙体和基础，但用于基础和易受冻融和干湿交替作用的部位时，强度等级必须为 MU15 以上。该砖不得用于长期受热 200℃以上、受急冷急热或有酸性介质侵蚀的建筑部位。

（2）砌块

砌块是指用于墙体砌筑，形体大于砌墙砖的人造墙体材料，多为直角六面体。砌块主规格尺寸中的长度、宽度和高度，至少有一项相应大于：365mm、240mm、115mm，但高度不大于长度或宽度的 6 倍，长度不超过高度的 3 倍。

砌块按用途可分为承重砌块和非承重砌块；按有无空洞可分为实心砌块和空心砌块；按产品规格又可分为大型（主规格高度＞980mm）、中型（主规格高度为 380～98mm）和小型（主规格高度为 115～380mm）砌块。

1）蒸压加气混凝土砌块

蒸压加气混凝土砌块，是以钙质材料（水泥、石灰等）和硅质材料（砂、火山灰、矿渣或粉煤灰等）加入铝粉（作加气剂），经蒸压养护而成的多孔轻质块体材料，简称加气混凝土砌块。

砌块长度为 600mm；宽度有 100mm、125mm、150mm、200mm、250mm、300mm 或 120mm、180mm、240mm；高度为 200mm、250mm、300mm 等多种规格。

蒸压加气混凝土砌块按抗压强度可分为 A1.0、A2.0、A2.5、A3.5、A5.0、A7.5、A10 等七个强度等级；蒸压加气混凝土砌块按干表观密度可分为 B03、B04、B05、B06、B07、B08 等六个级别。按尺寸偏差、外观质量、干表观密度及抗压强度划分为优等品（A）、一等品（B）、合格品等三个质量等级。

蒸压加气混凝土砌块常具有表观密度小、保温隔热性好、隔声性好、易加工、抗震性好及施工方便等特点，适用于低层建筑的承重墙，多层和高层建筑的隔离墙、填充墙及工业建筑物的维护墙体。作为保温材料也可用于复合墙板和屋面中。在无可靠的防护措施时，不得用在处于水中或高湿度和有侵蚀介质作用的环境中，也不得用于建筑结构的基础和长期处于 80℃ 的建筑工程。

2）混凝土小型空心砌块

混凝土小型空心砌块是以水泥为胶结材料，砂、碎石或卵石、煤矸石、炉渣为集料，经加水搅拌、振动加压或冲压成型、养护而成的小型砌块。主规格尺寸为：390mm×190mm×190mm，最小外壁厚不小于 30mm，最小肋厚不小于 25mm。

按尺寸偏差、外观质量，划分为优等品（A）、一等品（B）、合格品（C）；混凝土小型空心砌块按抗压强度分为 MU3.5、MU5.0、MU7.5、MU10.0、MU15.0、MU20.0 等六个强度等级。

混凝土小型空心砌块的相对含水率、抗渗性、抗冻性等各性能指标的测试按《普通混凝土小型空心砌块》（GB 8239—1997）规定进行。

混凝土小型空心砌块是用于地震烈度为 8 度和 8 度以下地区的一般工业与民用建筑工程的墙体。对用于承重墙和外墙的砌块，要求其干缩率小于 0.5mm/m，非承重或内墙用的砌块，其干燥收缩率应小于 0.6mm/m。砌块运输及堆放应有防雨措施。装卸时，严禁碰撞、抛扔，应轻码轻放，不许翻斗倾倒。砌块应按规格、等级分批分别堆放，不得混杂。

用于采暖地区的一般环境时，抗冻等级达到 F15；干湿交替环境时，抗冻等级达到 F25。冻融试验后，质量损失不得大于 2%，强度损失不得大于 25%。

3）蒸养粉煤灰砌块

蒸养粉煤灰砌块（简称粉煤灰砌块）是以粉煤灰、石灰、石膏和集料为原料，经加水搅拌、振动成型、蒸汽养护而制成的一种密实砌块。主规格尺寸为 880mm×380mm×240mm 和 880mm×430mm×240mm。端面应设灌浆槽，坐浆面应设抗剪槽。按立方体抗压强度分为 MU10、MU13 两个等级；按外观质量、尺寸偏差分为一等品（B）、合格品（C）。

粉煤灰砌块属硅酸盐制品，主要用于工业与民用建筑的墙体和基础，但不适用于有酸性介质侵蚀、密封性要求高、受较大振动的建筑物以及受高温和受潮湿的承重墙。粉煤灰小型空心砌块是一种新型材料，其性能应符合《红外辐射加热器用乳白石玻璃管》JC/T

892—2000 的规定,适用于非承重墙和填充墙。

(3) 轻质隔墙条板

轻质隔墙条板是指用胶凝性材料、轻质集料及其他材料,经装料振动或挤压成型,并经养护而制成的一种墙体材料。

我国目前可用于墙体的轻质隔墙条板品种较多,各种墙板都各具特色。一般的形式可分为薄板、条板、轻质复合板等。每类板中又有许多品种,如薄板类有石膏板、纤维水泥板、蒸压硅酸钙板、ALC 板、GRC 板等;条板类有石膏空心板、加气混凝土空心条板、玻璃纤维增强水泥空心条板、预应力混凝土空心墙板等;轻质复合板类有钢丝网架水泥加锌板以及其他芯板等。

轻质隔墙条板按用途分为分室隔断用条板和分户隔断用条板;按所用胶凝性材料不同分为石膏、水泥等类别。不同类别的轻质隔墙条板的技术性能差异较大,并具有不同的特点,见表 1-27。

各种轻质隔墙条板的特点比较　　　　　表 1-27

墙板类别	胶凝材料	墙板名称	优　点	缺　点
普通建筑石膏类	普通建筑石膏	普通石膏珍珠岩空心隔墙条板、石膏纤维空心隔墙条板	1. 质轻、保温、隔热、防火性好 2. 可加工性好 3. 使用性能好	1. 强度较低 2. 耐水性较差
	普通建筑石膏、耐水粉	耐水增强石膏隔墙条板、耐水石膏陶粒混凝土实心隔墙条板	1. 质轻、保温、防水性能好 2. 可加工性好 3. 使用性能好 4. 强度较高 5. 耐水性较好	1. 成本较高 2. 实心板稍重
水泥类	普通水泥	无砂陶粒混凝土实心隔墙条板	1. 耐水性好 2. 隔声性好	1. 双面抹灰量大 2. 生产效率低 3. 可加工性差
	硫铝酸盐或铁铝酸盐水泥	GRC 珍珠岩空心隔墙条板	1. 强度调节幅度大 2. 耐水性好	1. 原材料质量要求较高 2. 成本较高
	菱镁水泥	菱苦土珍珠岩空心隔墙条板		1. 耐水性差 2. 长期使用变形较大

轻质隔墙条板的技术性能一般包括:外观质量、尺寸偏差、面密度、抗折性能、干燥收缩值、阻燃性和绝热性能等技术指标。

(六) 建 筑 钢 材

建筑钢材是指使用于工程建设中的各种钢材的总称,包括钢结构用各种型材(如圆钢、角钢、槽钢、工字钢、H 型钢、钢管、板材等)和钢筋混凝土结构中的各种钢筋、钢丝、钢绞线等。由于钢材是在严格的工艺条件下生产的材料,它具有材质均匀、性能可靠、强度高、具有一定的塑性,并具有承受冲击和振动荷载作用的能力,可焊接、铆接或螺栓连接,便于装配等特点;其缺点是易锈蚀、耐火性差、维修费用大。钢材的这些特性决定了它是工程建设所需要的重要材料之一。

1. 建筑钢材的主要技术性能

建筑钢材的主要技术性能包括力学性能(也称使用性能)、工艺性能(也称加工性能）。只有掌握了钢材的相关性能，才能做到正确、合理、经济地选择和使用钢材。

（1）力学性能

1）抗拉性能

钢材的强度可分为拉伸强度、压缩强度、弯曲强度和剪切强度等几种。通常以抗拉强度作为最基本的强度值。

抗拉强度由拉伸试验测出，拉伸试验是将特制的拉伸试样，置于拉力试验机上，在试件两端施加一缓慢增加的拉伸荷载，观察加荷过程中产生的弹性变形和塑性变形，直至试件被拉断为止，绘出整个试验过程的应力—应变曲线，如图1-1（a）所示。

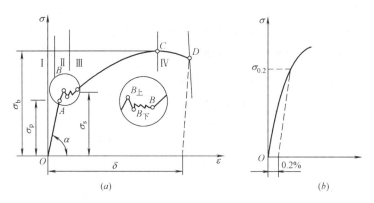

图1-1　钢材拉伸应力—应变曲线

(a) 低碳钢；(b) 高碳钢

通过拉伸试验而得的应力—应变曲线可以看出，低碳钢在外力作用下的拉伸变形一般可分为四个阶段：弹性阶段（OA阶段）、屈服阶段（AB阶段）、强化阶段（BC阶段）和颈缩阶段（CD阶段）。设计中一般以屈服点 σ_s 作为强度取值的依据。

中碳钢与高碳钢（硬钢）的拉伸曲线形状与低碳钢不同，屈服现象不明显，难以测定屈服点。按规定该类钢材在拉伸试验时，产生残余变形为原标距长度的0.2%时所对应的应力值，即作为其屈服强度值，称条件屈服点，以 $\sigma_{0.2}$ 表示 [图1-1 (b)]。

钢材的塑性指标有两个，都是表示外力作用下产生塑性变形的能力。一是伸长率（即标距的增量与初始标距的百分率），二是断面收缩率（即试件拉断后，颈缩处横截面积的最大缩减量与初始横截面积的百分率）。伸长率用 δ 表示，断面收缩率用 ψ 表示，即

$$\delta = \frac{L_1 - L_0}{L_0} \times 100\% \tag{1-42}$$

$$\psi = \frac{A_0 - A_n}{A_0} \times 100\% \tag{1-43}$$

式中　L_0——试件标距初始长度，mm；

L_1——试件拉断后标距长度，mm；

A_0——试件初始截面积，mm^2；

A_n——试件拉断后断口截面积，mm^2。

塑性性能中，伸长率 δ 的大小与试件尺寸有关，常用的试件计算长度规定为其直径的5倍或10倍，伸长率分别用 δ_5 或 δ_{10} 表示。通常以伸长率 δ 的大小来评定塑性性能的大

小。对于一般非承重结构或由构造决定的构件，只要保证钢材的抗拉强度和伸长率即能满足要求；对于承重结构则必须具有抗拉强度、伸长率、屈服强度三项指标合格的保证。

2）冲击韧性

冲击韧性是指钢材抵抗冲击或振动荷载作用，而不破坏的性能，以冲击韧性指标 a_k 表示，单位 J/cm^2。a_k 越大，冲断试件消耗的能量或者说钢材断裂前吸收的能量越多，说明钢材的韧性越好。

钢材的冲击韧性与钢材的化学成分、冶炼与加工、温度和持荷时间等因素有关。

3）疲劳强度

钢材在大小交变的荷载作用下，当最大应力远低于抗拉强度的情况下突然破坏，这种破坏称为疲劳破坏。钢材的疲劳破坏以疲劳强度评定（或称疲劳极限）。疲劳强度是指试件在大小交变应力的作用下，不发生疲劳破坏的最大应力值。在设计和使用承受往复荷载作用的结构或构件，且进行疲劳验算时，应当重点考虑钢材的疲劳强度。

影响钢材疲劳强度的因素较多。钢材内部成分的片析、夹杂物、加工损伤以及应力作用处钢材的表面光洁度等，都决定了其疲劳强度的大小。

（2）工艺性能

在工程建设中，钢材都要经过诸如弯曲、冷拉、冷拔、冷轧、焊接、铆接等加工后方可使用。钢材应具有良好的工艺性能。

1）冷弯性能

冷弯是指钢材在常温下承受弯曲变形的能力。冷弯是通过检验试件经规定的弯曲程度后，弯曲处拱面及两侧面有无裂纹、起层、鳞落和断裂等情况进行评定的，一般以试件弯曲角度（α）和弯心直径与钢材的厚度（或直径）d 的比值（α/d）来表示。

冷弯也是检验钢材塑性性能及钢材的焊接质量的方法。对于重要结构和弯曲成型的钢材，冷弯性能必须合格。

2）可焊性

可焊性是指钢材按特定的焊接工艺，在焊缝及附近过热区是否产生裂缝及硬脆倾向，焊接后的力学性能，特别是强度是否与原钢材相近的性能。钢材的可焊性主要受其化学成分及含量的影响，当含碳量超过 0.3%、硫和其他杂质含量高以及合金元素含量较高时，钢材的可焊性能降低。

钢材在焊接之前，焊接部位应清除铁锈、熔渣和油污等，尽量避免不同国家的进口钢材之间或进口钢材与国产钢材之间的焊接；冷加工钢材的焊接，应在冷加工之前进行。

3）钢材的冷加工及时效

A. 冷加工强化：将钢材在常温下进行加工，使之产生塑性变形，从而提高其屈服强度的过程称为冷加工。建筑钢材常见的冷加工方式有冷拉、冷拔、冷轧、冷扭、刻痕等。钢材在常温下加荷超过弹性范围后，产生塑性变形，强度和硬度提高，塑性和韧性下降的现象称为冷加工强化。

B. 冷加工时效：钢材经冷加工后在常温下搁置 15～20d 或加热至 100～200℃保持 2h 左右，钢材的屈服强度、抗拉强度及硬度都将进一步提高，而塑性、韧性继续降低，这一过程称为冷加工时效。前者称为自然时效，后者称为人工时效。一般强度较低的钢材采用自然时效，而强度较高的钢材采用人工时效。

2. 建筑钢材常用的品种

（1）钢结构用型钢

1）碳素结构钢

碳素结构钢包括一般结构钢和工程用型钢、钢板、钢带等。

A. 牌号表示方法

碳素结构钢的牌号由代表屈服点的字母、屈服点数值、质量等级符号和脱氧方法等四部分按顺序组成。其中，以"Q"代表屈服点；屈服点数值共分 195、215、235、255 和 275MPa 五种；质量等级以硫、磷等杂质含量由多到少，分别由 A、B、C、D 符号表示；脱氧方法以 F 表示沸腾钢、b 表示半镇静钢、Z 和 TZ 表示镇静钢和特种镇静钢；Z 和 TZ 在钢的牌号中予以省略。

例如：Q235—D 表示该钢材是碳素结构钢中屈服点为 235MPa，质量等级为 D 级的特殊镇静钢。

B. 主要技术性能

碳素结构钢的技术性能包括化学成分、力学性能、工艺性能、冶炼方法、交货状态及表面质量等内容。各牌号钢的力学性能、工艺性能应符合表 1-28 和表 1-29 的规定。

碳素结构钢的力学性能

表 1-28

牌号	质量等级	拉 伸 试 验												冲击试验	
		屈服点 σ_s (MPa)						抗拉强度 σ_b (MPa)	伸长率 δ_5（%）						温度（℃）	V型冲击功（纵向）（J）
		钢材厚度（直径）(mm)														
		≤16	>16~40	>40~60	>60~100	>100~150	>150		≤16	>16~40	>40~60	>60~100	>100~150	>150		
		≥							≥							≥
Q195	—	(195)	(185)	—	—	—	—	315~390	33	32	—	—	—	—		
Q215	A	215	205	195	185	175	165	335~410	31	30	29	28	27	26	—	—
	B														20	27
Q235	A	235	225	215	205	195	185	375~460	26	25	24	23	22	21	—	—
	B														20	27
	C														0	27
	D														—20	27
Q255	A	255	245	235	225	215	205	415~510	24	23	22	21	20	19	—	—
	B														20	27
Q275	—	275	265	255	245	235	225	490~610	20	19	18	17	16	15	—	—

C. 碳素结构钢的性能特点和选用

由上表可以看出，碳素结构钢牌号数值越大，含碳量越高，其强度、硬度也就越高，但塑性、韧性和可加工性降低。一般碳素结构钢以热轧状态交货，表面质量也应符合有关规定。

建筑中主要应用的碳素钢是 Q235，其含碳量为 0.14%～0.22%，属低碳钢。它具有较高的强度，良好的塑性、韧性及可加工性，能满足一般钢结构和钢筋混凝土用钢的要求，且成本较低。用 Q235 可热轧成各种型材、钢板、管材和钢筋等。

碳素结构钢的冷弯性能 表 1-29

牌　号	试样方向	冷弯试验 B＝2a　180°		
		钢材厚度（直径）　（mm）		
		60	＞60～100	＞100～200
		弯心直径　d		
Q195	纵向 横向	0 0.a	— 	
Q215	纵向 横向	0.5a a	1.5a 2a	2a 2.5a
Q235	纵向 横向	a 1.5a	2a 2.5a	2.5a 3a
Q255	—	2a	3a	3.5a
Q275	—	3a	4a	4.5a

注：B 为试样宽度，a 为钢材厚度（直径）。

　　Q195、Q215 号碳素结构钢，强度较低，塑性和韧性较好，易于冷加工，常用于钢钉、铆钉、螺栓及钢丝等制作。Q215 号钢经冷加工后，可取代 Q235 号钢使用。

　　Q255、Q275 号钢，强度较高，但塑性、韧性及可焊性较差，常用于机械零件和工具的制作。工程中不宜用于焊接和冷弯加工，可用于轧制带肋钢筋、制作螺栓配件等。

　　2）低合金高强度结构钢

　　低合金高强度结构钢是在碳素结构钢的基础上，添加少量的一种或几种合金元素而制成的一种钢材。

　　A. 牌号表示方法

　　低合金高强度结构钢共有五个牌号。所加合金元素主要有锰、硅、钡、钛、铌、铬、镍及稀土元素等。其牌号的表示方法由屈服点字母 Q、屈服点数值、质量等级（分 A、B、C、D、E 五级）三个部分组成。

　　B. 主要技术性能

　　低合金高强度结构钢的化学成分、力学性能见表 1-30 和表 1-31。

　　C. 低合金高强度结构钢的性能特点及应用

　　由于在低合金高强度结构钢中加入了合金元素，所以其屈服强度、抗拉极限强度、耐磨性、耐蚀性及耐低温性能等都优于碳素结构钢。它是一种综合性能较为理想的建筑结构用钢，尤其是对于大跨度、大柱网、承受动荷载和冲击荷载的结构更为适用。

　　3）钢结构用型钢

　　钢结构构件可由各种型钢或钢板组成。型钢有热轧和冷轧两种，钢板也有热轧（厚度为 0.35～200mm）和冷轧（厚度 0.2～5mm）两种。

　　A. 热轧型钢

　　常用的热轧型钢有角钢（等边和不等边）、工字钢、槽钢、T 型钢、H 型钢等。热轧型钢的标记方式为在一组符号中需标出型钢名称、横断面主要尺寸、型钢标准号及钢号与钢种标准。

　　我国建筑工程用热轧型钢主要采用碳素结构钢 Q235—A。它强度适中，塑性和可焊性较好，而且冶炼容易，成本较低，适合建筑工程使用。在钢结构设计规范中推荐使用的低合金钢主要有 Q345 及 Q390 两种，可用于大跨度、承受动荷载的钢结构。

牌号	质量等级	C ≥	Mn	Si	P ≤	S ≤	V	Nb	Ti	Al ≥	Cr ≤	Ni ≤
Q295	A	0.16	0.80~0.15	0.55	0.045	0.045	0.02~0.15	0.015~0.060	0.02~0.02	—		
	B	0.16	0.80~0.15	0.55	0.040	0.040	0.02~0.15	0.015~0.060	0.02~0.20	—		
Q245	A	0.02	1.00~1.60	0.55	0.045	0.045	0.02~0.15	0.015~0.060	0.02~0.02	—		
	B	0.02	1.00~1.60	0.55	0.040	0.040	0.02~0.15	0.015~0.060	0.02~0.20	—		
	C	0.20	1.00~1.60	0.55	0.035	0.035	0.02~0.15	0.015~0.060	0.02~0.20	0.015		
	D	0.18	1.00~1.60	0.55	0.030	0.030	0.02~0.15	0.015~0.060	0.02~0.20	0.015		
	E	0.18	1.00~1.60	0.55	0.025	0.025	0.02~0.15	0.015~0.060	0.02~0.20	0.015		
Q390	A	0.20	1.00~1.60	0.55	0.045	0.045	0.02~0.20	0.015~0.060	0.02~0.02	—	0.30	0.70
	B	0.20	1.00~1.60	0.55	0.040	0.040	0.02~0.20	0.015~0.060	0.02~0.20	—	0.30	0.70
	C	0.20	1.00~1.60	0.55	0.035	0.035	0.02~0.20	0.015~0.060	0.02~0.20	0.015	0.30	0.70
	D	0.20	1.00~1.60	0.55	0.030	0.030	0.02~0.20	0.015~0.060	0.02~0.20	0.015	0.30	0.70
	E	0.20	1.00~1.60	0.55	0.025	0.025	0.02~0.20	0.015~0.060	0.02~0.20	0.015	0.30	0.70
Q420	A	0.20	1.00~1.70	0.55	0.045	0.045	0.02~0.20	0.015~0.060	0.02~0.02	—	0.40	0.70
	B	0.20	1.00~1.70	0.55	0.040	0.040	0.02~0.20	0.015~0.060	0.02~0.20	—	0.40	0.70
	C	0.20	1.00~1.70	0.55	0.035	0.035	0.02~0.20	0.015~0.060	0.02~0.20	0.015	0.40	0.70
	D	0.20	1.00~1.70	0.55	0.030	0.030	0.02~0.20	0.015~0.060	0.02~0.20	0.015	0.40	0.70
	E	0.20	1.00~1.70	0.55	0.025	0.025	0.02~0.20	0.015~0.060	0.02~0.20	0.015	0.40	0.70
Q460	C	0.20	1.00~1.70	0.55	0.035	0.035	0.02~0.20	0.015~0.060	0.02~0.20	0.015	0.70	0.70
	D	0.20	1.00~1.70	0.55	0.030	0.030	0.02~0.20	0.015~0.060	0.02~0.20	0.015	0.70	0.70
	E	0.20	1.00~1.70	0.55	0.025	0.025	0.02~0.20	0.015~0.060	0.02~0.20	0.015	0.70	0.70

注：表中的 Al 为全铝含量。如化验酸溶铝时，其含量应不小于 0.010%。

低合金高强度结构钢的力学性能及工艺性能　　　　表 1-31

牌号	质量等级	屈服点 σ_s (MPa) 厚度(直径,边长)(mm) ≤15	>16~35	>35~50	>50~100	抗拉强度 σ_b (MPa)	伸长率 δ_5 %	A_{kv} +20℃	0℃	-20℃	-40℃	180°弯曲 d ≤16	>16~100
Q295	A	295	275	255	235	390~570	23					$d=2a$	$d=3a$
	B	295	275	255	235	390~570	23	34				$d=2a$	$d=3a$
Q345	A	345	325	295	275	470~630	21	34				$d=2a$	$d=3a$
	B	345	325	295	275	470~630	21					$d=2a$	$d=3a$
	C	345	325	295	275	470~630	22		34			$d=2a$	$d=3a$
	D	345	325	295	275	470~630	22			34		$d=2a$	$d=3a$
	E	345	325	295	275	470~630	22				37	$d=2a$	$d=3a$
Q390	A	390	370	350	330	490~650	19	34				$d=2a$	$d=3a$
	B	390	370	350	330	490~650	19					$d=2a$	$d=3a$
	C	390	370	350	330	490~650	20		34			$d=2a$	$d=3a$
	D	390	370	350	330	490~650	20			34		$d=2a$	$d=3a$
	E	390	370	350	330	490~650	20				27	$d=2a$	$d=3a$
Q420	A	420	400	380	360	520~680	18	34				$d=2a$	$d=3a$
	B	420	400	380	360	520~680	18					$d=2a$	$d=3a$
	C	420	400	380	360	520~680	19		34			$d=2a$	$d=3a$
	D	420	400	380	360	520~680	19			34		$d=2a$	$d=3a$
	E	420	400	380	360	520~680	19				27	$d=2a$	$d=3a$
Q460	C	460	440	420	400	550~720	17	34				$d=2a$	$d=3a$
	D	460	440	420	400	550~720	17		34			$d=2a$	$d=3a$
	E	460	440	420	400	550~720	17				27	$d=2a$	$d=3a$

B. 冷弯薄壁型钢

通常是用 2～4mm 薄钢板冷弯或模压而成，有 C 型钢、Z 型钢及角钢、槽钢等开口薄壁型钢及方形、矩形等空心薄壁型钢。可用于轻型钢结构，其标识方法与热轧型钢相同。

C. 钢板和压型钢板

用光面轧辊轧制而成的扁平钢材，以平板状态供货的称钢板，以卷状供货称钢带。按轧制温度不同，又可分为热轧和冷轧两种。建筑用钢板及钢带的钢种主要是碳素结构钢，一些重型结构、大跨度桥梁、高压容器等也可采用低合金钢钢板。

按厚度来分，热轧钢板分为厚板（厚度大于 4mm）和薄板（厚度为 0.35～4mm）两种，冷轧钢板只有薄板（厚度为 0.2～4mm）一种。厚板可用于焊接结构；薄板可用作屋面或墙面等围护结构，或作为涂层钢板的原料；钢板可用来弯曲型钢。薄钢板经冷压或冷轧成波形、双曲形、V 形等形状，称为压型钢板。制作压型钢板的板材采用有机涂层薄钢板（或称彩色钢板）、镀锌薄钢板、防腐薄钢板或其他薄钢板。压型钢板具有单位质量轻、强度高、抗震性能好、施工快、外形美观等特点，主要用于围护结构、楼板、屋面等。

D. 钢管

钢管按制造方法分无缝钢管和焊接钢管。无缝钢管主要作输送水、蒸汽、煤气的管道，建筑构件，机械零件和高压管道等。焊接钢管用于输送水、煤气及采暖系统的管道，也可用作建筑构件，如扶手、栏杆、施工脚手架等。按表面处理情况分镀锌和不镀锌两种，按管壁厚度可分为普通钢管和加厚钢管。

（2）钢筋混凝土结构用钢材

钢筋混凝土结构用钢材主要有各种钢筋和钢丝，主要品种有热轧钢筋、冷加工钢筋、热处理钢筋、预应力钢筋混凝土用钢丝和钢绞线等。按直条或盘条供货。

1）热轧钢筋

热轧钢筋主要有用 Q235 轧制的光圆钢筋和用合金钢轧制的带肋钢筋两类。

A. 热轧钢筋的标准与性能

热轧光圆钢筋的强度等级为 HPB235，热轧带肋钢筋强度等级由 HRB 和钢材的屈服点最小值表示，包括 HRB335、HRB400、HRB500。其中 H 表示热轧，R 表示带肋，B 表示钢筋，后面的数字表示屈服点最小值（表 1-32）。

热轧钢筋力学性能、工艺性能 表 1-32

外形	强度等级	钢种	公称直径（mm）	屈服强度（MPa）	抗拉强度（MPa）	伸长率 δ_5（%）	冷弯试验	
							角度	弯心直径
光圆	HPB235	低碳钢	8～20	235	370	26	180°	$d=a$
月牙肋	HRB335	低碳钢合金钢	6～25	335	490	16	180°	$d=3a$
			28～50					$d=4a$
	HRB400		6～35	400	570	14	180°	$d=4a$
			28～50					$d=5a$
等高肋	HRB500	中碳钢合金钢	6～25	500	630	12	180°	$d=6a$
			28～50					$d=7a$

B. 应用

热轧钢筋随强度等级的提高，屈服强度和抗拉极限强度增大，塑性和韧性下降。普通混凝土非预应力钢筋可根据使用条件选用 HPB235 钢筋或 HRB335、HRB400 钢筋；预应力钢筋应优先选用 HRB400 钢筋，也可以选用 HRB335 钢筋。热轧钢筋除 HPB235 是光圆钢筋外，HRB335 和 HRB400 为月牙肋钢筋，HRB500 为等高肋钢筋，其粗糙表面可提高混凝土与钢筋之间的握裹力。

2) 冷拉热轧钢筋

将热轧钢筋在常温下拉伸至超过屈服点的某一应力，然后卸荷，即制成了冷拉钢筋。经冷拉后，可使钢筋的屈服强度提高 17%～27%，但钢筋的塑性下降，材料变脆、屈服阶段变短，若经时效后强度再次略有提高。冷拉既可以节约钢材，又可以提高钢筋强度，并增加了品种规格，加工设备简单，易于操作，是钢筋冷加工的常用方法之一。冷拉钢筋技术性质应符合表 1-33 的规定。

冷拉热轧钢筋的性质　　　　　　　　　　表 1-33

强度等级	直径(mm)	屈服强度 σ_s (MPa)	抗拉强度 σ_b (MPa)	伸长率 δ_5(%)	冷弯性能	
		不小于			弯曲角度	弯曲直径
HPB235	≤12	280	370	11	180°	3d
HRB330	≤25	450	490	10	90°	3d
	28～40	430	490	10	90°	4d
HRB400	8～40	500	570	8	90°	5d
HRB500	10～28	700	835	6	90°	5d

注：1. d 为钢筋直径，mm。

2. 表中冷拉钢筋的屈服强度值，系现行国家标准《混凝土结构设计规范》GB 502 中冷拉钢筋的强度标准值。

3. 钢筋直径大于 25mm 的冷拉 HRB400 级钢筋，冷拉弯曲直径应增加 1d。

3) 冷轧带肋钢筋

冷轧带肋钢筋是用低碳钢热轧圆盘条经冷轧后，在其表面带有沿长度方向均匀分布的两面或三面横肋的钢筋。《冷轧带肋钢筋》GB 13788—2000 规定，冷轧带肋钢筋代号用 CRB 表示，并按抗拉强度等级划分为五个牌号，分别为 CRB550、CRB650、CRB800、CRB970、CRB1170。CRB550 钢筋的公称直径范围为 4～12mm，CRB650 及以上牌号钢筋的公称直径为 4mm、5mm、6mm。钢筋的力学性能、工艺性能应符合表 1-34 和表 1-35 的规定。

冷轧带肋钢筋的力学性能和工艺性能　　　　　　　　　　表 1-34

牌　号	抗拉强度 σ_b (MPa)≥	伸长率(%)≥		弯曲试验 (180°)	反复弯曲次数 ≥	松弛率(初始应力，σ_{con})	
		δ_{10}	δ_{100}			(1000h,%)	(10h,%)
CRB550	550	8.0	—	$d=3a$	—	—	—
CRB650	650	—	4.0	—	3	8	5
CRB800	800	—	4.0	—	3	8	5
CRB970	970	—	4.0	—	3	8	5
CRB1170	1170	—	4.0	—	3	8	5

注：表中 d 为弯心直径，a 为钢筋公称直径。

反复弯曲试验的弯曲半径（mm）			表 1-35
公称直径	4	5	6
弯曲半径	10	15	15

冷轧带肋钢筋克服了冷拉、冷拔钢筋握裹力低的缺点，同时具有和冷拉、冷拔钢筋相近的强度。CRB550 为普通钢筋混凝土用钢筋，其他牌号为预应力混凝土用钢筋。

4）预应力混凝土用钢丝及钢绞线

预应力混凝土用钢丝及钢绞线是用优质碳素结构钢经冷加工、再回火、冷轧或绞捻等加工而成的专用产品，也称为优质碳素钢丝及钢绞线。

预应力混凝土用钢丝分为矫直回火钢丝、矫直回火刻痕钢丝和冷拉钢丝三种。钢丝直径有 3、4、5、6、7、8、9mm 七种规格，抗拉强度可达 1500MPa 以上，屈服强度可达 1100MPa。

钢绞线是由七根钢丝经绞捻热处理制成的，钢绞线直径为 9～15mm，破坏强度达 2200MPa，屈服强度可达 1850MPa。

钢丝和钢绞线均具有强度高、塑性好，使用时不需要接头等优点，尤其适用于需要曲线配筋的预应力混凝土结构、大跨度或重荷载的屋架等。

3. 钢材的验收与保管

（1）钢板、型钢和钢管的验收与检验

钢板、型钢和钢管的验收与检验内容包括：包装及标志；质量证明书；规格、数量和牌号，并按规定方法抽样检验。检验的项目一般包括外观检查、力学性能检测和化学分析等三个方面。

（2）钢筋的验收与检验

1）钢筋的验收与取样方法

钢筋应有出厂质量证明书或试验报告单，每捆（盘）钢筋均应有标牌，进场钢筋应按炉罐（批）号及直径分批验收，验收内容包括查对标牌、外观检查，并按有关规定抽取试样作拉伸性能和冷弯性能两个项目的检验，如两个项目中有一个项目不合格，该批钢筋即为不合格。

同一截面尺寸和同一炉罐号组成的钢筋分批验收时，每批质量不大于 60t，如炉罐号不同，应按《钢筋混凝土结构用热轧带肋钢筋》GB 1499—1998 的规定验收。

钢筋在使用中如有脆断、焊接性能不良或机械性能显著不正常时，应进行化学成分分析检验。

取样方法和结果评定规定，自每批钢筋中任意抽取两根，于每根距端部 50cm 处各取一套试样（两根试件），在每套试样中取一根作拉力试验，另一根作冷弯试验。在拉力试验的两根试件中，如其中一根试件的屈服点、抗拉强度和伸长率三项指标中，有一项指标达不到标准中规定的数值，应取双倍（4 根）钢筋试样，重作试验。如仍有一根试件的指标达不到标准要求，则不论这个指标在第一次试验中是否达到标准要求，拉力试验也认为不合格。在冷弯试验中，如有一根试件不符合标准要求，应同样抽取双倍钢筋，重作试验。如仍有一根试件不符合标准要求，冷弯试验项目即为不合格，则该批钢材为不合格品。

试验应在 $(20\pm10)℃$ 的温度下进行，如试验温度超出这一范围，应于试验记录和报告中注明。

2）拉力试验

拉力试验包括以下工作：

A. 试件的制作与准备；

B. 屈服强度 σ_s 与抗拉强度 σ_b 的测定；

C. 伸长率测定。

3）冷弯试验

冷弯试验包括以下工作：

A. 试件不经车削加工，长度为 $L\approx5a+150mm$（a 为钢筋的初始直径）；

B. 弯心直径和弯曲角度选用；

C. 调整两支辊间距离；

D. 平稳地施加荷载，钢筋须绕着弯心，弯曲到要求的弯曲角度；

E. 试验结果鉴定：试件弯曲后，检查弯曲处的外面及侧面，如无裂缝、裂断或起层现象，即认为冷弯试验合格。

（3）钢材的保管

钢材的保管包括以下工作：

A. 选择适宜的存放处所。重要钢材应入库存放；对只忌雨淋，对风吹、日晒、潮湿不十分敏感的钢材，可入棚存放；进行人工时效的钢材，可在露天存放。存放场地应尽量远离有害气体和粉尘的污染，避免受酸、碱、盐及其气体的侵蚀。

B. 保持库房干燥通风。库棚内应采用水泥地面，正式库房还应作地面防潮处理。根据库房内、外的温度和湿度情况，进行通风、降潮。有条件的，应加吸潮剂。相对湿度小时，钢材的锈蚀速度甚微，但相对湿度大到某一限度时，会使锈蚀速度明显加大。

C. 合理码垛。分标牌码垛，料垛应稳固，垛位的质量而不应超过地面的承载力，垛底要垫高 $30\sim50cm$，有条件的要采用料架。根据钢材的形状、大小和多少，确定平放、坡放、立放等不同方法。垛形应整齐，便于清点，防止不同品种的混放。

D. 保持料场清洁。尘土、碎布、杂物都能吸收水分，应注意及时清除。杂草根部易存水，阻碍通风，夜间会排放 CO_2，必须彻底清除。

E. 加强防护措施。有保管条件的，应以箱、架、垛为单位，进行密封保管。表面涂敷防护剂，是防止锈蚀的有效措施。油性防锈剂易粘土，且不是所有的钢材都能采用，应采用使用方便，效果较好的干性防锈涂料。

F. 加强计划管理。制定合理的库存周期计划和储备定额，制定严格的库存锈蚀检查计划。

（七）木　材

木材具有质轻、强度高、易加工、质感好等优点，是富有历史传统的优良建筑材料。同时木材又具有组织构造不均质、易变形、易腐朽和易燃等缺点，工程应用时，必须采取有效措施。

1. 木材的主要性质

（1）密度与表观密度

木材的密度平均约为 2.55g/cm³，表观密度的大小与木材的种类及含水率有关，通常以含水率为 15％时的表观密度表示，平均约为 500kg/m³。

（2）吸水性和吸湿性

所有木材都是吸水的。处于空气中的木材，随环境中的温度和湿度的增、减，在不停地进行着吸水或失水，直到自身的含水率与环境中的湿度平衡为止，此时的含水率，称平衡含水率。平衡含水率不是恒定的，它会随环境的温、湿度变化而变化。平衡含水率约为 12％～18％（北方地区约为 12％，南方约为 18％）。

处于木材细胞壁中的水分称作吸附水，在细胞壁以外的水分称作自由水。当吸附水达到饱和、自由水为零时的含水率，称为木材的纤维饱和点，一般为 25％～35％，平均值为 30％。木材的纤维饱和点，是木材物理、力学性能受含水率变化影响的转折点。

木材中含水率的变化，会导致细胞壁厚度发生变化，引起木材的湿胀与干缩。木材吸水至纤维饱和点以前时，其体积及各向尺寸，均随含水率的提高而增大，即湿胀的过程。反之，将含水率为纤维饱和点的木材进行干燥，其体积及各向尺寸随含水率的降低而减小，即产生干缩过程。木材的含水率若高于纤维饱和点时，水分的变化，只是自由水的增减，湿胀和干缩趋于停止。由于木材的组织构造不匀质性，各向胀缩值相差十分悬殊，以纵向最小，弦向最大，径向次之。

（3）强度

木材的强度通常有抗压强度、抗拉强度，抗弯强度和抗剪强度等，又按受力方向不同分为顺纹和横纹。所谓顺纹是指作用力方向与木材纤维方向平行；横纹是指作用力方向与木材纤维方向垂直。各种强度均以规定的小试件，测得静力极限强度值表示。由于木材的构造所致，不同方向的各项强度值相差悬殊。

木材各种强度之间的关系见表 1-36。

木材各种强度之间的关系　　　　　　　　　　　　表 1-36

抗压强度		抗拉强度		抗弯强度	抗剪强度	
顺纹	横纹	顺纹	横纹		顺纹	横纹
1	$\frac{1}{10} \sim \frac{1}{3}$	2～3	$\frac{1}{20} \sim \frac{1}{3}$	$1\frac{1}{2} \sim 2$	$\frac{1}{7} \sim \frac{1}{3}$	$\frac{1}{2} \sim 1$

影响木材强度的因素较多，首先木材的含水率影响各向强度。当含水率低于纤维饱和点时，含水率越大，强度越低，超过纤维饱和点，就不再有这种规律。对于不同强度，含水率的影响程度并不是一致的。在纤维饱和点以下时，含水率对顺纹抗压和抗弯强度的影响较大，对顺纹抗剪强度影响则较小，对顺纹抗拉强度几乎无影响；其次木材在长期荷载作用下的强度值（通常称为持久强度），远远小于静力极限强度值，一般为静力极限强度的 50％～60％；另外环境的温度及木材本身的缺陷等也会对其强度产生一定的影响。

2. 木材的等级及检验评定

按照国家标准，木材的等级是以木材缺陷的限度作指标，根据不同材种，分别提出限定的缺陷项目和限度的大小来划分。

木材的缺陷是指由于生理、病理和人为的因素，导致木材呈现出降低材质和使用效果的各种缺点。分为节子、变色、腐朽、虫害、裂纹、形状缺陷、构造缺陷、伤疤（损伤）、木材加工缺陷和变形等，共计十大类，每大类中又按针、阔叶树种，分列出许多细类。

3. 木材保管和防护措施

（1）木材的储存保管

在施工现场，数量大、放置时间长的木材，应与自然干燥相结合，采用露天码垛存放。场地的地势要高，要平坦坚实、无杂草，要有泄水沟渠。要设有垛基，垛基的高度，以雨水回溅不到最底层木材为准。码垛的方法要讲究，密排且留适当空隙，板材要加设坡顶，并注意风向。有含水率要求的木材和成品，应放在棚库内，并保持干燥。各种木材的放置要保持规整，便于检查、发放和搬运。应按树种、材种、等级和规格的不同，分别按一头齐码放。高垛应栽设木桩。合理布局，留有通道，应编有区、段、垛号。场、库要远离火源和热源，现场要严禁烟火，并设有足够的消防设备。要经常检查，及时消除各种隐患。

（2）木材的防腐处理

采用有效的化学药物——防腐剂，以预防腐朽发生，称为木材的防腐处理。工程上常用的防腐剂，可分为水溶性类、油溶性类和焦油类。水溶性防腐剂易渗入木材内部，但使用中易为雨水冲失，适用于房屋内部的木构件，常用品种如氟化钠单剂、硼铬合剂、硼酚合剂等。油溶性防腐剂不溶于水，药效持久，但对防火不利，常用林丹五氯酚合剂。焦油类防腐剂的防腐力强，但处理后的木面不能油漆，主要为煤焦油、蒽油、煤杂酚油等。防腐处理的方法，可采用涂刷法、浸渍法、冷热槽法和加压作业法，应根据工程条件和质量要求以及木材的干湿程度、木构件的大小、防腐剂的种类等多种因素来合理选用。

（3）木材的阻燃处理

木材阻燃处理，是泛指为提高木材滞火能力而采取的措施。使木材变得难燃，或能缓和火势蔓延的办法。木材阻燃处理，主要有表面处理法和耐火剂注入法。表面处理法，是通过结构措施，用金属、水泥砂浆、熟石膏等不燃材料覆盖木材表面，避免直接与火陷接触；或在木材表面涂刷以硅酸钠、磷酸铵、硼酸氨等为基料的耐火涂料；耐火剂注入法则是通过浸渍、加压、冷热槽作业，将耐火剂注入木材内部。常用的耐火剂如硼砂、氯化氨、磷酸铵、醋酸钠等。

（八）防 水 材 料

防水材料是指能防止雨水、雪水、地下水等对建筑物和各种构筑物的渗透、渗漏和侵蚀的材料的总称。防水材料按应用特点分为刚性防水材和柔性防水材两大类。刚性防水材料一般以水泥基为主体；柔性防水材料有防水卷材和柔性防水涂料两种。

按材质可分为沥青类防水材料、高聚合物改性沥青防水材料以及合成高分子防水材料等。以下主要介绍柔性防水材料。

1. 沥青的主要技术性能及应用

沥青是一种有机胶凝材料，具有防水、防潮、防腐等性能。沥青常温下呈黑色至褐色的固体、半固体或黏稠液体。工程中使用最多的是石油沥青和煤沥青。

（1）石油沥青的技术性能及应用

1）黏滞性

黏滞性是指沥青材料在外力作用下抵抗发生相对变形的能力。液态沥青的黏性用黏滞度表示；半固体和固体沥青的黏性用针入度表示。

2）塑性

塑性是指沥青在外力作用下产生变形而不破坏，当除去外力后仍能保持变形后形状不变的性能。一般用延伸度表示，简称延度（单位 cm）。塑性表示沥青开裂后的自愈能力及受机械力作用后变形而不破坏的能力。沥青之所以被称为柔性防水材料，很大程度上取决于这种性能。

3）温度稳定性

温度稳定性是指石油沥青的黏滞性和塑性随温度升降而变化的性能。温度变化程度越大，沥青的温度稳定性愈差。温度稳定性用软化点来表示，即沥青材料由固态变为具有一定流动性的液态时的温度（单位℃）。软化点通常用"环球法"测定。石油沥青的软化点大致在 25~100℃之间。软化点高，沥青的耐热性好，但软化点过高，又不易加工和施工；软化点低的沥青，夏季高温时易产生流淌而变形。

4）大气稳定性

在环境各种自然因素的综合作用下（如阳光、空气、雨、雪等），石油沥青中各组分不稳定，油分、树脂将逐渐减少，地沥青质逐渐增多，使石油沥青的塑性降低，脆性增加，出现脆裂，失去防水、防腐蚀效果，这一过程称为石油沥青的"老化"。大气稳定性是指石油沥青抵抗老化的性能，它决定了石油沥青的耐久性。大气稳定性常用沥青的蒸发损失和针入度比表示。

除上述四项主要技术指标外，还有闪点、燃点、溶解度等，都对沥青的性能有影响，如闪点和燃点直接影响沥青熬制温度的确定。

5）石油沥青的应用

在选用石油沥青时，应根据当地的环境和气候特点、工程的类别及所处部位等因素确定牌号，也可选择两种牌号的沥青调配使用。

道路石油沥青黏性差，塑性好，容易浸透和乳化，但弹性、耐热性和温度稳定性较差，主要用于拌制各种沥青混凝土、沥青砂浆或用来修筑路面和各种防渗、防护工程，还可用来配制填缝材料、密封材料、粘结剂和防水材料。

建筑石油沥青具有良好的防水性，针入度小、黏性大、耐热性及温度稳定性好，但延伸变形性能较差，主要用于屋面和各种防水工程，并用来制造防水卷材，配制沥青胶和沥青涂料。为避免夏季流淌，一般屋面用石油沥青的软化点应比当地屋面最高温度高 20℃以上。但若软化点过高，冬季在低温条件下易脆硬，甚至开裂。

普通石油沥青性能较差，一般较少单独使用，可作为建筑石油沥青的掺配材料或经加工后使用。

（2）煤沥青的技术性能及应用

煤沥青是炼焦或生产煤气的副产品，烟煤干馏时所挥发的物质冷凝得到的黑色黏稠物质，称为煤焦油。煤焦油再经分馏加工提取出轻油、中油、重油、蒽油后的残渣即为煤沥青（俗称柏油）。按蒸馏程度不同，煤沥青分为低温沥青、中温沥青和高温沥青，建筑上多采用低温沥青。

与石油沥青相比，煤沥青的大气稳定性较差。与相同软化点的石油沥青相比，煤沥青的塑性较差，因此当使用在温度变化较大（如屋面、路面等）的环境时，温度稳定性、耐久性不如石油沥青。煤沥青中因含有蒽、酚，防腐性能较好，但有毒性，适用于地下防水或防腐工程中。

2. 改性沥青技术性能及应用

普通石油沥青的性能并不一定能够满足工程实际的要求，为此，对沥青进行氧化、催化、乳化或者掺入橡胶、树脂等物质，得到的产品称为改性沥青。改性沥青可分为橡胶改性沥青、树脂改性沥青、橡胶树脂改性沥青和矿物填充料改性沥青等品种。

（1）橡胶改性沥青

是指在沥青中掺入适量橡胶的改性沥青。常用的橡胶有天然橡胶、合成橡胶（丁基橡胶、氯丁橡胶、丁苯橡胶等）和再生橡胶。经改性后，具有一定橡胶的特性，其气密性、低温柔性、耐化学腐蚀性，耐光、耐气候性、耐燃烧等性能均得到改善，可用于制作卷材、片材、密封材料或涂料。

（2）树脂改性沥青

是指在沥青中掺入适量合成树脂的改性沥青。常用的合成树脂有古马隆树脂、聚乙烯、酚醛树脂、无规聚丙烯（APP）等。用树脂改性沥青，可以提高沥青的耐寒性、耐热性、黏结性和不透水性。

（3）橡胶树脂改性沥青

同时加入橡胶和树脂，可使沥青同时具备橡胶和树脂的特性，性能更加优良。主要产品有片材、卷材、密封材料、防水涂料。

（4）矿物填充料改性沥青

矿物填充料改性沥青是指为了提高沥青的粘结力和耐热性，减小沥青的温度敏感性，加入一定数量矿物填充料（滑石粉、石灰粉、云母粉、硅藻土）的沥青。

3. 防水制品的品种和应用

按组成材料分为沥青防水制品、高聚物改性沥青防水制品、合成高分子防水制品三大类。

（1）沥青类防水制品

1）石油沥青纸胎防水卷材

石油沥青纸胎防水卷材是采用低软化点石油沥青浸渍原纸，用高软化点沥青涂盖油纸的两面，再撒以隔离材料而制成的一种纸胎油毡。

《石油沥青纸胎油毡、油纸》GB 326—1989 规定：幅宽为 915mm、1000mm 两种，后者居多；按隔离材料分为粉毡、片毡；每卷油毡的总面积为 $20\pm0.3m^2$；按 $1m^2$ 原纸的质量克数分为 200、350、500 号三种标号；按物理性能分为优等品、一等品和合格品。由于沥青材料的温度敏感性大、低温柔性差、易老化，因而使用年限较短，其中 200 号用于简易防水、临时性建筑防水、防潮及包装等，350、500 号油毡用于屋面和地下工程的多层防水，可用冷、热沥青胶粘结。

石油沥青油纸是采用低软化点石油沥青浸渍原纸，制成的一种无涂盖层的纸胎防水卷材。双卷包装，总面积为 $40\pm0.6m^2$，主要用于建筑防潮和包装。

2）石油沥青玻璃布油毡（简称玻璃布油毡）

石油沥青玻璃布油毡是采用玻璃布为胎基涂盖石油沥青，并在两面撒铺粉状隔离材料而制成。根据行业标准《石油沥青玻璃布油毡》JC/T 84—1995 规定，幅宽为 1000mm，分为一等品和合格品两个等级。每卷油毡的总面积为 20±0.3m²。石油沥青玻璃布油毡具有拉力大及耐霉菌性好的特点，适用于要求强度高及耐霉菌性好的防水工程，柔韧性优于纸胎油毡，易于在复杂部位粘贴和密封。主要用于铺设地下防水、防潮层、金属管道的防腐保护层。

3) 石油沥青玻璃纤维油毡（简称玻纤油毡）

石油沥青玻璃纤维油毡是采用玻璃纤维薄毡为胎基，浸涂石油沥青，表面撒以矿物粉料或覆盖聚乙烯薄膜等隔离材料制成的一种防水卷材。其指标应符合《石油沥青玻璃纤维油毡》GB/T 14686—1993 的规定，幅宽 1000mm，玻纤油毡按撒盖材料分为膜面、粉面和砂面三个品种；根据油毡每 10m² 质量（kg）分为 15 号、25 号、35 号三个标号；按物理性能分为优等品、一等品和合格品。

石油沥青玻璃纤维油毡具有柔性好（在 0～10℃弯曲无裂纹），耐化学微生物腐蚀，寿命长。15 号玻纤油毡用于一般工业与民用建筑的多层防水，并可用于包扎管道（热管道除外）、做防腐保护层。25 号、35 号玻纤油毡适用于屋面、地下、水利等工程多层防水，其中 35 号可采用热熔法施工。

4) 铝箔面油毡

铝箔面油毡是用玻纤毡为胎基，浸涂氧化沥青，表面用压纹铝箔贴面，底面撒以细颗粒矿物料或覆盖 PE 膜制成的防水卷材。具有反射热和紫外线的功能及美观效果，能降低屋面及室内温度，阻隔蒸汽渗透，用于多层防水的面层和隔汽层。

5) 石油沥青防水卷材的储存、运输和保管

在储存、运输和保管中，不同规格、标号、品种、等级的产品不得混放；卷材应保管在规定温度下，粉毡和玻璃毡不高于 45℃，片毡不高于 50℃。纸胎油毡和玻纤毡需立放，高度不应超过两层，所有搭接边的一端必须朝上面；玻璃布油毡可以同一方向平放堆置成三角形，最高码放 10 层，并应存放在远离火源、通风、干燥的室内，防止日晒、雨淋和受潮；用轮船和铁路运输时，卷材必须立放，高度不得超过两层，短途运输可平放，不宜超过 4 层，不得倾斜或横压，必要时加盖毡布；人工搬运要轻拿轻放，避免出现不必要的损伤；产品质量保证期为一年。

（2）高聚物改性沥青制品

高聚物改性沥青制品主要是高聚物改性沥青卷材。常用的有 SBS、APP、PVC 和再生胶改性沥青防水卷材等，目前使用较普遍。

1) 弹性体改性沥青防水卷材

弹性体改性沥青防水卷材是以苯乙烯—丁二烯—苯乙烯（SBS）热塑性弹性体作改性剂，以聚酯毡（PY）或玻纤毡（G）为胎基，两面覆盖以聚乙烯膜（PE）、细砂（S）或矿物粒（片）料（M）制成的卷材，简称 SBS 卷材，属弹性体卷材。

《弹性体改性沥青防水卷材》GB 18242—2000 规定分为六个品种：聚酯毡—聚乙烯膜、玻纤毡—聚乙烯膜、聚酯毡—细砂、聚酯毡—矿物粒、玻纤毡—细砂、玻纤毡—矿物粒。卷材幅宽为 1000mm，聚酯毡的厚度有 3、4mm 两种，玻纤毡的厚度有 2、3、4mm 三种。分为Ⅰ型、Ⅱ型，每卷面积为 15m²、10m²、7.5m² 三种。其物理性能应符合表 1-37 的规定。

弹性体（SBS）改性沥青防水卷材物理力学性能　　　　　表 1-37

序　号	胎　基			PY		G	
	型　　号			I	II	I	II
1	可溶物含量(g/m²) ≥		2mm	—		1300	
			3mm	2100			
			4mm	2900			
2	不透水性	压力(MPa) ≥		0.3		0.2	0.3
		保持时间(min) ≥		30			
3	耐热度(℃)			90	105	90	105
				无滑动、流淌、滴落			
4	拉力(N/50min) ≥	纵向		450	800	350	500
		横向				250	300
5	最大拉力延伸率(%) ≥	纵向		30	40	—	
		横向					
6	低温柔度(℃)			—18	—25	—18	—25
				无裂纹			
7	撕裂强度(N) ≥	纵向		250	350	250	350
		横向				170	200
8	人工气候加速老化	外观		1 级			
				无滑动、流淌、滴落			
		拉力保持率(%) ≥	纵向	80			
		低温柔度		—10	—20	—10	—20
				无裂纹			

　　SBS 卷材属高性能的防水材料，保持了沥青防水的可靠性和橡胶的弹性，提高了柔韧性、延展性、耐寒性、粘附性、耐气候性，具有良好的耐高温和低温性，可形成高强度防水层，并耐穿刺、烙伤、撕裂和疲劳，出现裂缝能自我愈合，能在寒冷气候热熔搭接，密封可靠。SBS 卷材广泛应用于各种领域和类型的防水工程。最适用于以下工程：工业与民用建筑的常规及特殊屋面防水，工业与民用建筑的地下工程的防水、防潮及室内游泳池等的防水，各种水利设施及市政防水工程。

　　2）塑性体（APP）改性沥青防水卷材

　　塑性体改性沥青防水卷材是指以聚酯毡或玻纤毡为胎基，无规聚丙烯（APP）或聚烯烃类聚合物作改性剂，两面覆以隔离材料所制成的防水卷材，简称 APP 防水卷材。卷材的品种、规格、外观要求同 SBS 卷材；其物理力学性能应符合《塑性体改性沥青防水卷材》GB 18243—2000 的规定，见表 1-38。

　　APP 卷材具有良好的防水性能、耐高温性能和较好的柔韧性（耐—15℃不裂），能形成高强度、耐撕裂、耐穿刺的防水层，耐紫外线照射、耐久寿命长，热熔法粘结，可靠性强。广泛用于各种工业与民用建筑的屋面及地下防水，地铁、隧道桥和高架桥上沥青混凝土桥面的防水，尤其适用于较高温度环境的建筑防水，但必须用专用胶粘剂粘结。

　　3）高聚物改性沥青防水卷材的技术性质

序　号	胎　　基			PY		G	
	型　　号			Ⅰ	Ⅱ	Ⅰ	Ⅱ
1	可溶物含量(g/m²) ≥		2mm	—		1300	
			3mm	2100			
			4mm	2900			
2	不透水性	压力(MPa) ≥		0.3		0.2	0.3
		保持时间(min) ≥		30			
3	耐热度(℃)			110	130	110	130
				无滑动、流淌、滴落			
4	拉力(N/50min) ≥		纵向	450	800	350	500
			横向			250	300
5	最大拉力延伸率(%) ≥		纵向	25	40	—	
			横向				
6	低温柔度(℃)			—5	—15	—5	—15
				无裂纹			
7	撕裂强度(N) ≥		纵向	250	350	250	350
			横向			170	200
8	人工气候加速老化	外观		1级			
				无滑动、流淌、滴落			
		拉力保持率(%) ≥	纵向	80			
		低温柔度		—3	—10	—3	—10
				无裂纹			

A. 高聚物改性沥青防水卷材的外观要求

高聚物改性沥青防水卷材应卷紧整齐，端面里进外出不得超过10mm；成卷卷材在规定温度下展开，在距卷芯1.0m长度外，不应有10mm以上的裂纹和粘结；胎基应浸透，不应有未被浸透的条纹；卷材表面应平整，不允许有空洞、缺边、裂口，矿物粒（片）应均匀并且紧密粘附于卷材表面；每卷接头不多于1个，较短一段不应少于2.5m，接头应剪切整齐，加长150mm，备作粘结。

B. 高聚物改性沥青防水卷材的卷重、面积、厚度

SBS卷材、APP卷材的卷重、面积、厚度的规定见表1-39。

高聚物改性沥青防水卷材的卷重、面积、厚度　　　　表1-39

规格		2mm		3mm			4mm					
上表面材料		PE	S	PE	S	M	PE	S	M	PE	S	M
每卷面积(m²)	公称面积	15		10			10			7.5		
	偏差	±0.15		±0.10			±0.10			±0.10		
每卷最低重量(kg)		33.0	37.5	32.0	35.0	40.0	42.0	45.0	50.0	31.5	33.0	37.5
厚度(mm)	平均值≥	2.0		3.0		3.2	4.0		4.2	4.0		4.2
	最小单值	1.7		2.7		2.9	3.7		3.9	3.7		3.9

C. 高聚物改性沥青防水卷材储存、运输与保管

不同品种、等级、标号、规格的产品应有明显标记，不得混放；卷材应存放在远离火源、通风、干燥的室内，防止日晒、雨淋和受潮；卷材必须立放，高度不得超过两层，不得倾斜或横压，运输时平放不宜超过 4 层；应避免与化学介质及有机溶剂等有害物质接触。

（3）合成高分子防水卷材

合成高分子防水卷材是以合成橡胶、合成树脂或两者的混合体为基料，加入适量的化学助剂和填充料等，经不同工序加工而成的防水卷材。

合成高分子防水卷材具有抗拉伸和撕裂强度高、断裂伸长率大、耐热性和低温柔性好、耐腐蚀、耐老化等特点，是一种高档的防水卷材。常用的品种有：三元乙丙橡胶防水卷材、氯化聚乙烯防水卷材和氯化聚乙烯—橡胶共混防水卷材等。这类防水卷材按厚度分为 1mm、1.2mm、1.5mm、2.0mm 等规格，目前高等级建筑中采用较多。

1）三元乙丙橡胶防水卷材（EPDM）

三元乙丙橡胶防水卷材是以乙烯、丙烯和少量的双环戊二烯等单体聚合成的三元乙丙橡胶为主要原料，掺入适量的其他助剂和填料，经密炼、拉片、过滤、挤出成型、硫化等工序加工而成的防水卷材。它是一种高弹性的新型防水卷材。

三元乙丙橡胶防水卷材很好的耐候性和耐老化性，化学稳定性、耐热性和低温柔性也极佳，对基层材料的伸缩或开裂变形适应性强，使用寿命达 20 年以上，可广泛应用于防水要求高、耐用年限长的防水工程中。

2）氯化聚乙烯防水卷材（CPE）

氯化聚乙烯防水卷材是以氯化聚乙烯树脂为基料，掺入少量助剂、大量填料，经密炼、混炼和压延而成的一种防水卷材。

氯化聚乙烯防水卷材具有优良的耐候性、耐臭氧、耐化学药品及阻燃性。它不但具有合成树脂的热塑性，而且还具有橡胶的弹性，故其弹性和耐久性均很优异。适用于各种工业与民用建筑工程的屋面、地下室、卫生间、浴室等防水，以及地下铁道、蓄水池等工程的防水工程。

3）氯化聚乙烯—橡胶共混防水卷材

此卷材是以氯化聚乙烯树脂与合成橡胶为主体，加入适量硫化剂、促进剂、稳定剂、软化剂和填充剂，经素炼、混炼、过滤、压延或挤压成型和硫化而制成的防水卷材。它也是一种高弹性的防水卷材。

该卷材具有氯化聚乙烯所特有的高强度和优异的耐臭氧、耐老化性能，而且具有橡胶类材料所特有的高弹性、高延性和良好的低温柔性，因此，它特别适用于寒冷地区或变形较大的工程防水中。

（4）防水涂料

防水涂料是以沥青、合成高分子等为主体，在常温下呈无定形流态或半固态，有的做成双组分合成使用。经涂布在基底表面能形成坚韧的防水膜的一类防水材料的总称。

1）水乳型沥青基防水涂料

水乳型沥青基防水涂料是指以乳化沥青为基料或在其中加入各种改性材料的防水材料。主要用于Ⅲ、Ⅳ级防水等级的屋面防水、厕浴间及厨房防水。我国的主要品种有

AE—1、AE—2 型两大类。AE—1 型是以石油沥青为基料,用石棉纤维或其他矿物填充料改性的水性沥青厚质防水涂料,如水性沥青石棉防水涂料、水性沥青膨润土防水涂料;AE—2 型是用化学乳化剂配成的乳化沥青,掺入氯丁胶乳或再生橡胶等橡胶改性的水性沥青薄质防水涂料。

2) 高聚物改性沥青防水涂料

高聚物改性沥青防水涂料是以高聚物改性沥青为基料,制成的水乳型或溶剂型防水涂料。品种有再生胶改性沥青防水涂料、水乳型氯丁橡胶沥青防水涂料、SBS 橡胶改性沥青防水涂料等。

A. 再生胶改性沥青防水涂料:JG—1 型是溶剂型再生胶改性沥青防水胶粘剂。以渣油(200 号或 60 号道路石油沥青)与废开司粉(废轮胎里层带线部分磨成的细粉)加热熬制,加入高标号汽油而制成;JG—2 型是水乳型双组分防水冷胶料,属反应固化型。A 液为乳化橡胶,B 液为阴离子型乳化沥青,分别包装,现用现配,在常温下施工,维修简单,具有优良的防水、抗渗性能。温度稳定性好,但涂层薄,需多道施工。低于 5℃不能施工,加衬中碱玻璃丝或无纺布可做防水层。

B. 氯丁橡胶改性沥青防水涂料:溶剂型氯丁橡胶改性沥青防水涂料是将氯丁橡胶和石油沥青溶于芳烃溶剂(苯或二甲苯)中形成一种混合胶体溶液。《溶剂型橡胶沥青防水涂料》JC/T 852—1999 中按抗裂性及低温柔性分为一等品和合格品。水乳型氯丁橡胶改性沥青防水涂料是以阳离子氯丁胶乳和阴离子沥青乳液混合而成。以水代替溶剂,成本低、无毒。

常用防水涂料的性能及用途见表 1-40。

常用防水涂料的性能及用途 表 1-40

类 别	特 点	适 用 范 围
乳化沥青防水涂料	成本低,施工方便,耐热性好,但延伸率低	适用于民用及工业建筑的复杂屋面和清灰屋面防水,也可涂于屋顶钢筋板面和油毡屋面防水
三元乙丙橡胶防水涂料	具有高强度、高弹性、高延伸率,施工方便	适用于宾馆、办公楼、厂房、仓库、宿舍的建筑屋面和地面防水
橡胶改性沥青防水涂料	有一定的柔韧性和耐水性,常温下冷施工,安全可靠	适用于工业及民用建筑的保温屋面、地下室、洞体、冷库地面等的防水
PVC 防水涂料	具有弹塑性,能适应基层的一般开裂或变形	可用于屋面及地下工程、蓄水池、水沟、天沟的防腐和防水
硅橡胶防水涂料	防水性好,成膜性、弹性粘结性好,安全无毒	地下工程、储水池、厕浴间、屋面的防水
聚丙烯酸酯防水涂料	粘结性强、防水性好,延伸率高,耐老化,能适应基层的开裂变形和冷施工	应用于中、高级建筑工程的各种防水工程,平面、立面均可施工
聚氨酯防水涂料	强度高,耐老化性能优异,延伸率大,粘结力强	用于建筑屋面的隔热防水工程,地下室、厕浴间的防水,也可用于彩色装饰性防水
粉状粘性防水涂料	属于刚性防水,涂层寿命长,经久耐用,不存在老化问题	适用于建筑屋面、厨房、厕浴间、坑道、隧道地下工程防水

3) 防水涂料的储运及保管

防水涂料的包装容器必须密封严实,容器表面应有标明涂料名称、生产厂名、生产日期和产品有效期的明显标志;储运及保管的环境温度应不得低于 0℃;严防日晒、碰撞、渗漏;应存放在干燥、通风、远离火源的室内,料库内应配备专用有机溶剂消防设施;运输时,运输车车轮应有接地措施,防止静电起火。

（九）建筑装饰材料

1. 天然石材的主要技术性能及应用

（1）天然花岗岩

花岗岩属火成岩中的深成岩，它是地壳深处的岩浆，在受上部覆盖压力的作用下，经缓慢冷却而形成的岩石。由于其结构密实、表观密度大，故抗压强度高、耐磨性好、耐久性好、耐风化好、孔隙率小、吸水率小，并具有高抗酸腐蚀性，但耐火性差。

花岗岩板材按表面加工的方式分为剁斧板、机刨板、粗磨板和磨光板等。

花岗岩属高档建筑结构材料和装饰材料，多用于室外地面、台阶、基座、纪念碑、墓碑、铭牌、踏步、檐口等处。在现代大城市建筑中，镜面花岗岩板多用于室内外墙面、地面、柱面、踏步等。

（2）天然大理石

天然大理石属变质岩，它是原有岩石在自然环境中，经变质后形成的一种含碳酸盐矿物的岩石。"大理石"是由于盛产在我国云南省大理县而得名的。大理石结构致密，抗压强度较高，硬度不大，易雕琢和磨光，装饰性好，吸水率小，耐磨性好，耐久性次于花岗岩，抗风化性差。

天然大理石板材为高级饰面材料，适用于纪念性建筑、大型公共建筑（如宾馆、展览馆、商场、图书馆、机场、车站等）的室内墙面、柱面、地面、楼梯踏步等，有时也可作楼梯栏杆、服务台、门面、墙裙、窗台板、踢脚板等。天然大理石板材的光泽易被酸雨侵蚀，故不宜用作室外装饰。只有少数质地纯正的汉白玉、艾叶青可用于外墙饰面。

石材行业通常将具有与大理岩相似性能的各种碳酸岩或镁质碳酸盐，以及有关的变质岩统称为大理石。

（3）石灰岩

石灰岩属沉积岩，它是因沉积物固结而形成，主要成分为 $CaCO_3$，俗称青石。石灰岩常因含有白云石、石英、蛋白石及黏土等，其化学成分、矿物成分、致密程度及物理性质差别较大。石灰岩抗压强度较高，吸水率为 2%～10%，具有较好的耐水性和抗冻性。

我国石灰岩储量丰富，便于开采，因具有一定的强度和耐久性，被广泛用于工程建设中。其块石可作为基础、墙身、台阶及路面等材料，其碎石是常用的混凝土集料。

2. 建筑陶瓷的主要技术性能及应用

陶瓷制品是指以黏土、长石、石英等为基本原料，经配料、制坯、干燥、焙烧而制得的成品。用于建筑工程的陶瓷制品则称为建筑陶瓷，其制品最常用的有釉面砖、外墙面砖、地面砖、陶瓷锦砖、琉璃制品、陶瓷壁画及卫生陶瓷等。

（1）釉面砖

釉面砖又称瓷砖，由于其主要用于建筑物内墙饰面，故又称内墙面砖。

釉面砖色泽柔和典雅，常用的有白色、彩色、浮雕、图案、斑点等。其装饰效果主要取决于颜色图案和质感。釉面砖具有强度高、防潮、抗冻、耐酸碱、抗急冷急热、易清洗等特点。主要用作厨房、浴室、卫生间、实验室、精密仪器车间及医院等室内墙面、台面等的饰面材料，其效果既清洁卫生又美观耐用。

其技术指标主要包括规格尺寸、外观质量、吸水率、急冷急热性、抗弯强度、白度和色差等。由于釉面砖的吸水率大（约为20%左右），并且对抗冻性、耐磨性和化学腐蚀性不作要求，因此不易做外墙装饰材料和地面材料使用。

（2）墙地砖

墙地砖是以优质陶土原料加入其他材料配成生料，经半干压成型后于1100℃左右的温度焙烧而成，分有釉和无釉两种。有釉的称为彩色釉面陶瓷墙地砖，无釉的称为无釉墙地砖。

墙地砖的表面质感有多种多样，通过配料和改变制作工艺，可制成平面、麻面、毛面、刨光面、磨光面、仿花岗石表面、压花浮雕表面、无光釉面、金属光泽面、防滑面、耐磨面等，以及丝网印刷、套花图案、单色、多色等多种制品。墙地砖质地较密实，强度高，吸水率小，热稳定性、耐磨性及抗冻性均较高，主要用于建筑物外墙贴面和室内外地面装饰铺贴。

（3）陶瓷锦砖

陶瓷锦砖俗称马赛克，它是以瓷土为原料烧制而成的片状小瓷片。其特点是吸水率低，为瓷制；每块砖的尺寸较小，需用一定数量的砖按规定的图案粘在一张规定尺寸的牛皮纸上，成联使用。

陶瓷锦砖按表面性质分为有釉、无釉锦砖；按砖联分为单色、拼花两种。单砖边长不大于50mm，当采用拼花时，常用规格为18.5mm×18.5mm×5mm；当砖联为正方形或长方形时，常用规格为305mm×305mm×5mm。按外观质量分为优等品和合格品。

陶瓷锦砖具有色泽明净、图案美观、质地坚实、抗压强度高、耐污染、耐腐蚀、耐磨、耐水、抗火、抗冻、不吸水、不滑、易清洗等特点，并且坚固耐用，造价低。

陶瓷锦砖由于砖块小，不易被踩碎，主要用于室内地面铺贴。它适用于工业建筑的洁净车间、化验室以及民用建筑的餐厅、厨房、浴室的地面铺装等。也作为高级建筑物的外墙饰面材料。彩色陶瓷锦砖还可以拼成文字、花边以及形似天坛、长城、小鹿、熊猫等风景名胜和动物花鸟图案的壁画，形成一种别具风格的锦砖壁画艺术。

（4）陶瓷劈离砖

陶瓷劈离砖是以黏土为原料，经配料、真空挤压成型、烘干、焙烧、劈离（将一块双联砖分为两块砖）等工序制成。劈离砖种类很多，色彩丰富，颜色自然柔和，表面质感变幻多样。它具有强度高、吸水率小、表面硬度大、耐磨防滑、耐腐抗冻、冷热性能稳定等特点。适用于墙面及地面装饰。

3. 玻璃及其制品的主要技术性能及应用

（1）普通平板玻璃

普通平板玻璃是建筑使用量最大的一种，厚度有2mm、3mm、4mm、5mm、6mm、8mm、10mm、12mm。通常把2mm厚的平板玻璃，10m²钉成的一箱称为一个标准箱。对于其他厚度的平板玻璃，需进行标准箱换算。

普通平板玻璃具有良好的透光性、较高的化学稳定性和耐久性，但韧性小、抗冲击强度低、易破碎，主要用于装配门窗，起透光、挡风雨、保温隔音等作用。

（2）安全玻璃

安全玻璃包括钢化玻璃、夹丝玻璃、夹层玻璃。主要特性是力学强度较高，抗冲击能力较好。被击碎时，碎块不会飞溅伤人，并有防火的功能。

1）钢化玻璃

钢化玻璃又称强化玻璃，它是利用物理或化学方法进行特殊钢化处理的玻璃。物理钢化玻璃主要用于建筑物的门窗、隔断和幕墙；化学钢化玻璃主要用于汽车车窗等。钢化玻璃的机械强度比未经钢化的玻璃要高4～5倍，抗冲击性能好、弹性好、热稳定性高，当玻璃破碎时，裂成圆钝的小碎片，不致伤人。

2）夹丝玻璃

夹丝玻璃是将预先编织好的钢丝网压入已软化的热玻璃中而制成的。其抗折强度高、防火性能好，破碎时即使有许多裂缝，其碎片仍能附着在钢丝上，不致四处飞溅而伤人。夹丝玻璃主要用于厂房天窗、各种采光屋顶和防火门窗等。

3）夹层玻璃

夹层玻璃是两片或多片平板玻璃之间嵌夹透明塑料（聚乙烯醇缩丁醛）薄衬片，经加热、加压粘合成平面或曲面的复合玻璃制品。夹层玻璃抗冲击性和抗穿透性好，玻璃破碎时不裂成分离的碎片，只有辐射状的裂纹和少量玻璃碎屑，碎片仍粘贴在膜片上，不致伤人。夹层玻璃在建筑上主要用于有特殊安全要求的门窗、隔墙、工业厂房的天窗以及某些水下工程等。

（3）绝热玻璃

绝热玻璃包括吸热玻璃、热反射玻璃、中空玻璃等。它们在建筑上主要起装饰作用，并具有良好的绝热功能。除用于一般门窗外，常作为建筑节能工程的门窗材料。

1）吸热玻璃

吸热玻璃是既能吸收大量红外线辐射，又能吸收太阳的紫外线，还能保持良好的光透过率的平板玻璃。吸热玻璃有灰色、茶色、蓝色、绿色等颜色。吸热玻璃在建筑工程中应用广泛，凡既需采光又需隔热之处，均可采用。

2）热反射玻璃

热反射玻璃既具有较高的热反射能力，又能保持良好的透光性能的平板玻璃，又称镀膜玻璃。热反射玻璃是在玻璃表面用热解、蒸发、化学处理等方法喷涂金、银、铜、镍、铬、铁等金属或金属氧化物薄膜而成。热反射玻璃反射率高达30%以上，装饰性好，具有单向透像作用，越来越多地用作高层建筑的幕墙。

3）中空玻璃

中空玻璃由两片或多片平板玻璃构成，用边框隔开，四周边缘部分采用胶接、焊接或熔接等方法加以密封，使玻璃层间充有干燥气体的玻璃。中空玻璃使用的玻璃原片有平板玻璃、吸热玻璃、热反射玻璃等。中空玻璃的特性是保温绝热，节能性好，隔声性能优良，并能有效地防止结露。中空玻璃主要用于需要采暖、空调、防止噪声、结露及需要无直射阳光和需特殊光线的建筑上，如住宅、饭店、宾馆、办公楼、学校、医院、商店等。

4）压花玻璃、磨砂玻璃

压花玻璃是将熔融的玻璃液在冷却过程中，通过带图案的花纹辊轴连续辊压而成。可在一面压花，也可两面压花。其颜色有浅黄色、浅蓝色、橄榄色等。喷涂处理后的压花玻璃，立体感强，强度可提高50%～70%。具有透光不透视、艺术装饰效果好等特点。

磨砂玻璃是一种毛玻璃，它是用硅砂、金刚石、石榴石粉等研磨材料加水采用机械喷砂、手工研磨或氢氟酸溶蚀等方法，把普通玻璃表面处理成均匀毛面而成。它具有透光不透视，使室内光线不眩目、不刺眼的特点。

以上两种玻璃一般用于建筑物的卫生间、浴室、办公室等的门窗及隔断。

5）玻璃空心砖

玻璃空心砖一般是由两块压铸成凹形的玻璃经熔结或胶结成整块的空心砖。砖面可为光滑平面，也可在内外压铸多种花纹。砖内腔可为空气，也可填充玻璃棉等。玻璃空心砖具有透光不透视，抗压强度较高，保温隔热性、隔声性、防火性、装饰性好等特点，可用来砌筑透光墙壁、隔断、门厅、通道等。

6）玻璃马赛克

玻璃马赛克又称玻璃锦砖或锦玻璃，是一种小规格的饰面玻璃。其颜色有红、黄、蓝、白、黑等多种。玻璃马赛克具有色调柔和、朴实典雅、美观大方、化学稳定性好、冷热稳定性好、不变色、易清洗、便于施工等优点。适用于宾馆、医院、办公楼、礼堂、住宅等建筑的内外墙饰面。

4. 金属装饰材料的主要技术性能及应用

（1）铝合金装饰板

铝合金装饰板是一种中档次的装饰材料，其装饰效果别具一格，易于加工，且价格较低，表面经氧化和喷漆处理，具有不同色彩。铝合金饰面板还具有轻质高强的特点，经久耐用。适用于各种建筑装饰工程中。常用的铝合金装饰板有铝合金花纹板、铝合金波纹板、铝合金压型板、铝合金冲孔平板等。

铝合金花纹板是采用防锈铝合金坯料，用具有一定的花纹轧辊轧制而成的。花纹美观大方，筋高适中，不易磨损，防滑性好，防腐蚀性能强，便于冲洗。其表面可以处理成各种美丽的色彩。广泛应用于现代建筑的墙面装饰以及楼梯踏板等处。

铝合金波纹板是由防锈铝合金在波纹机上轧制成。它有银白色等多种颜色，有很强反光能力，防火、防潮、防腐，在大气中能使用 20 年以上。主要用于建筑墙面、屋面装修。

铝合金压型板是由防锈铝合金在压型机上压制成。它具有质量轻、外形美观、耐腐蚀、经久耐用、易安装、施工便捷等优点，经表面处理可得各种美丽的色彩。主要用于墙面和屋面。

铝合金冲孔平板是用各种铝合金平板经机械冲孔而成。其特点是具有良好的防腐蚀性能，光洁度高，有一定的强度，易加工成各种规格，有良好的防震、防潮、防火性能和消声效果，经表面处理后，可获得各种色彩。主要用于有消音要求的各类建筑中。

（2）装饰用钢板

装饰用钢板有不锈钢钢板、彩色不锈钢钢板、彩色压型钢板、彩色涂层钢板等。

装饰用不锈钢钢板主要是厚度小于 4mm 的薄板，用量最多的是小于 2mm 厚的板材。常用的是平面钢板和凹凸钢板两类，前者通常是经研磨、抛光等工序制成，后者是在正常的研磨、抛光之后再经辊压、雕刻、特殊研磨等工序制成。平面钢板又分为镜面板（板面反射率＞90％）、有光板（反射率＞70％）和亚光板（反射率＜50％）等三类。凹凸板也有浮雕板、浅浮雕花纹板和网纹板等三类。不锈钢薄板耐腐蚀性强，可作内外墙饰面、幕墙、隔墙、屋面等面层。如今不锈钢镜面板装饰柱表面已被广泛应用于大型商场、宾馆等处，其装饰效果较好。

彩色不锈钢是在不锈钢板上再进行技术和艺术加工而成的各种色彩绚丽的装饰板。其颜色有蓝、红、青、绿、金黄、茶色等多种色彩。彩色不锈钢板具有良好的抗腐蚀性，耐磨、耐高温等特点，其彩色面层经久不褪色，常用作厅堂墙板、顶棚、电梯厢板、外墙饰面等。

彩色压型钢板是以镀锌钢板为基材，经成型轧制，并敷以各种耐腐蚀涂层与彩色烤漆而成的装饰板材。可用作外墙板、壁板、屋面板、瓦楞板等。

彩色涂层钢板的涂层有有机、无机和复合涂层三大类。其中有机涂层钢板可以制成不同的颜色和花纹，故通常称为彩色涂层钢板。这种钢板的原板为热轧钢板和镀锌钢板，常用有机涂层为聚氯乙烯、聚丙烯酸酯、环氧树脂、醇酸树脂等。彩色涂层钢板具有绝缘、耐磨、耐酸碱、耐油及醇的侵蚀等特点，并有良好的加工性能。其性能和用途与彩色压型钢板相似。

5. 涂料的主要技术性能及应用

（1）外墙涂料

外墙涂料的主要功能是美化建筑和保护建筑物的外墙面。要求应有丰富的色彩和质感，使建筑物外墙的装饰效果好；耐水性和耐久性要好，能经受日晒、风吹、雨淋、冰冻等侵蚀；耐污染性要强，易于清洗。其主要类型有乳液型涂料、溶剂型涂料、无机硅酸盐涂料等。国内常用的外墙涂料如下：

1）氟碳涂料

氟碳涂料由氟碳树脂、优质颜料、高级助剂等组成A、B双组分涂料。氟碳涂料具有超常的耐候性、卓越的防水和抗污性、优异的耐化学和阻燃性、高雅富丽的装饰性，被称为"涂料之王"。它可作为建筑外墙、内墙、屋顶及各种建材的理想装饰防护材料，可在旧墙砖、外墙、瓷砖、马赛克表面直接施工。

2）苯乙烯—丙烯酸酯乳液涂料

苯乙烯—丙烯酸酯乳液涂料简称苯—丙乳液涂料，是以苯—丙乳液为基料，加入颜料、填料、助剂等配制而成的乳液型涂料。苯—丙乳液涂料具有优良的耐水性、耐碱性和抗污染性，外观细腻、色彩艳丽、质感好，耐洗刷次数可达2000次以上，与水泥混凝土等大多数建筑材料的附着力强，并具有丙烯酸类涂料的高耐光性、耐候性和不泛黄性。适用于办公室、宾馆、商业建筑以及其他公用建筑的外墙、内墙等，但主要用于外墙。

3）丙烯酸系外墙涂料

丙烯酸系外墙涂料分为溶剂型和乳液型。溶剂型是以改性丙烯酸酯树脂为基料，加入颜料、填料、助剂和溶剂等，经研磨而制成；乳液型是以丙烯酸乳液为基料，加入填料、颜料、助剂等经研磨而成。丙烯酸系外墙涂料具有优良的耐水性、耐高低温性、耐候性、良好的粘结性、抗污染性、耐碱性及耐洗刷性，耐洗刷次数可达2000次以上，此外丙烯酸系外墙涂料的装饰性好、无刺激性气味，寿命可达10年。丙烯酸系外墙涂料主要用于商店、办公楼等公用建筑的外墙复合涂层的罩面涂料，也可作为内墙复合涂层的罩面涂料。

4）聚氨酯系外墙涂料

聚氨酯系外墙涂料是由以聚氨酯树脂或聚氨酯树脂与其他树脂的混合物为基料，加入颜料、填料、助剂等配制而成的双组分溶剂型涂料。聚氨酯系外墙涂料具有优良的粘结性、耐水性、防水性、耐高低温性、耐候性、耐碱性及耐洗刷性，耐洗刷次数可达 2000 次以上。聚氨酯系外墙涂料耐污性好，使用寿命可达 15 年以上。主要用于商店、办公楼等公用建筑。

5）合成树脂乳液砂壁状建筑涂料

合成树脂乳液砂壁状建筑涂料原称彩砂涂料，是以合成树脂乳液（一般为苯—丙乳液或丙烯酸乳液）为基料，加入彩色骨料或石粉及其他助剂，配制而成的粗面厚质涂料，俗称真石漆。砂壁状涂料涂层具有丰富的色彩和质感，保色性、耐水性、耐候性良好，涂膜坚实，骨料不易脱落，使用寿命可达 10 年以上。合成树脂乳液砂壁状涂料主要用于商店、办公楼等公用建筑的外墙面，也可用于内墙面。

6）复层建筑涂料

复层建筑涂料又称凹凸花纹涂料、立体花纹涂料、浮雕涂料、喷塑涂料，是由两种以上涂层组成的复合涂料。复层建筑涂料一般由基层封闭涂料（底层涂料）、主层涂料、罩面涂料组成。底层涂料用于封闭基层和增强主涂层与基层的粘结力；主涂层用于形成凹凸花纹立体质感；面涂层用于装饰面层，保护主涂层，提高复层涂料的耐候性、耐污染性等。复层建筑涂料适用于内外墙、顶棚装饰。

7）外墙无机建筑涂料

无机建筑涂料是以碱金属硅酸盐或硅溶胶为基料，加入颜料、填料及其他助剂等配制而成的水性建筑涂料。外墙无机建筑涂料颜色多样、渗透能力强、与基层的粘结力高、成膜温度低、无毒、无味、价格较低。涂层具有优良的耐水性、耐碱性、耐酸性、耐冻融性、耐老化性，并具有良好的耐洗刷性、耐污性，涂层不产生静电。外墙无机建筑涂料适用于办公楼、商店、宾馆、学校、住宅等的外墙装饰，也可用于内墙和顶棚等的装饰。

（2）内墙涂料

内墙涂料的主要功能是装饰及保护内墙墙面、顶棚。

1）合成树脂乳液内墙涂料（乳胶漆）

常用的品种有苯—丙乳胶漆、乙丙乳胶漆、聚醋酸乙烯乳胶内墙涂料。一般用于室内墙面装饰，不宜使用于厨房、卫生间、浴室等潮湿墙面。

2）溶剂型内墙涂料

溶剂型内墙涂料主要品种有过氯乙烯墙面涂料、氯化橡胶墙面涂料、丙烯酸酯墙面涂料、聚氨酯系墙面涂料等。溶剂型内墙涂料透气性较差、容易结露，较少用于住宅内墙。但其光洁度好、易于冲洗、耐久性好，可用于厅堂、走廊等处。

3）多彩内墙涂料

多彩内墙涂料是一种经一次喷涂即可获得，具有多种色彩的立体涂膜的涂料。多彩内墙涂料按其介质可分为水包油型、油包水型、油包油型和水包水型四种，其中常用的是水包油型。多彩内墙涂料色彩丰富、图案变化多样、立体感强、生动活泼，具有良好的耐水性、耐油性、耐碱性、耐化学药品性、耐洗刷性，并具有较好的透气性。

4）幻彩涂料

幻彩涂料是用特种树脂乳液和专门的有机、无机颜料制成的高档水性内墙涂料。幻彩涂料以其变幻奇特的质感及艳丽多变的色彩为人们展现出一种全新感觉的装饰效果。幻彩涂料涂膜光彩夺目、色泽高雅、意境朦胧，并具有优良的耐水性、耐碱性和耐洗刷性。主要用于办公室、住宅、宾馆、商店、会议室等的内墙、顶棚装饰。

（3）地面涂料

地面涂料的主要功能是装饰与保护室内地面，使地面清洁美观，与室内墙面及其他装饰相适应。它的特点是耐磨性、耐碱性、耐水性、抗冲击性好，施工方便、价格合理。常用的地面涂料有过氯乙烯地面涂料、聚氨酯地面涂料、环氧树脂厚质地面涂料。

（十）建 筑 塑 料

1. 常用的建筑塑料主要技术性能及应用

（1）热塑性塑料

热塑性塑料加工方便，容易成型，具有较高的机械性能，但是耐热性和刚性差。常见品种有聚乙烯、聚氯乙烯、聚丙烯、聚苯乙烯、聚甲基丙烯酸酯、聚酰胺等。

1）聚乙烯塑料（PE）

聚乙烯塑料是由乙烯单体聚合而成。按密度大小分为高密度聚乙烯（HDPE）和低密度聚乙烯（LDPE）。聚乙烯塑料的耐溶剂性特别好，在室温下不溶于大多溶剂，并耐多种酸、碱等化学介质的腐蚀，只有硝酸和浓硫酸会对其产生缓慢的腐蚀。低密度的聚乙烯塑料机械性能较差，强度较低，质地较软；高密度聚乙烯塑料的机械性能较好。聚乙烯塑料的熔点为 $132\sim135℃$，且极易燃烧。另外其电绝缘性好，质地柔软，无毒，可制成薄板、薄膜、防水工程材料、装饰材料、管道等。

2）聚氯乙烯塑料（PVC）

聚氯乙烯塑料是由聚乙烯单体聚合而成。按聚合方法不同分为悬浮法和乳液法两种。

由悬浮法制得的聚氯乙烯塑料微观呈粉状，根据分子量的大小分为六个等级。一般低分子量的聚氯乙烯塑料可加工性好；而高分子量的聚氯乙烯塑料机械性能好。

聚氯乙烯塑料按软硬程度分为硬质和软质两种。硬质 PVC 塑料机械性能好，具有较好的化学稳定性、耐油性及抗老化性强，易熔接及粘合，价格低，但抗冲击性较差，在 $60℃$ 以下温度时，成型加工性不好，具有不同颜色的透明和不透明制品，常用于制作百叶窗、墙面板、屋面采光板、踢脚板、门窗框、扶手、地板砖、管材，也可以制成隔声、隔热、填缝的泡沫塑料；软质 PVC 塑料具有一定的弹性，质软，冲击韧性较好，吸水性低，耐寒，化学稳定性、温度适应性较好，易于成型，可制成薄板、薄膜、管材、壁纸、壁布、塑料金属复合板等。聚氯乙烯塑料中因含有氯，致使其具有自熄性，这也是聚氯乙烯塑料在建设工程得到广泛应用的原因之一。

3）聚苯乙烯塑料（PS）

聚苯乙烯塑料是由苯乙烯单体聚合而成。聚苯乙烯塑料为白色或无色的透明固体，是合成树脂中最轻的一种，具有耐蚀性、耐水性和良好的电绝缘性、较高的刚度，表面硬度、光泽度、透明度较好。常用作护墙保温材料、装修材料等。

4）聚甲基丙烯酸甲酯塑料（PMMA）

聚甲基丙烯酸甲酯塑料是一种透明性极好的热塑性塑料，也称有机玻璃。其机械强度较高，质脆，耐热、抗寒、耐候性、耐蚀性及绝缘性能好。易溶于有机溶剂，不耐热，易划伤、易燃烧。可制成穹形天窗、浴缸、盥洗池、淋浴隔断等。

（2）热固性塑料

热固性塑料主要由热固性树脂组成，具有加工时受热软化，而一旦成型，再受热即不再软化，而是变脆，只能塑制一次。特点是耐热性好，受压时不易变形，但机械性能差。常见的品种有环氧树脂、酚醛塑料、脲醛塑料等。

1）环氧树脂塑料·（EP）

环氧树脂大多是由双酚A和环氧氯丙烷缩聚而成。其突出的特点是与各种材料均有很强的粘结力，并且抗化学侵蚀性强、收缩小，具有良好的物理力学性能。主要用于制作玻璃纤维增强塑料，配制涂料，浇铸电器设备，另外的重要应用是做粘结剂。

2）酚醛塑料（PF）

酚醛塑料是以酚醛树脂加填料制成，俗称电木胶，其性能与填充料的类型有关。它具有强度高、刚性大、耐腐蚀、电绝缘性好、耐热性和耐化学性强。可制成模压制品、饰面板、胶粘剂、涂料等。

（3）泡沫塑料

以各种树脂为基料，加入发泡剂、催化剂、稳定剂等辅助材料，经加热发泡而成一类塑料。其品种较多，均以所用树脂取名，如聚苯乙烯泡沫塑料、聚乙烯泡沫塑料、聚氨酯泡沫塑料等。

1）模塑聚苯乙烯泡沫塑料（EPS）

是用可发行聚苯乙烯珠粒经加热预发泡后，再放入磨具中加热成型而制成的具有微闭孔隙结构的泡沫塑料。它具有轻质、保温、隔热、吸声、防震、耐低温、耐酸碱等性能，并具有一定的弹性，易加工。是目前建筑节能工程中常用的泡沫塑料。

2）挤塑聚苯乙烯泡沫塑料（XPS）

是以聚苯乙烯树脂或其共聚物为主要成分，添加少量的添加剂，通过加热挤塑成型而得的具有闭口孔隙结构的硬纸泡沫塑料。它具有硬度大、耐热度高、机械轻度高、泡沫体尺寸稳定性好等特性。适用于要求硬度大及耐热度高的保温、隔热、吸声、防震等部位。

3）聚氨酯泡沫塑料

是以聚醚树脂或聚酯树脂和甲苯二异氰酸酯在发泡剂、催化剂、稳定剂等作用下，经发泡而制成。它具有轻质、多孔、无毒、不变形、弹性好、抗撕裂强度高、保温隔热性好等特点。可用于建筑工程的保温、隔热、吸声、防震等部位，也可用于制冷设备、冷藏设备的隔热保冷材料。其性能优于EPS和XPS，是一种高档的建筑绝热材料。

4）聚氯乙烯泡沫塑料

是以聚氯乙烯树脂为基料，加入发泡剂、稳定剂等经捏合、球磨、模塑、发泡而制成的具有闭口孔隙的泡沫塑料。它具有质轻、导热系数小、耐酸碱、不吸水等特点。可用作一般建筑的保温、隔热、吸声、防震的材料。

2. 常用塑料制品的保管

建筑塑料制品进场后，应进行质量验收。核对塑料制品的出厂合格证和出厂检验报告，其品种、规格及数量等应符合设计要求，必要时应按相关规定进行抽样复检。

建筑塑料制品应入库存放，或存放于库棚内，不同规格、品种和类型的塑料制品应分别堆放，绝不可露天堆放和混放。保管时，要做好防火、防燃工作，禁止与易燃、易爆既有化学腐蚀的物品同库堆放，库房要有良好的通风措施。塑料制品应堆放于坚实、平整的平板之上，下部距底的距离不得小于200mm，制品上部不得放置货物，以防制品变形和破坏。

二、建筑构造与识图

（一）正投影基本知识

工程图样是依据投影原理形成的，绘图的基本方法是投影法，种类有中心投影、平行投影。平行投影又分为斜投影和正投影两种，其中斜投影法可绘制轴测图，有立体感但视觉上变形和失真，只能作为工程的辅助图样；正投影能真实地反映物体的形状和大小，是绘制工程设计图、施工图的主要图示方法（图2-1、图2-2）。

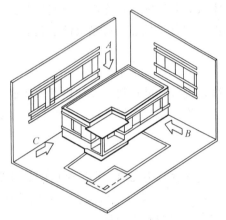

图 2-1　正投影图的形成原理

1. 三面正投影图

由三个互相垂直相交的平面作为投影面组成的投影面体系，称为三投影面体系（图2-3）。为方便作图，需将三个垂直相交的投影面展平到同一平面上，如图 2-4 所示。

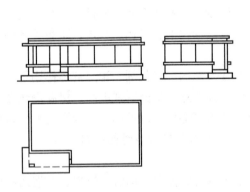

图 2-2　正投影图

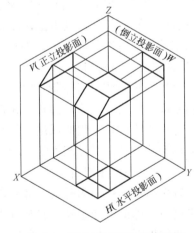

图 2-3　三面正投影的形成原理

三面正投影图的特性归纳起来，正投影规律为："长对正、高平齐、宽相等"（图2-5）。

2. 点、直线、平面的投影

（1）点的投影

将空间点 A 放在三投影面体系中，自 A 点分别向三个投影面作投影线（即垂线），获得点 A 的三面投影。空间点用大写字母如 "A" 点，在 H、V、W 面的投影相应用小写字

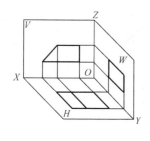
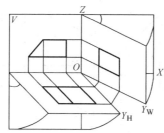
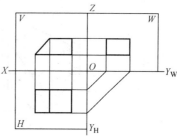

图 2-4　三面正投影的展开方法

母"a、a'、a''"表示，相应称为点 A 的水平投影、正面投影和侧面投影。如图 2-6（a）所示。

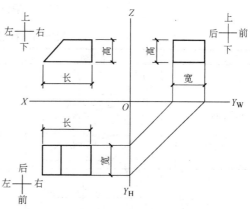

点的投影规律 [图 2-6（b）]：

规律 1　点的正面投影与水平投影相连，必在同一垂直连线上，即 $aa' \perp OX$；

规律 2　点的正面投影和侧面投影相连，必在同一水平连线上，即 $a'a'' \perp OZ$；

规律 3　点的水平投影到 OX 轴的距离等于该点的侧面投影到 OZ 轴的距离，反映空间点到 V 面的距离，即 $aa_x = a''a_z$。

图 2-5　三面正投影图

（同理，空间点到 H 和 W 面的距离也可从点的正面、水平投影中得到反映）。

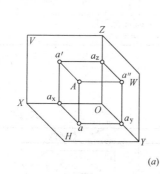
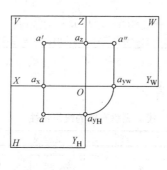
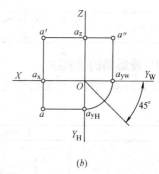

（a）　　　　　　　　　　　　　　　　（b）

图 2-6　点的三面投影图

（a）直观图；（b）投影图

（2）直线的投影

直线对一个投影面的相对位置有一般位置直线、投影面平行线、投影面垂直线三种。

1）一般位置直线

一般位置直线倾斜于三个投影面，对三个投影面都有倾斜角，我们分别以 α、β、γ 表示。如图 2-7 所示。

2）投影面的平行线

投影面平行线的投影特性见表 2-1。

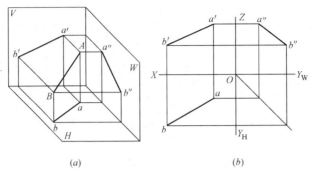

图 2-7 一般位置直线的投影

投影面平行线的投影特性   表 2-1

	水平线	正平线	侧平线
立体图			
投影图			
投影特性	1. 在平行的投影面上的投影反映实长,且反映与其他两个投影面真实的倾角 2. 另外两个投影面上的投影分别平行于对应的投影轴,且其长度要缩短		

3）投影面的垂直线

投影面垂直线的投影特性见表 2-2。

投影面垂直线的投影特性   表 2-2

	铅垂线	正垂线	侧垂线
立体图			
投影图			
投影特性	1. 在垂直的投影面上的投影积聚成一点 2. 另外两个投影面上的投影分别垂直于对应的投影轴,且都反映实长		

（3）平面的投影

平面按与投影面的相对位置，可分为一般位置平面、投影面平行面和投影面垂直面。

1）一般位置平面

平面倾斜于投影面，它的投影不反映平面的实形，如图 2-8 所示。

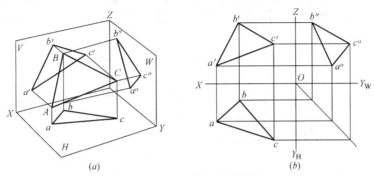

图 2-8　一般位置平面的投影

2）投影面平行面

投影面平行面的投影特性见表 2-3。

投影面平行面的投影特性　　　　　　　　　　　　　　　　表 2-3

	水平面	正平面	侧平面
立体图			
投影图			
投影特性	1. 在平行的投影面上的投影反映实形 2. 在另外两投影面上的投影积聚成直线，并分别平行于相应的投影轴		

3）投影面垂直面

投影面垂直面的投影特性见表 2-4。

3. 形体的投影

建筑工程中各种形状的物体都可看作是各种简单几何体的组合（图 2-9）。

基本形体（几何体）按其表面的几何性质分为平面立体和曲面立体两部分。

（1）平面立体

由若干平面所围成的几何体称为平面体（图 2-10）。

	铅垂面	正垂面	侧垂面
立体图	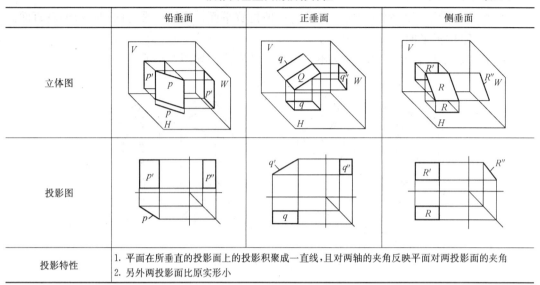		
投影图			
投影特性	1. 平面在所垂直的投影面上的投影积聚成一直线，且对两轴的夹角反映平面对两投影面的夹角 2. 另外两投影面比原实形小		

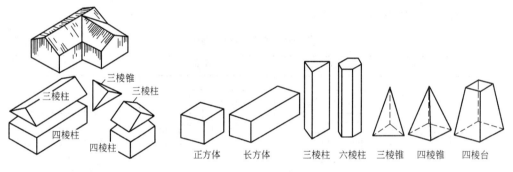

图 2-9　房屋的形体分析

图 2-10　平面几何体

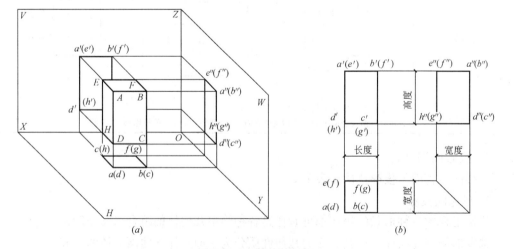

图 2-11　正棱柱的投影

(a) 立体图；(b) 三面投影图

70

1）棱柱体的投影

长方体是棱柱体的一种，其表面是由六个四边形（正方形或矩形）平面组成的，面与面之间和两条棱线之间均互相平行或垂直（图 2-11）。

长方体的三面投影图上可以看出：正面投影反映长方体的长度和高度，水平投影反映长方体的长度和宽度，侧面投影反映长方体的宽度和高度。

2）棱锥体的投影

棱锥体是由若干个三角形的棱锥面和底面构成，其投影仍是空间一般位置和特殊位置平面投影的集合，投影规律和方法同平面的投影（图 2-12）。

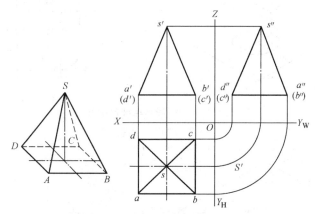

图 2-12　正四棱锥体的三面投影图

根据放置的位置关系，正四棱锥体底面在 H 面的投影反映实形，锥顶 S 的投影在底面投影的几何中心上，H 面投影中的四个三角形分别为四个锥面的投影。

（2）曲面立体

由曲面或曲面与平面所围成的几何体称为曲面体。常见的曲面体有圆柱、圆锥、圆球等。由于这些物体的曲表面均可看成是由一根动

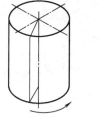

图 2-13　曲面立体

线绕着一固定轴线旋转而成，故这类形体又称为回转体（图 2-13）。

1）圆柱体（图 2-14）

2）圆锥体（图 2-15）

（3）组合体的尺寸标注

建筑物体是由基本形体（棱柱、棱锥、圆柱、圆锥）组合而成的，习惯称之为组合体。基本形体、组合体的尺寸标注如下。

1）基本形体的尺寸标注

A. 平面立体的尺寸注法　平面立体的尺寸分属于三个方向，即长度、宽度和高度方向，如图 2-16 所示。

B. 回转体的尺寸注法　回转体的尺寸标注应分为径向尺寸标注和轴向尺寸标注。如图 2-17 所示。对于圆球只需标注径向尺寸，但必须在直径符号前加注"S"。

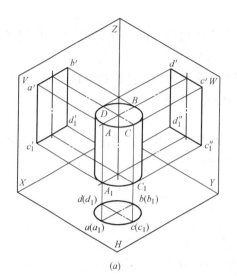
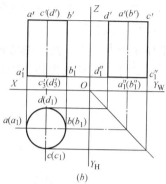

图 2-14　圆柱体的投影图

（a）直观图；（b）投影图

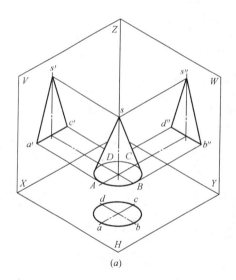
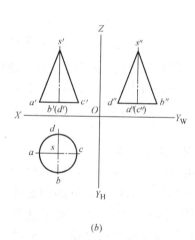

图 2-15　圆锥体的投影图

（a）直观图；（b）投影图

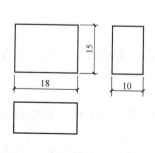
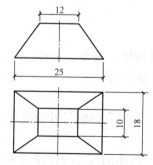
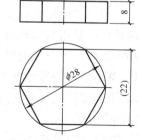

图 2-16　平面立体的尺寸标注

72

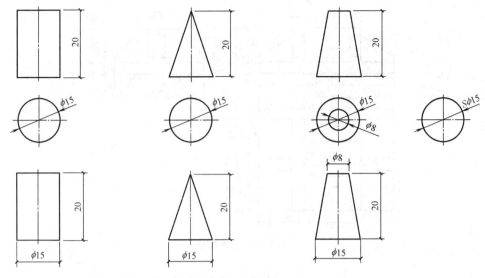

图 2-17　回转体的尺寸标注

2) 组合体的尺寸标注

除满足上述尺寸标注的基本规定外，组合体的尺寸标注还必须保证尺寸齐全，即下列三种尺寸缺一不可：

A. 定形尺寸：确定各基本形体大小形状的尺寸，如图 2-18 所示。

B. 定位尺寸：确定构成组合体的各基本形体的相对位置尺寸，即离尺寸基准线的上下、左右、前后的距离，如图 2-19 所示。

C. 总体尺寸：组合体的总长、总宽和总高尺寸，如图 2-20 所示。

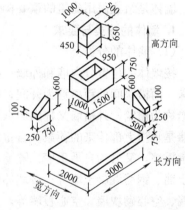

图 2-18　定形尺寸

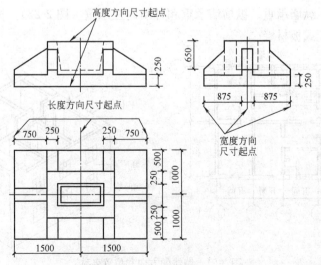

图 2-19　定位尺寸

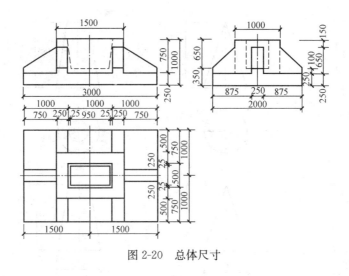

图 2-20　总体尺寸

（二）墙体的建筑构造

墙体是组成民用建筑的重要构件。

1. 墙体的分类与要求

（1）墙体的分类

按墙体的位置分内墙和外墙；按墙体布置的方向分纵墙和横墙。两纵墙间的距离称为进深，两横墙间的距离称为开间；按墙体的位置有窗间墙、窗下墙、女儿墙。习惯上，外纵墙称为檐墙，外横墙又称山墙（图 2-21）；按墙体的受力情况分承重墙和非承重墙。承重墙是承担上部传来的荷载及自重的墙体；仅承担自身重量不承受这些外来荷载的墙称为非承重墙，又分为自承重墙、隔墙和幕墙；按墙体的构成材料分砖墙、石墙、砌块墙、混凝土墙、钢筋混凝土墙等；按墙体的构造形式分实体墙、空体墙和复合墙。空体墙又分空斗墙、空心砌块墙、空心板墙等，复合墙由两种以上材料组合而成，如加气混凝土复合板材墙，其中混凝土起承重作用，加气混凝土起保温隔热作用（图 2-22）；按墙体承重结构方案分横墙承重、纵墙承重、纵横墙承重和外墙内柱承重（图 2-23）；按施工方法分叠砌墙、板筑墙和装配式板材墙。

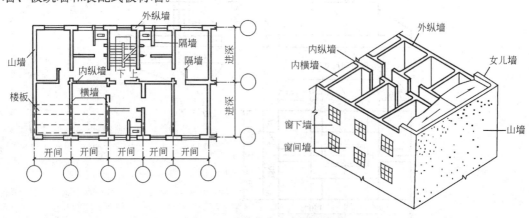

图 2-21　墙体的方向和位置名称

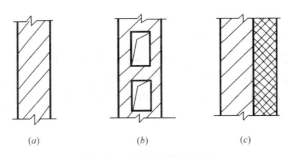

图 2-22 墙的构造形式分类

(a) 实心砖墙；(b) 空体墙；(c) 复合墙

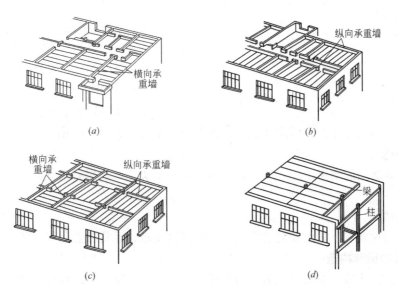

图 2-23 墙体承重结构方案

(a) 横墙承重；(b) 纵墙承重；(c) 纵横墙承重；(d) 外墙内柱承重

（2）墙体的要求

1）具有足够的强度和稳定性

强度与所采用的材料、材料的强度等级以及墙体的截面积有关。墙体的稳定性与墙的高度、长度和厚度有关。当设计的墙厚不能满足要求时，常采取提高材料强度等级、增设墙垛、壁柱或圈梁等措施，以增加其稳定性。

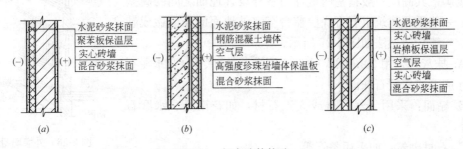

图 2-24 复合墙体构造

(a) 外墙外保温；(b) 外墙内保温；(c) 外墙夹芯保温

2）热工要求

墙体的热工要求即建筑的节能技术。

提高墙体保温性能的措施有：增加墙体厚度，选择热导率小的材料，做复合保温墙体（图2-24），加强热桥部位的保温（图2-25），采用隔蒸汽层，以及通过选择密实度高的墙体材料、墙体内外设置抹灰层和加强构件间的密封处理，防止外墙出现空气渗透。

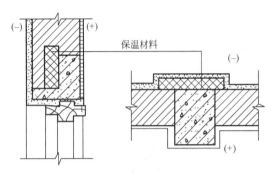

图 2-25　热桥部位保温处理构造

提高墙体隔热措施的有以下几种：

A. 外墙采用热阻大、浅色而平滑的外饰面，如白色外墙涂料、玻璃锦砖、浅色墙地砖、金属外墙板等，以反射太阳光，减少墙体对太阳辐射的吸收。

B. 外墙内部设通风间层，利用空气的流动带走热量，降低外墙内表面温度。

C. 窗口外侧设置遮阳设施，以遮挡太阳光直射室内。

D. 外墙外表面种植攀缘植物，利用植物的遮挡、蒸发和光合作用来吸收太阳辐射热，从而起到隔热作用。

3）隔声要求

加强墙体缝隙的填密处理，增加墙厚和墙体的密实性，采用有空气间层或多孔性材料的夹层墙。

4）其他要求

墙体的防火要求、防水和防潮要求以及经济性要求、建筑工业化要求等。

2. 墙体的细部构造

墙体的细部构造有基础、勒脚、门窗过梁、窗台、圈梁、构造柱等（图2-26）。

（1）基础

在建筑工程中，建筑物与土层直接接触的部分称为基础；支承建筑物重量的土层叫地基。基础是建筑物的主要承重构件，属于隐蔽工程。

（2）勒脚构造

底层室内地面以下，基础以上的墙体常称为勒脚，该部位包括墙身防潮层、勒脚、散水和室外明沟等。

1）勒脚

勒脚，其高度一般指室内地坪与室外设计地面之间的高差部分。一些重要建筑也有将底层窗台至室外地面的高度做成勒脚的。一般构造做法如图2-27所示。

A. 抹灰：采用20mm厚1：3水泥砂浆抹面、1：2水泥石子浆水刷石或斩假石抹面。

B. 贴面：采用天然石材或人工石材，如花岗石、水磨石板等。

C. 石材砌筑：如采用条石等。

2）墙身防潮层

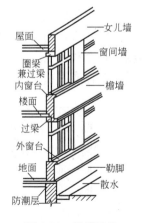

图 2-26　外墙墙身
构造示意图

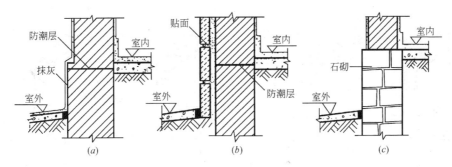

图 2-27　勒脚构造做法

(a) 抹灰；(b) 贴面；(c) 石材砌筑

为了防止土壤中的水分沿基础墙上升和位于勒脚处的地面水渗入墙内，在内外墙的墙脚部位连续设置防潮层。构造形式有水平防潮层和垂直防潮层。

A. 防潮层的位置

当室内地面垫层为混凝土等密实材料时，防潮层的位置应设在垫层范围内，低于室内地坪 60mm（即 −0.060m 标高）处设置 [图 2-28 (a)]；当内墙两侧地面出现高差或室内地面低于室外地面时，应在墙身设高低两道水平防潮层，并在土壤一侧设垂直防潮层 [图 2-28 (b)、(c)]。

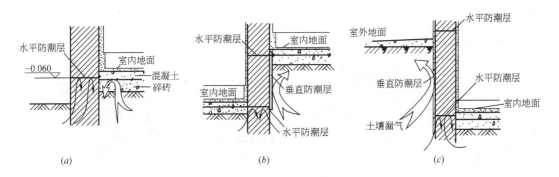

图 2-28　墙身防潮层的位置

(a) 位置合适；(b) 当室内地面有高差时；(c) 当室内地面低于室外地面时

B. 墙身水平防潮层的构造

防水砂浆防潮层　采用 20～25mm 厚防水砂浆（水泥砂浆中加入 3％～5％防水剂）或防水砂浆砌三皮砖。不宜用于地基会产生不均匀变形的建筑中 [（图 2-29 (a)]。

油毡防潮层　油毡的使用年限一般只有 20 年左右，且削弱了砖墙的整体性。不应在刚度要求高或地震区采用 [图 2-29 (b)]，目前已较少采用。

配筋混凝土防潮层　这种防潮层多用于地下水位偏高、地基土较弱而整体刚度要求较高的建筑中 [图 2-29 (c)]。如在防潮层位置处设有钢筋混凝土地圈梁时，可不再单设防潮层。

3）散水与明沟

房屋四周勒脚与室外地面相接处一般设置散水（有时带明沟或暗沟）。

散水的排水坡度 3％～5％，宽度一般为 600～1000mm，一般构造是在基层素土夯实，

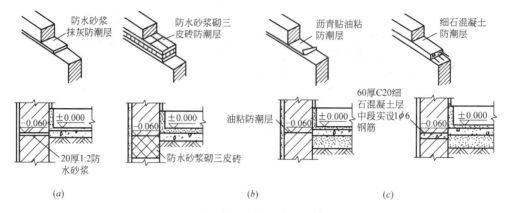

图 2-29 墙身水平防潮层

(a) 防水砂浆防潮层；(b) 油毡防潮层；(c) 配筋细石混凝土防潮层

有的在其上还做 2：8 灰土一层，再浇筑 60～80 厚 C15 混凝土垫层 [图 2-30 (a)]，随捣随抹光，或在垫层上再设置 15～20mm 厚 1：2.5 水泥砂浆面层。寒冷地区应在基层上设置 300～500mm 厚炉渣、中砂或粗砂防冻层。散水与外墙交接处、散水整体面层纵向距离每隔 5～8m 应设分格缝，缝宽为 20～30mm，并用弹性防水材料（如沥青砂浆）嵌缝，防止渗水 [图 2-30 (b)]。明沟用砖砌、石砌或混凝土现浇，沟底纵向坡度 0.5％～1％ [图 2-30 (c)]。

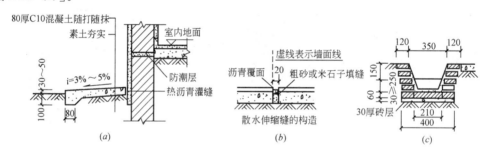

图 2-30　散水与明沟

(a) 散水构造示意图；(b) 散水变形缝；(c) 砖砌明沟示意图

（3）窗洞口处构造

1）窗台

窗台位于窗洞口下部，距楼地面 900～1000mm。窗台类型按位置有内、外窗台；按形式有悬挑、不悬挑窗台；按材料有砖砌、钢筋混凝土窗台（图 2-31）。

外窗台表面做一定排水坡度，一般作抹灰或贴面处理，窗台可丁砌、侧砌一皮砖或预制混凝土悬挑 60mm，并做滴水槽。内窗台一般水平设置，与室内装修一致。寒冷地区的窗台下留凹龛（称为暖气槽），便于安装暖气片。

2）门窗过梁

在门窗洞口上设置横梁，即门窗过梁。常见的有砖拱过梁、钢筋砖过梁和钢筋混凝土过梁三种形式。

A. 砖砌平拱/弧拱过梁（图 2-32）

砂浆强度不低于 M5.0，砖的强度不低于 MU10。上口灰缝宜小于 15mm，下口灰缝

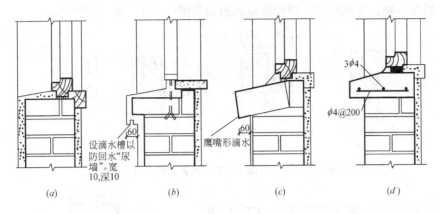

图 2-31 窗台形式

(a) 不悬挑窗台；(b) 设滴水的悬挑窗台；(c) 侧砌砖窗台；(d) 预制钢筋混凝土外挑窗台

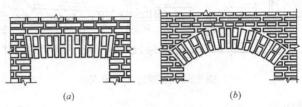

图 2-32 砖砌过梁

(a) 砖砌平拱过梁；(b) 砖砌弧拱过梁

不小于 5mm，起拱 $1/50L$，洞口跨度 1.0m 左右，最大不宜超过 1.8m。有集中荷载或建筑受振动荷载时不宜采用这种过梁形式。

B. 钢筋砖过梁

适用于跨度 1.5～2.0m、上部无集中荷载及抗震设防要求的建筑。清水墙时，可将钢筋砖过梁沿内外墙连通砌筑，形成钢筋砖圈梁。构造要求如图 2-33。

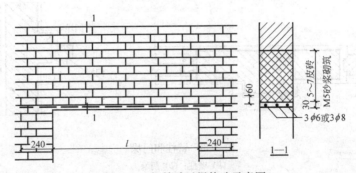

图 2-33 钢筋砖过梁构造示意图

C. 钢筋混凝土过梁

钢筋混凝土过梁有现浇和预制两种。梁高及配筋由设计确定。构造要点如下：

A）断面形式为矩形时多用于内墙和混水墙，L 形多用于外墙、清水墙和寒冷地区。

B）梁高与砖的皮数相适应，即 60mm 的整倍数，断面梁宽一般同墙厚，梁长为（洞口尺寸＋240×2）（两端支承在墙上的长度不少于 240mm），如图 2-34。

C）过梁与圈梁、悬挑雨篷、窗楣板或遮阳板等可合并于一起（图2-35）。

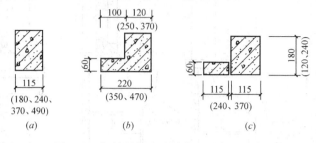

图 2-34　钢筋混凝土过梁截面形式和尺寸

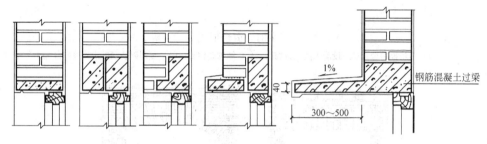

图 2-35　过梁的几种形式

（4）墙身的附带构造

砖墙结构的墙身因集中荷载、门窗洞口、长度和高度超过一定限度以及地震作用等因素影响其稳定性时，设计时往往采取增设壁柱、门垛、圈梁、构造柱等加强措施。

1）壁柱和门垛（图2-36）

A. 壁柱。凸出墙面的尺寸一般为 120mm 或 240mm，根据结构施工图尺寸确定。

B. 门垛。为便于门框的安置和保证墙体的稳定，在门靠墙转角处或丁字接头墙体的一边设置。凸出墙面不少于 120mm，宽度同墙厚。

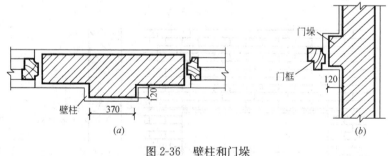

图 2-36　壁柱和门垛

（a）壁柱；（b）门垛

2）圈梁

沿外墙四周及部分内墙设置在同一水平面上的连续闭合的梁称为圈梁。起到对墙体的整体稳定作用。圈梁和构造柱共同作用可提高建筑物的空间刚度及整体性，增强墙体的抗震性能，减少由于地基不均匀沉降而引起的墙身开裂。

A. 圈梁的位置。常设于基础顶面、楼层顶面及屋顶檐口处。

B. 圈梁的构造。

钢筋砖圈梁的构造：梁高 4～6 皮砖，上、下两层灰缝中各加入的钢筋不少于 3φ6 或 3φ8，水平间距不宜大于 120mm，砂浆强度等级不宜低于 M5，如图 2-37（a）所示。钢筋砖圈梁一般不用于抗震地区。

钢筋混凝土圈梁的构造：地震区钢筋混凝土圈梁的配筋要求参见相关标准。在非地震区，圈梁内纵筋不少于 4φ8，箍筋间距不大于 300mm。圈梁的截面高度应为砖厚的整倍数，并不小于 120mm，宽度与墙厚相同，如图 2-37（b）、（c）所示。

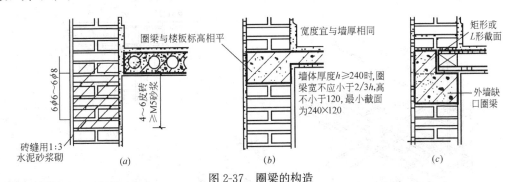

图 2-37　圈梁的构造

（a）钢筋砖圈梁；（b）圈梁与楼板一起现浇；（c）现浇或预制钢筋混凝土圈梁

C. 圈梁的搭接补强。当圈梁被门窗洞口截断时，圈梁应设置附加圈梁，其截面、配筋和混凝土强度等级均不变（见图 2-38）。设计抗震设防烈度不小于 8 度时，圈梁必须贯通封闭。

D. 圈梁与过梁的关系。当圈梁的高度位置符合要求时，也可用圈梁兼做过梁，俗称"以圈代过"，实践中运用较多，但兼做过梁段的圈梁内的配筋应进行验算，以满足强度要求。

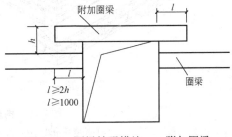

图 2-38　圈梁补强措施——附加圈梁

3）构造柱

构造柱是砖混结构房屋中，因抗震设防需要设置的在墙身中的竖向构件。它在墙体基础混凝土中插钢筋，随墙体砌筑升高，一起浇筑施工。构造柱通常与圈梁组合在一起，成为砖混结构房屋中的抗震"筋骨"。构造要点如下：

A. 设置要求。构造柱不单设基础，但应伸入室外地坪以下 500mm 的基础内，或锚固在室外地坪以下 500mm 的地圈梁或基础梁内，构造柱的上部应伸入顶层圈梁或女儿墙压顶内，以形成封闭的骨架。

B. 断面与配筋要求。一般为 240mm×240mm、240mm×360mm 等，最小断面为 240mm×180mm。竖向钢筋一般用 4φ12，箍筋 φ6 间距不大于 200mm，每层楼的上下各 500mm 处为箍筋加密区，其间距加密至 100mm。

设计抗震设防烈度为 7 度超过 6 层，设计烈度为 8 度超过 5 层及设计烈度为 9 度时，构造柱纵筋宜采用 4φ14，箍筋直径不小于 φ8，间距不大于 200mm，并且一般情况下房屋四角的构造柱钢筋直径均较其他构造柱钢筋直径大一个等级 [图 2-39（a）]。

C. 砌筑要求。"先墙后柱"是指先砌墙体，后浇钢筋混凝土柱（混凝土等级不低于C15）；拉结钢筋是指柱内沿墙高每500mm伸出2φ6锚拉筋和墙体连接，每边伸入墙内不少于1.0m，若遇到门窗洞口，压长不足1.0m时，则应有多长压多长，使墙柱形成整体［图2-39（b）］；构造柱两侧的墙体应"五进五出"，即沿柱高度方向每300mm（5皮砖）高伸出60mm，每300mm高再收回60mm，形成"马牙槎"［图2-39（c）］。

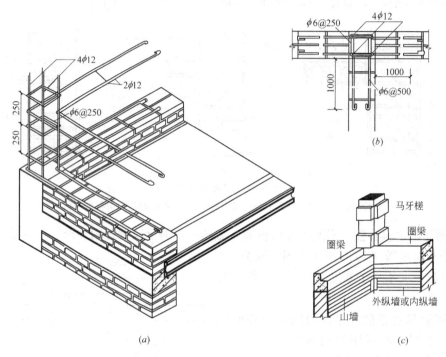

图 2-39　构造柱与马牙槎的构造

（a）外墙转角处；（b）内外墙交接处；（c）马牙槎构造示意图

3. 幕墙的分类与构造

幕墙是由金属构件与各种板材组成的悬挂在建筑主体结构上的轻质装饰性外围护墙。一般由专业装饰公司施工。

（1）幕墙主要组成和材料

1）框架材料

幕墙的框架材料可分两大类，一类是构成骨架的各种型材，另一种是各种用于连接与固定型材的连接件和紧固件（图2-40）。

A. 型材

常用型材有型钢（以普通碳素钢A3为主，断面形式有角钢、槽钢、空腹方钢等）、铝型材（主要有竖梃、横档及副框料等）、不锈钢型材（不锈钢薄板压弯或冷轧制造成钢框格或竖框）三大类。

B. 紧固件

紧固件主要有膨胀螺栓、普通螺栓、铝拉钉、射钉等。膨胀螺栓和射钉一般通过连接件将骨架固定于主体结构上；普通螺栓一般用于骨架型材之间及骨架与连接件之间的连

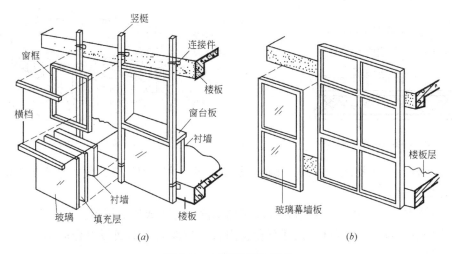

图 2-40 玻璃幕墙的组成

(a) 骨架明框；(b) 无骨架

接；铝拉钉一般用于骨架型材之间的连接。

C. 连接件

常用连接件多以角钢、槽钢及钢板加工而成的和特制的连接件。常见形式如图 2-41 所示。

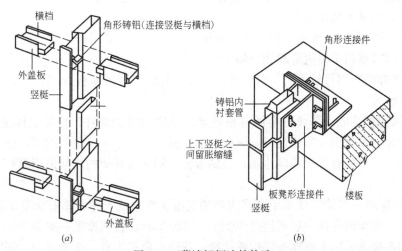

图 2-41 幕墙铝框连接构造

(a) 竖梃与横档的连接；(b) 竖梃与楼板的连接

2) 饰面板

A. 玻璃：主要有热反射玻璃、吸热玻璃、双层中空玻璃、夹层玻璃、夹丝玻璃及钢化玻璃等。前三种为节能玻璃，后一种为安全玻璃。

B. 铝板：常用的铝板有单层铝板、复合铝板（图 2-42）、蜂窝复合铝板（图 2-43）三种。

复合铝板也称铝塑板，是由两层 0.5mm 厚的铝板内夹低密度的聚乙烯树脂，表面覆盖氟碳树脂涂料而成的复合板，用于幕墙的铝塑板厚度一般为 4~6mm。铝塑板的表面光

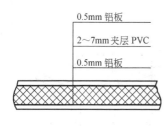

图 2-42 复合铝板

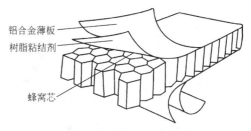

图 2-43 蜂窝复合铝板

洁、色彩多样、防污易洗、防火、无毒，加工、安装和保养均较方便，是金属板幕墙中采用较广泛的一种。

C. 不锈钢板：一般为 0.2～2mm 厚不锈钢薄板冲压成槽形镜板。

D. 石板：常用天然石材有大理石和花岗石。与玻璃等饰面板组合应用，可以产生虚虚实实的装饰效果。

3）封缝材料

封缝材料通常是以下三种材料的总称：填充材料、密封固定材料和防水密封材料。

A. 填充材料　主要有聚乙烯泡沫材料、聚苯乙烯泡沫材料及氯丁二烯材料等，有片状、板状、圆柱状等多种规格。主要起保温作用。

B. 密封固定材料　如铝合金压条或橡胶密封条等。

C. 防水密封材料　应用较多的有聚硫橡胶封缝料和硅酮封缝料。

（2）幕墙的基本结构类型

1）根据用途不同，幕墙可分为外幕墙和内幕墙。外幕墙用作外墙立面主要起围护及装饰作用，内幕墙用于室内可起到分隔作用。

2）根据饰面所用材料不同，幕墙可分为玻璃幕墙、金属薄板（如铝板、不锈钢）幕墙、石材幕墙等。

A. 金属薄板幕墙　幕墙的金属薄板既是建筑物的围护构件，也是墙体的装饰面层。主要有铝合金、不锈钢、彩色钢板、铜板、铝塑板等。多用于建筑物的入口处、柱面、外墙勒脚等部位。采用有骨架幕墙体系，金属薄板与铝合金骨架的连接采用螺钉或不锈钢螺栓连接。

B. 石板幕墙　幕墙主要采用装配式轻质混凝土板材或天然花岗石做幕墙板，骨架多为型钢骨架，骨架的分格一般不超过 900mm×1200mm。石板厚度一般为 30mm。石板与金属骨架的连接多采用金属连接件钩或挂接。花岗石色彩丰富、质地均匀、强度高且抗大气污染性能强，多用于高层建筑的底部。

3）根据结构构造组成不同，幕墙划分为型钢框架结构体系、铝合金明框结构体系、铝合金隐框结构体系、无框架结构体系等。

A. 型钢框架体系　这种体系是以型钢为幕墙的骨架，将铝合金框与骨架固定，然后再将玻璃镶嵌在铝合金框内。也可不用铝合金框，而完全用型钢组成玻璃幕墙的框架。

B. 铝合金型材框架体系　目前应用最多的这种体系是以特殊截面的铝合金型材为框架，兼有龙骨及固定玻璃的双重作用，无需另行安装其他配件，玻璃镶嵌在框架的凹槽内（图 2-44）。

C. 不露骨架结构体系　这种结构体系是以特别的连接将铝合金封框与骨架相连，然

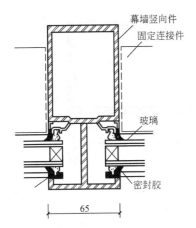

图 2-44 铝合金型材框架体系玻璃幕墙构造

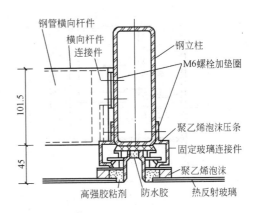

图 2-45 不露骨架的玻璃幕墙构造

后用胶粘剂将玻璃粘结固定在封框上（图2-45）。

　　D. 外观无框的玻璃幕墙体系　这种仅用于首层的局部装饰，体系中玻璃本身既是饰面材料，又是支撑和承重构件。所用的玻璃多为钢化玻璃或夹层钢化玻璃。其构造采用悬挂式结构，即以间隔一定距离设置粘结的竖向厚玻璃条，或用吊钩及特殊的型材从上部将玻璃悬吊起。吊钩及特殊型材一般是以通孔螺栓固定在槽钢主框架上，然后再将槽钢悬挂于梁或板底之下。此外，为了增强玻璃的刚度，还需在上部加设支撑框架，下部设支撑横档，并每隔一定距离用条形玻璃作为加强肋板，称为肋玻璃（图2-46）。这类玻璃幕墙通透感强，立面更简洁，一般多用于建筑的首层较为开阔的部位。

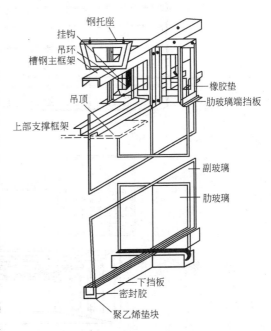

图 2-46 无骨架玻璃幕墙构造

（三）楼板、楼地面及屋顶的建筑构造

1. 楼板的类型、楼板的组成与构造

　　楼板层是多层建筑中沿水平方向分隔上下空间的结构构件。应具有足够的强度、刚度和一定程度的隔声、防火、防水等能力，同时必须仔细考虑各种设备管线的走向。

　　（1）楼板层的类型

　　楼板层按所用材料不同，分木楼板、钢筋混凝土楼板以及压型钢板混凝土组合楼板等多种形式。钢筋混凝土楼板为目前最常见的楼板形式，它按施工方法不同又分为下列三种类型。

　　1）现浇钢筋混凝土楼板

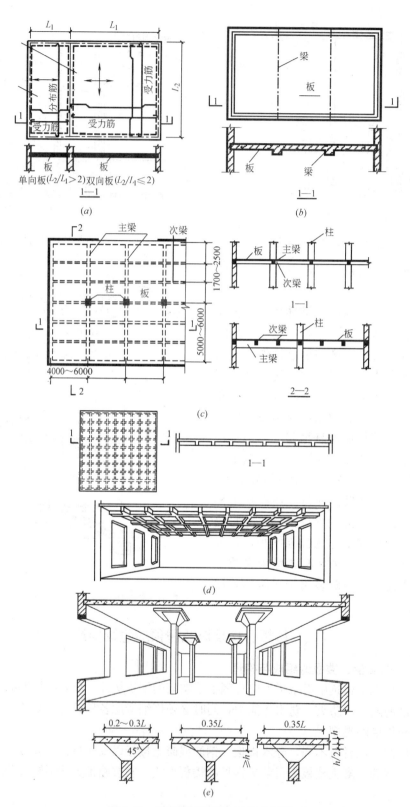

图 2-47 现浇钢筋混凝土楼板的类型

(a) 板式楼板；(b) 单梁式楼板；(c) 复梁式楼板（单向板）；(d) 井格式楼板；(e) 无梁楼板

现浇钢筋混凝土楼板适合于整体性要求较高、平面位置不规则、尺寸不符合模数或管道穿越较多的楼面。按其受力和传力情况分有板式楼板、梁板式楼板（如单梁式楼板、复梁式楼板和井格式楼板）、无梁楼板（图 2-47）。

2）预制装配式钢筋混凝土楼板

根据其截面形式可分为实心平板、槽形板、空心板和 T 形板四种类型（图 2-48）。

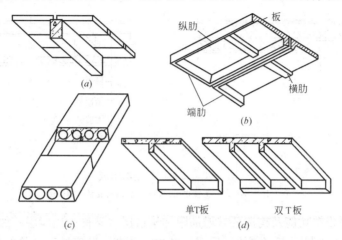

图 2-48　预制装配式钢筋混凝土楼板的类型

(a) 实心平板；(b) 槽形板；(c) 空心板；(d) T 形板

3）预制装配整体式钢筋混凝土楼板

预制装配整体式钢筋混凝土楼板是将楼板中的部分构件预制，然后到现场安装，再以整体浇筑其余部分的办法连接而成的楼板，它兼有现浇和预制的双重优越性，即整体性较好，又可节省模板。

叠合楼板是由预制板和现浇钢筋混凝土层叠合而成的装配整体式楼板。预制板既是楼板结构的组成部分，又是现浇钢筋混凝土叠合层的永久性模板，现浇叠合层内应设置受负弯矩的钢筋，并可在其中敷设水平设备管线（图 2-49）。

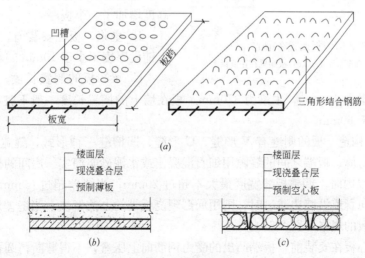

图 2-49　叠合楼板

（2）楼板层的组成

楼板层的基本组成：面层、附加（构造）层、结构层、顶棚层。

面层（又称为楼面）起着保护楼板、清洁和装饰作用；结构层（即楼板）是楼层的承重部分，现代建筑中主要采用钢筋混凝土楼板；顶棚层（又称为天花板或顶棚）主要起保护楼板、安装灯具、装饰室内、敷设管线等作用。

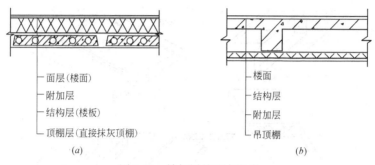

图 2-50　楼板层的基本组成
（a）预制钢筋混凝土楼板层；（b）现浇钢筋混凝土楼板层

此外，还可根据功能及构造要求增加附加构造层（又称为功能层）如防水层、隔声层等（图 2-50），主要起隔声、隔热、保温、防水、防潮、防腐蚀、防静电等作用。

（3）钢筋混凝土楼板的构造

1）预制钢筋混凝土楼板的构造

A. 梁、板的搁置方式　主梁沿短跨方向布置，经济跨度一般为 5～8m；次梁一般与主梁正交，经济跨度一般为 4～6m。板的短边直接搁置在墙或梁上。其中板在梁上的搁置方式有两种：一是搁置在梁的顶面，如矩形梁［图 2-51（a）］；二是搁置在梁出挑的翼缘上，如花篮梁，如图 2-51（b）所示。后一种搁置方式使室内的净空高度增加了一个板厚。

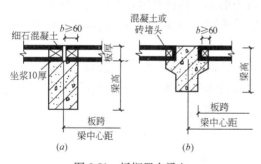

图 2-51　板搁置在梁上
（a）板搁置在矩形梁上；（b）板搁置在花篮梁上

B. 坐浆　板在安装前，先在墙（梁）上铺设厚度不小于 10mm 的水泥砂浆。

C. 梁、板的搁置长度　梁在墙上的搁置长度：次梁为 240mm，主梁为 370mm。板在墙上的搁置长度一般不宜小于 110mm，在梁上的不小于 60mm。

D. 板缝的构造　板的侧缝有 V 形缝、U 形缝、凹槽缝三种形式，缝宽 10mm 左右。板与板、板边与墙、板端之间的缝隙用细石混凝土或水泥砂浆灌实。房间的楼板布置，当缝差在 60mm 以内时，调整板缝宽度最大不超过 20mm；当缝差超过 60mm 且在 120mm 以内，或因竖向管道沿墙边通过时，则用局部现浇板带的办法解决；当缝差超过 200mm，则需重新选择板的规格（图 2-52）。

此外，空心板在安装前，板端凸出的受力钢筋向上压弯，不得剪断；圆孔端头用预制混凝土块或砖块砂浆堵严（安装后要穿导线的孔以及上部无墙体的板除外），以提高板端

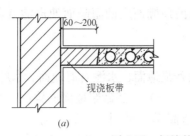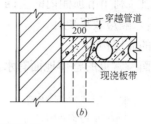

图 2-52　板缝的调整措施

（a）现浇板带；（b）竖管穿过板带

抗压能力及避免传声、传热和灌缝材料的流入。

2）楼地面防水构造

有水侵蚀的房间，如厕所、淋浴室等，需对房间的楼板层、墙身采取有效的防潮、防水措施。通常从两方面着手解决：

A. 楼地面的排水　楼地面设置排水坡度（一般为 1‰～1.5‰），引导水流入地漏。并且有水房间地面应比相邻地面低 20～30mm；若不设此高差，则应在门口做 20～30mm 高的门槛。

B. 楼地面的防水　采用现浇钢筋混凝土楼板，整体现浇水泥砂浆、水磨石或贴地砖等防水性较好的面层材料。防水要求较高的房间，还应在楼板与面层之间设置防水层（如防水卷材、防水砂浆和防水涂料），防水层沿周边向上泛起至少 150mm。遇到开门时，应将防水层向外延伸 250mm 以上（图 2-53）。

3）穿楼板立管的防水构造处理

一般采用两种办法：一是在管道穿过的周围用 C20 干硬性细石混凝土捣固密实，再以两布二油橡胶酸性沥青防水涂料作密封处理；二是在楼板走管的位置埋设一个比管道直径稍大的套管，以保证管道能自由伸缩而不致影响混凝土开裂。套管与热管之间缝隙用弹性防水密封材料封堵密实（图 2-54）。

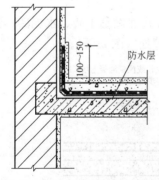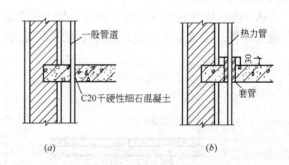

图 2-53　有水房间的墙身防水措施

图 2-54　穿楼板立管的防水构造处理

（a）普通管道的处理；（b）热力管道的处理

4）楼地面的隔声构造

A. 设置弹性面层　楼板面层上铺设弹性面层，如地毯、橡胶、塑料板等。

B. 设置弹性垫层　在楼板面层和结构层之间设置有隔声、隔热材料（如水泥砂浆岩、陶粒等）作垫层，降低撞击声的传递。

C. 设置吊顶　利用吊顶棚内的空间和吊顶棚面层的阻隔而使声能减弱。还可在顶棚上铺设吸声材料，隔声效果更佳。

5) 楼地面的面层构造

A. 整体地面　常见的整体地面有水泥砂浆地面、水泥石屑地面、水磨石地面等。

A) 水泥砂浆地面的构造　水泥砂浆地面构造简单，坚固、耐磨、防水，但易起灰，不易清洁，通常做法如图 2-55 所示。

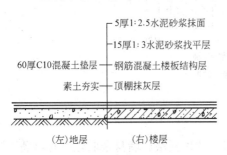

图 2-55　水泥砂浆地面构造示意图

B) 水泥石屑地面的构造　水泥石屑地面又称豆石地面，是将水泥砂浆里的中粗砂换成 3～6mm 的石屑形成的饰面，其饰面为 20～25mm 厚 1：2 水泥石屑，水灰比不大于 0.4。

C) 水磨石地面的构造　水磨石地面是将天然石料（大理石、方解石）的石碴做成水泥石屑面层，经磨光打蜡制成（图 2-56）。水磨石地面质地美观，表面光洁，具有很好的耐磨、耐久、耐油、耐碱、防火、防水性能，通常用于公共建筑门厅、走道的地面和墙裙。

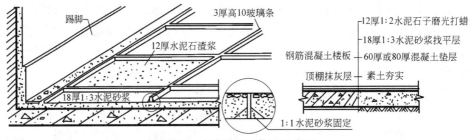

图 2-56　水磨楼地面构造示意图

B. 块材类地面　常用块材类地面有陶瓷地砖、陶瓷锦砖、彩色水泥砖、大理石板、花岗石板等。

A) 铺砖地面的构造　铺砖地面是按干铺和湿铺两种方式铺设黏土砖、水泥砖、预制混凝土块等。湿铺坚实平整，适用于要求不高或庭园小道等处（图 2-57）。

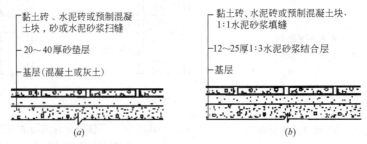

图 2-57　块材类铺砖地面构造
(a) 干铺构造；(b) 湿铺构造

B) 陶瓷锦砖地面、陶瓷地砖和石板地面　陶瓷地砖多用于装修标准较高的建筑物地面 [图 2-58 (a)]；陶瓷锦砖用于卫生间、盥洗室、浴室、厨房、实验室及有腐蚀性液体的房间地面 [图 2-58 (b)]；石板地面包括天然石地面（如大理石和花岗石板，一般多用于高级宾馆、会堂、公共建筑的大厅、门厅等处）和人造石（预制水磨石、预制混凝土块）地面。天然石板、粗琢面的花岗石板可用在纪念性建筑、公共建筑的室外台阶上，既耐磨又防滑（图2-59）。

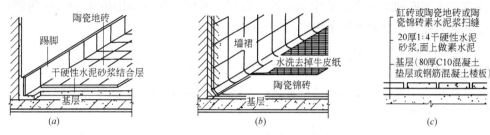

图 2-58　陶瓷地砖和陶瓷锦砖地面构造

(a) 陶瓷地砖地面与踢脚；(b) 陶瓷锦砖地面与墙裙；(c) 陶瓷地砖或陶瓷锦砖构造层次

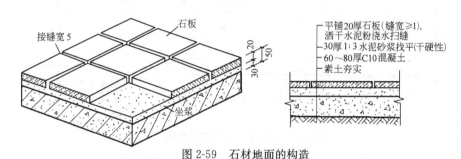

图 2-59　石材地面的构造

C. 木地面　木地板以其不起灰、不返潮、易清洁、弹性和保温性好，常用于高级住宅、宾馆、体育馆、健身房、剧院舞台等建筑中。材料有普通实木地板、复合木地板、软木地板，构造形式有单（双）层铺钉式和粘贴式。

铺钉单层木地板构造要点如下（图2-60）：

A）找平后防潮：冷底子油和热沥青各一道。

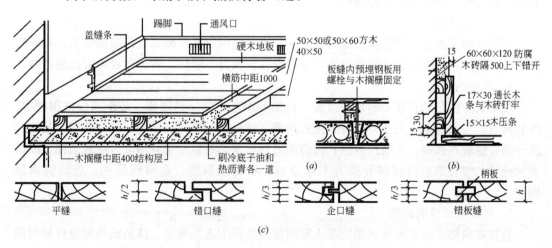

图 2-60　单层木地面铺钉式构造

(a) 搁栅固定方式；(b) 通风踢脚板构造；(c) 拼缝形式

B）铺设木搁栅：通过与预埋在结构层内的 U 形铁件嵌固或 10 号双股镀锌铁丝扎牢，搁栅间的空间可安装各种管线。

C）铺钉普通木地板或硬木条形地板：木胶和铁钉固定。

注意：木搁栅和木板背面满涂氟化钠防腐剂；木板与四周墙体留 5～8mm 间隙；踢脚板上开通风孔；搁栅间可填珍珠岩或防腐剂；拼缝。

D）刨平油漆。也有免漆地面，钉好安装完后，清扫打蜡完工。

双层木地板具有更好的弹性。底板又称毛板，采用普通木板，与搁栅呈 30°或 45°方向铺钉，面板采用硬木拼花板或硬木条板，底板和面板之间应衬一层 350 号沥青油毡。其他构造与单层木地板相同（图 2-61）。

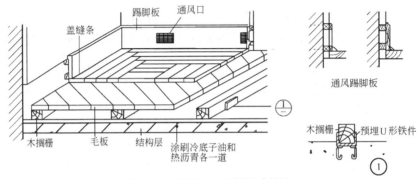

图 2-61 双层木地面铺钉式构造

粘贴式木地面是用粘结剂或 XY401 胶粘剂直接将木地板粘贴在找平层上。若为底层地面，则应在找平层上做防潮层，或直接用沥青砂浆找平。

D. 人造软质制品楼地面构造

人造软质制品楼地面是指以人造软质制品覆盖材料覆盖基层所形成的楼地面，如橡胶制品、塑料制品和地毯等。人造软质制品可分为块材和卷材两种，其铺设方式有固定式与不固定式两种，固定方法又分为粘贴式固定法与倒刺板固定法。

6）顶棚的构造

顶棚俗称天花板。要求表面光洁，美观，改善室内照度以提高室内装饰效果；有特殊要求的房间顶棚还要求具有隔声吸音或反射声音、保温、隔热、管道敷设等方面的功能。

A. 顶棚的类型

按施工方法分类有抹灰刷浆类顶棚、裱糊类顶棚、贴面类顶棚、装配式板材顶棚等；按装修表面与结构基层关系分类有直接式顶棚、悬吊式顶棚；按结构层（构造层）显露状况分类有隐蔽式顶棚、开敞式顶棚；按饰面材料与龙骨关系分类有活动装配式顶棚、固定式顶棚等；按装饰表面材料分类有木质顶棚、石膏板顶棚、金属板顶棚、玻璃镜面顶棚等。

B. 直接式顶棚的构造

直接式顶棚是指直接在钢筋混凝土屋面板或楼板下表面喷浆、抹灰或粘贴装修材料的一种构造方法。常用于装饰要求不高的一般建筑，如办公室、住宅、教学楼等。

A）直接喷刷涂料顶棚：当板底平整时，可直接喷、刷大白浆或 106 涂料。

B）直接抹灰顶棚：它是用麻刀灰、纸筋灰、水泥砂浆和混合砂浆等材料构成，其中纸筋灰应用最普遍图 [2-62（a）、（b）]。

C）直接贴面顶棚：某些有保温、隔热、吸声要求的房间，以及楼板底不需要敷设管线而装修要求又高的房间，采用泡沫塑料板、铝塑板或装饰吸音板等贴面顶棚。这类顶棚与悬吊式顶棚的区别是不使用吊杆，直接在结构楼板底面敷设固定龙骨，再铺钉装饰面板（图 2-62c）。

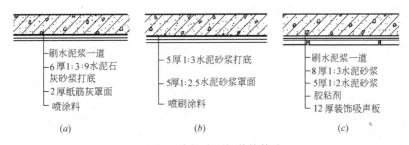

图 2-62　直接式顶棚装饰构造

（a）混合砂浆顶棚；（b）水泥砂浆顶棚；（c）贴面顶棚

C. 悬吊式顶棚构造

悬吊式顶棚是指顶棚的饰面与屋面板或楼板等之间留有一定的距离，利用这一空间布置各种管道和设备，如灯具、空调、烟感器、喷淋设备等。悬吊式顶棚综合了考虑音响、照明、通风等技术要求，具有立体感好、形式变化丰富的特点，适用于中、高档的建筑顶棚装饰。

悬吊式顶棚一般由基层、面层、吊筋三个基本部分组成（图 2-63）。

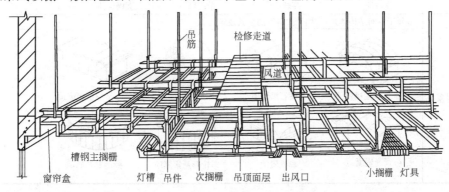

图 2-63　悬吊式顶棚的构造组成

吊顶基层即吊顶骨架层，是一个由主龙骨、次龙骨（或称为主搁栅、次搁栅）所形成的网格骨架体系。常用的吊顶基层有木基层和金属基层（轻钢龙骨和铝合金龙骨）两大类。

吊顶面层的构造要结合灯具、风口布置等一起进行，吊顶面层一般分为抹灰类、板材类及搁栅类。最常用的是各类板材。

板材面层与龙骨架的连接因面层与骨架材料的形式而异，如螺钉、螺栓、圆钉、特制卡具、胶粘剂连接等，或直接搁置、挂钩在龙骨上。

吊筋或吊杆是用钢筋、型钢、轻钢型材或木方连接龙骨和承重结构的承重传力构件。钢筋用于一般顶棚，型钢用于重型顶棚或整体刚度要求特别高的顶棚，木方一般用于木基层顶棚。

2. 屋顶的类型与组成

屋顶是建筑物最上层覆盖的外围护结构，构造的核心是防水，此外，还要做好屋顶的保温与隔热构造。

（1）屋顶的类型

屋顶的形式与建筑的使用功能、屋面材料、结构类型以及建筑造型要求有关（表2-5）。

屋顶的形式 表 2-5

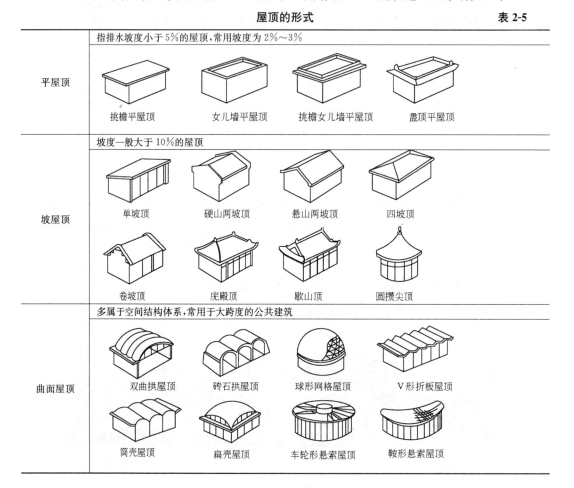

平屋顶	指排水坡度小于5%的屋顶,常用坡度为2%～3%			
	挑檐平屋顶	女儿墙平屋顶	挑檐女儿墙平屋顶	盝顶平屋顶
坡屋顶	坡度一般大于10%的屋顶			
	单坡顶	硬山两坡顶	悬山两坡顶	四坡顶
	卷坡顶	庑殿顶	歇山顶	圆攒尖顶
曲面屋顶	多属于空间结构体系,常用于大跨度的公共建筑			
	双曲拱屋顶	砖石拱屋顶	球形网格屋顶	V形折板屋顶
	筒壳屋顶	扁壳屋顶	车轮形悬索屋顶	鞍形悬索屋顶

（2）屋顶的组成

1）平屋顶的组成

平屋顶一般由面层（防水层）、保温隔热层、结构层和顶棚层四部分组成（图2-64）。面层（防水层）常用的有柔性防水和刚性防水两种方式；南方地区，一般不设保温层，而北方地区则很少设隔热层；结构层宜采用现浇钢筋混凝土结构；顶棚层的作用及构造与楼板层顶棚层基本相同。

2）坡屋顶的组成

坡屋顶一般由承重结构和屋面两部分所组成，必要时还有保温隔热层及顶棚层等（图2-65）。承重结构（图2-66）一般有椽子、檩条、屋架或大梁等。屋面包括屋面盖料和基层，如挂瓦条、顺水条和屋面板等。

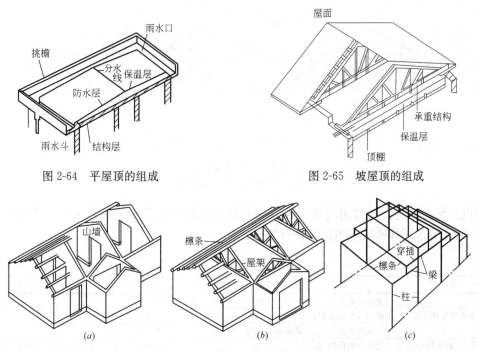

图 2-64 平屋顶的组成 　　　　　　　　图 2-65 坡屋顶的组成

图 2-66 坡屋顶承重结构形式

(*a*) 横墙承重；(*b*) 屋架承重；(*c*) 梁架承檩式屋架

坡屋面按盖面材料分有平瓦屋面、钢筋混凝土挂瓦板平瓦屋面以及钢筋混凝土板瓦屋面等。

3. 平屋面的组成及构造

（1）平屋面的防水构造

平屋面防水可分为卷材防水、刚性防水和涂膜防水等。

1）卷材防水屋面构造

卷材防水亦称柔性防水，基本构造层次由找坡层、找平层、结合层、防水层和保护层组成（图 2-67），适用于防水等级为 Ⅰ～Ⅳ 的屋面防水。

A. 找坡层

A）材料找坡：材料找坡亦称垫置坡度或填坡。坡度一般为 2%，厚度最薄处不小于 20mm ［图 2-68 (*a*)］。

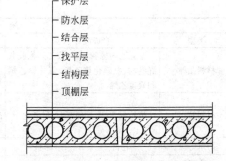

图 2-67 卷材防水屋面的基本构造组成

B）结构找坡：结构找坡亦称搁置坡度或撑坡，不另设找坡层。坡度一般为 3% ［图 2-68 (*b*)］。

B. 找平层

找平层的位置一般设在结构层或保温层上面（表 2-6）。

C. 结合层

结合层材料应根据卷材防水层材料的不同来选择，如油毡卷材、聚氯乙烯卷材及自粘

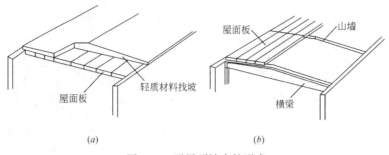

图 2-68　平屋顶坡度的形成

（a）材料找坡；（b）结构找坡

型彩色三元乙丙复合卷材用冷底子油（沥青加汽油或煤油等溶剂稀释而成，在常温下喷涂）。结合层采用涂刷法或喷涂法进行施工。

找平层　　　　　　　　　　　　　　　　　　　　　　　　表 2-6

类　别	基层种类	厚度(mm)	技术要求
水泥砂浆找平层	整体混凝土	15～20	体积比 1∶2.5～1∶3（水泥∶砂）
	整体或板状材料保温层	20～25	
	装配式混凝土板、松散材料保温层	20～30	
细石混凝土找平层	松散材料保温层	30～35	混凝土强度等级为 C20
沥青砂浆找平层	整体混凝土	15～20	质量比为 1∶8
	装配式混凝土板、整板或板状材料保温层	20～25	

D. 卷材防水层

卷材防水层材料、材料性能质量及构造要点包括卷材防水层的厚度控制（表 2-7）、附加防水层、铺贴方向与搭接、沥青胶厚度的控制、粘贴方式等方面。

防水层厚度　　　　　　　　　　　　　　　　　　　　　　表 2-7

类型	屋面材料(mm)				
	合成高分子类		高聚物改性沥青类		沥青类涂料
材料品种	三元乙丙橡胶、氯化聚乙烯橡胶共混卷材、氯磺化聚乙烯、氯化聚乙烯和聚氯乙烯		SBS 改性沥青、APP 改性沥青和再生橡胶改性沥青		石油沥青纸胎油毡、沥青黄麻胎油毡和沥青玻纤胎油毡
材料特点	抗拉强度高，延伸率大，耐老化		改善了沥青的高温流淌、低温冷脆的弱点，大部分采用胶粘剂冷粘施工和热熔施工		
防水等级	卷材	涂料	卷材	涂料	
Ⅰ级	1.5	2.0	3.0	3.0	
Ⅱ级	1.2	2.0	3.0	3.0	
Ⅲ级	1.2 复合 1.0	2.0 复合 1.0	4.0 复合 2.0	3.0 复合 1.5	8.0

附加防水层一般应在防水层转角、管道、烟道等易渗漏需加强的部位设置。卷材防水为沥青防水卷材时，应增铺一层卷材；当采用高聚物改性沥青防水卷材，合成高分子卷材或涂膜防水时，应加铺有胎体增强材料的涂膜附加层。

铺贴方向与搭接的要求是：当屋面坡度小于等于 3％时，卷材可平行于屋脊，由檐口向屋脊一层层地铺设；当大于 3％时，卷材应垂直屋脊铺设。多层卷材的搭接位置应错开，搭接应符合规范要求（图 2-69）。

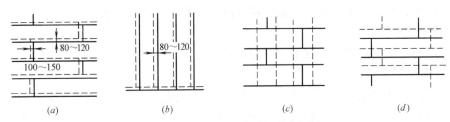

图 2-69　卷材的铺设方向和搭接要求

（a）平行屋脊铺设；（b）垂直屋脊铺设；（c）底层垂直、面层平行屋脊铺设（d）双屋平行屋脊铺设

沥青胶的厚度一般要控制在 1～1.5mm 以内，防止厚度过大发生龟裂。粘贴时被涂刷成点状或条状（图 2-70），点与条之间的空隙即作为水汽的扩散空间。

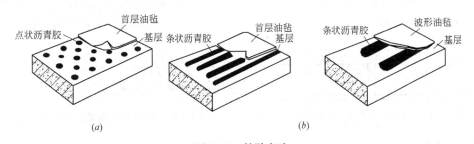

图 2-70　粘贴方法

（a）沥青胶点状粘贴；（b）条状粘贴

不上人屋面，一般在沥青胶表面粘一层 3～6mm 粒径的绿豆砂作为保护层，或涂浅色反光涂料层 2 道。

上人屋面选用（图 2-71）8～10mm 厚地砖块材，或实铺预制混凝土板或架空钢筋混凝土板，或浇 30～40mm 厚的细石混凝土层，每 2m 左右设一分格缝。

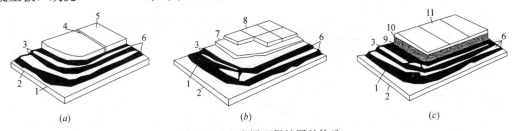

图 2-71　上人屋面保护层的构造

（a）现浇混凝土面层（b）块材面层（c）预制板或大阶砖架空面层

1—找平层；2—基层；3—油毡；4—分格缝；5—现浇混凝土；6—沥青胶；7—结合层；

8—铺块地面；9—绿豆砂；10—填块；11—板材架空地面

E. 隔离层

上人卷材防水屋面块体或细石混凝土面层与防水层之间应做隔离层，隔离层可采用麻刀灰等低强度等级的砂、干铺油毡、黄砂等。

2）刚性防水屋面构造

刚性防水屋面采用刚性材料如防水砂浆、细石混凝土、配筋细石混凝土等，主要适用于防水等级为Ⅲ级的屋面防水，也可用作Ⅰ、Ⅱ级屋面多道防水设防中的一道防水层。不适宜设置在有松散材料保温层的屋面以及受较大振动或冲击的建筑屋面。

刚性防水屋面一般由找平层、隔离层和防水层组成（图 2-72）。

A. 找平层

找平层与柔性防水屋面的找平层（做法）一致。

B. 隔离层

隔离层设置在刚性防水层与结构层之间，即在结构层上用水泥砂浆找平（整体现浇楼板一般不用找平），然后用纸筋灰、低强度等级砂浆或薄砂层上干铺一层油毡等作隔离层（图 2-73）。

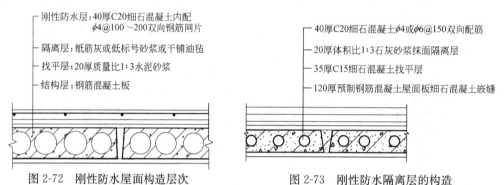

图 2-72　刚性防水屋面构造层次　　　　图 2-73　刚性防水隔离层的构造

C. 防水层

防水层常采用不小于 40mm 厚细石混凝土分格整浇（图 2-74）。构造要点：配筋要求双向 φ4 中距 150，钢筋采用 HPB235 级，置于混凝土层的中偏上位置，其上部有 10～15mm 厚的保护层；混凝土要求强度 C30，掺入适量 UEA 混凝土微膨胀剂或 3％的 JJ91 硅质密质密实剂；分格缝（防止屋面不规则裂缝以适应屋面变形而设置的人工缝），横缝的位置应在屋面板支承端、屋面转折处和高低屋面的交接处，纵缝应与预制板板缝对齐

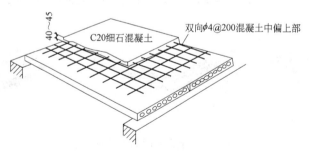

图 2-74　细石混凝土刚性防水配筋

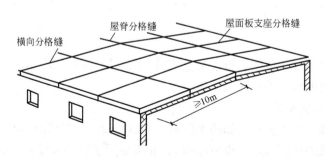

图 2-75　分格缝的位置示意图

（当建筑物进深在10m以下时可在屋脊设纵向缝；进深大于10m时最好在坡中某板缝处再设一道纵向分格缝）（图2-75），分格（仓）缝的服务面积宜控制在15～25m² 之间，其纵横向间距以不大于6m为宜，分格缝在养护期满经干燥后，填塞防水油膏。

3）涂膜防水屋面构造

涂膜防水是用防水涂料直接涂刷在屋面基层上，形成一层满铺的不透水薄膜层，主要适用于防水等级为Ⅲ、Ⅳ级的屋面，也可用作Ⅰ、Ⅱ级屋面多道防水设防中的一道防水层。

涂膜防水层面的构造层次（图2-76）：

A. 基层：水泥砂浆或细石混凝土找平层。找平层应设分格缝，其位置和间距参照刚性防水分格缝的设置。缝宽宜为20mm，转角处圆弧半径 $R=50mm$。

B. 防水层：涂刷防水涂料需分次进行，一般需涂三～四遍，使涂膜厚度达2.0mm。在转角、落水口和接缝处，需用胎体增强材料附加层加强。

C. 保护层：材料可采用细砂、蛭石、水泥砂浆和混凝土块材等。当采用水泥

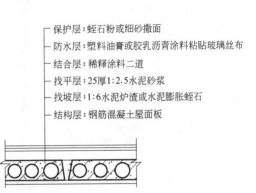

保护层：蛭石粉或细砂撒面
防水层：塑料油膏或胶乳沥青涂料粘贴玻璃丝布
结合层：稀释涂料二道
找平层：25厚1:2.5水泥砂浆
找坡层：1:6水泥炉渣或水泥膨胀蛭石
结构层：钢筋混凝土屋面板

图2-76　涂膜防水屋面的构造层次

砂浆或混凝土块材时，应在涂膜与保护层之间设置隔离层，以防保护层的变化影响到防水层。水泥砂浆保护层厚度不宜小于20mm。

（2）平屋顶的细部防水构造

1）泛水构造

突出于屋面之上的女儿墙、烟囱、楼梯间、变形缝、检修孔、立管等的壁面与屋顶的交接处，将屋面防水层延伸到这些垂直面上，形成立铺的防水层，称为泛水。做法及构造要点如下：

A. 泛水高度不得小于250mm（图2-77）。

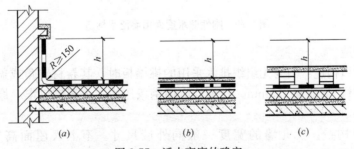

图2-77　泛水高度的确定
（a）不上人屋面；（b）上人屋面；（c）架空屋面

B. 转角处增铺附加层，圆弧转角或45°斜面。当卷材种类为沥青防水卷材时 $R=100～150mm$；高聚物改性沥青卷材 $R=80mm$；合成高分子防水卷材 $R=50mm$。附加卷材尺寸，平铺段≥250mm，上反≥300mm，上端边口切齐。

C. 卷材收头固定。一般做法是收头直接压在女儿墙的压顶下［图2-78（b）］或在砖

墙上留凹槽，卷材收头压入凹槽内，用压条或垫片钉固定，钉距为 500mm，再用密封膏嵌固。凹槽上部的墙体也应做防水处理［图 2-78（a）］；当墙体材料为混凝土时，卷材的收头可采用金属压条钉压，并用密封材料封固［图 2-78（c）］。

D. 刚性防水细部构造原理和方法与卷材防水基本相同。不同之处因刚性防水材料不便折弯，常常用卷材代替（图 2-79）。

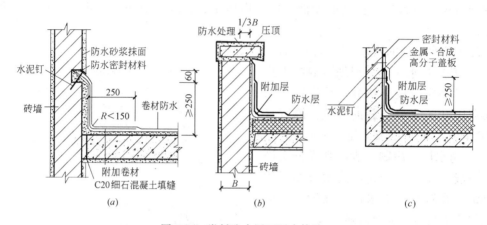

图 2-78　卷材防水屋面泛水构造

（a）附加卷材，凹槽收头；（b）收头压入压顶；（c）混凝土墙体泛水

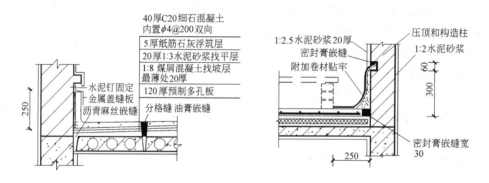

图 2-79　刚性防水屋面山墙泛水构造

2）檐口构造

A. 挑檐檐口构造：当为无组织排水采用的挑檐板时，其卷材转角或盖缝处单边贴铺空铺的附加卷材，空铺宽 250mm。收头处应用钢条压住，水泥钉钉牢，最后用油膏密封（图 2-80）。

B. 女儿墙构造：女儿墙的宽度一般同外墙尺寸。不上人屋面高度一般不超过 500mm，上人屋面高度不小于 1100mm，并设小构造柱与压顶相连接，以保证其稳定性和抗震安全。压顶沿外墙四周封闭，具有圈梁的作用（图 2-81）。

C. 落水口构造：外檐沟和内排水的落水口在水平结构上开洞，采用铸铁漏斗形定型件（直管式）；穿越女儿墙的落水口（弯管式），采用侧向排水法。水泥砂浆埋嵌牢固，落水口四周加铺卷材一层，铺入管内不少于 50mm，雨水口周围应用不小于 2mm 厚高分子防水涂料或 3mm 厚高聚物改性沥青类涂料涂封，雨水口周围坡度宜为 5%（图 2-82）。

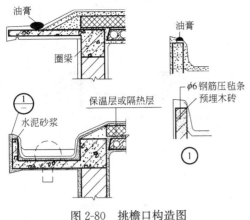

图 2-80 挑檐口构造图

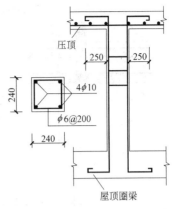

图 2-81 女儿墙压顶、构造柱与
屋顶圈梁的关系

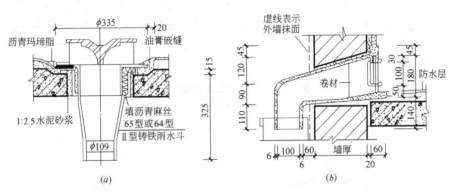

图 2-82 落水口的形式与构造

(a) 直管式雨水口；(b) 弯管式雨水口

3）分格（仓）缝

刚性防水屋面应设置分格（仓）缝，缝宽30mm，缝内应用油膏嵌缝，厚度为20～30mm。为不使油膏下落，缝内用弹性材料泡沫塑料或沥青麻丝填底。横向支座的分格缝为了避免积水，常将细石混凝土面层抹成凸出表面30～40mm高的梯形或弧形分水线（图2-83）。

（3）平屋顶的保温构造

平屋顶屋面的保温材料一般多选用空隙多、密度轻、导热系数小、防水、憎水的材料，如炉渣、矿渣、膨胀蛭石、膨胀珍珠岩、加气混凝土、泡沫塑料等。其材料有散料、现场浇筑的拌合物、预制板块料等三大类。

屋顶保温层的位置：

A. 正置式保温层。保温层设在防水层之下，结构层之上，需做排气屋面，目前采用广泛。

B. 复合式保温层。保温与结构组合复合板材，既是结构构件，又是保温构件（图2-84）。

C. 倒置式保温层。保温层设置在防水层上面，亦称"倒铺法"保温。选用有一定强

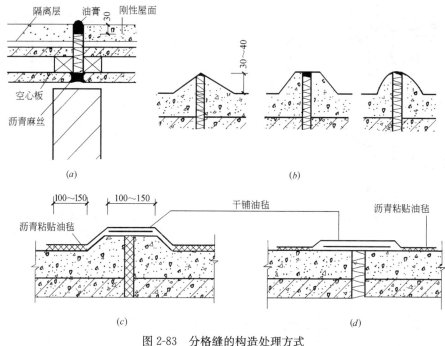

图 2-83　分格缝的构造处理方式

（a）平缝；（b）凸缝；（c）凸缝加贴卷材；（d）平缝加贴卷材

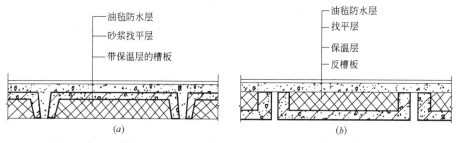

图 2-84　复合式保温层位置

（a）保温层在结构层下；（b）保温层在结构层上

度的防水、憎水材料，如 25mm 厚挤塑型聚苯乙烯保温隔热板、聚苯乙烯泡沫塑料板或聚氨酯泡沫塑料板。在保温层上应选择大粒径的石子或混凝土作保护层，而不能采用绿豆砂作保护层，以防表面破损及延缓保温材料的老化（图 2-85）。

D. 空气间层。防水层与保温层之间设空气间层的保温屋面。

（4）平屋顶的隔热构造

1）实体材料隔热屋面

实体材料隔热屋面的做法与保温屋面一致，常用的实体材料隔热做法有以下几种。

A. 种植屋面：利用植物的蒸发和光合作用，吸收太阳辐射热，达到隔热降温的作用。同时，有利于美化环境，净化空气，但增加了屋顶荷载。种植屋面坡度不宜大于3%。

B. 蓄水屋面：蓄水屋面是利用水吸热，同时还能散热、反射光原理。

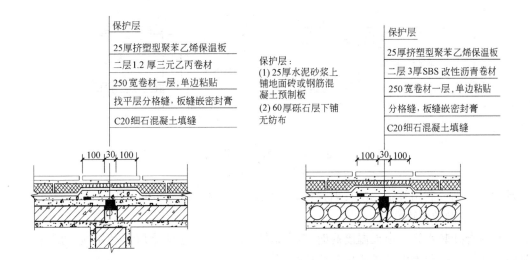

保护层

25厚挤塑型聚苯乙烯保温板

二层1.2厚三元乙丙卷材

250宽卷材一层，单边粘贴

找平层分格缝，板缝嵌密封膏

C20细石混凝土填缝

保护层：
(1) 25厚水泥砂浆上铺地面砖或钢筋混凝土预制板
(2) 60厚砾石层下铺无纺布

保护层

25厚挤塑型聚苯乙烯保温板

二层3厚SBS改性沥青卷材

250宽卷材一层，单边粘贴

分格缝，板缝嵌密封膏

C20细石混凝土填缝

图 2-85　倒置式屋面

种植屋面和蓄水屋面以刚性防水层作为第一道防水层时，其分格缝间距可放宽，一般不超过 25m。蓄水屋面坡度不宜大于 0.5％。

2）通风降温屋面

在屋顶设置通风的空气间层，利用风压和热压作用把间层中的热空气不断带走，以降低传至室内的温度。通风隔热层有以下两种设置方式。

A. 架空通风隔热屋面：架空隔热屋面坡度宜小于 5％，隔热高度宜为 180～240mm，架空板与女儿墙的距离不宜小于 500mm。架空常采用顺排水方向 120mm（宽）×180mm（高），中距 500mm 的砖砌垄墙，或采用 M2.5 水泥砂浆砌 120mm×120mm×180mm 双向中距 500mm 的砖墩，既可保护卷材又能通风降温。当房屋进深大于 10m 时，中部需设通风口，以加强效果（图 2-86）。

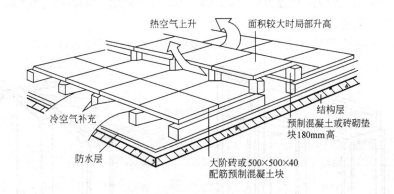

图 2-86　大阶砖或钢筋混凝土架空通风屋面

B. 吊顶通风隔热屋面：吊顶通风隔热屋面是利用吊顶的空间作通风隔热层，在檐墙上开设通风口（图 2-87）。

3）反射降温隔热屋面

反射的辐射热取决于屋面表面材料的颜色和粗糙程度。如果屋面在通风层中的基层加

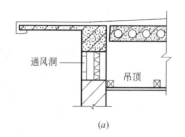
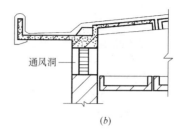

图 2-87　吊顶通风隔热屋面

（a）吊顶通风层；（b）双槽板通风层

一层铝箔，则可利用其第二次反射作用，对隔热效果将有进一步的改善。

4）蒸发散热屋面

在屋脊处装水管，白天温度高时向屋面浇水，形成一层流水层，利用流水层的反射、吸收和蒸发，以及流水的排泄可降低屋面温度。

（四）房屋建筑其他构造

1. 门窗连接构造

门的作用主要是交通联系，并兼有采光、通风之用；窗的作用主要是采光和通风。

（1）门窗的类型

A. 按照所用材料分类，可分为木门窗、钢门窗、彩板门窗、铝合金门窗、不锈钢门窗、塑钢门窗、玻璃门窗等。

B. 按照使用功能分类，可分为一般用途的门窗和特殊用途的门窗，如防火门、防盗门、防辐射门、隔声门窗等。

C. 门的开启方式分类，可分为平开门、弹簧门、推拉门、空格栅栏门、折叠门、转门、上翻门、卷帘门等。

D. 窗的开启方式分类，可分为平开窗、（上、中、下）悬窗、推拉窗、固定窗、百叶窗等。

（2）门窗的构造组成

一般门的构造由门樘（又称门框）和门扇两部分组成（图 2-88）。

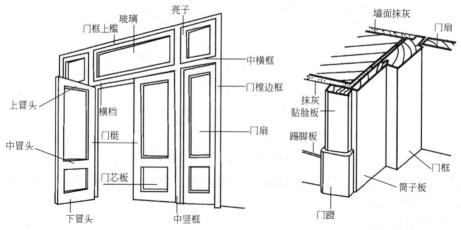

图 2-88　门的组成

窗由窗樘（又称窗框）和窗扇两部分组成。窗框与墙的连接处，为满足不同的要求，有时加有贴脸板、窗台板、窗帘盒等（图2-89）。

（3）门（窗）的构造

1）门（窗）框与墙的位置关系

两者的位置有内平、居中和外平三种位置如图2-90所示。

2）门（窗）框的安装

门（窗）框的安装方法有立口和塞口两种（图2-91）。木门（窗）框塞口的构造如图2-92所示。

铝合金和塑钢门窗同样采用塞口安装，有直接固定法和连接件法两种固定方法（图2-93）。

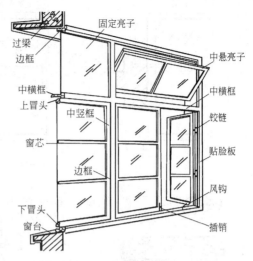

图 2-89　窗的组成和名称

3）节点缝隙构造

门窗框四周内外侧与窗框之间用1：2水泥砂浆或麻刀白灰浆嵌实、抹平，用嵌缝膏

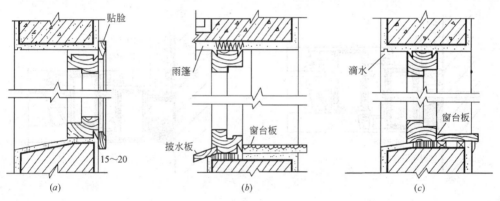

图 2-90　窗框与墙的位置关系

(a) 内平；(b) 外平；(c) 居中

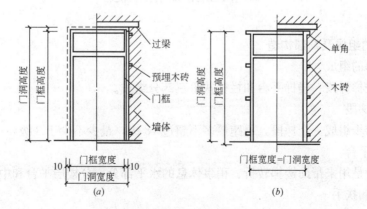

图 2-91　门（窗）框的安装方式

(a) 塞口；(b) 立口

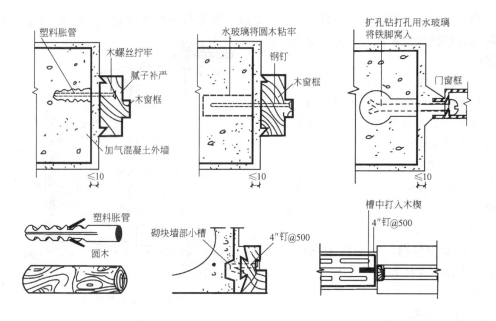

图 2-92　木门（窗）框塞口的构造

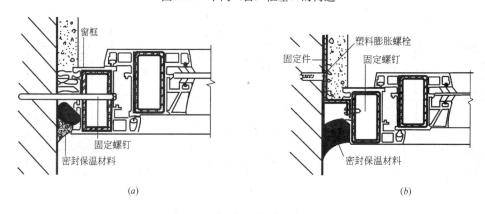

图 2-93　铝合金和塑钢窗的固定构造

（a）直接固定法；（b）连接件固定法

进行密封处理。

2. 楼梯的组成及细部构造

（1）楼梯的组成

楼梯由楼梯梯段、楼梯平台和栏杆扶手三部分组成。

1）楼梯梯段

连续的踏步组成一个梯段，每跑最多不超过 18 级，最少不少于 3 级。

2）楼梯平台

楼梯平台是用来帮助楼梯转折、稍事休息的水平部分，分楼层平台和中间平台。

3）栏杆和扶手

栏杆是布置在楼梯梯段和平台边缘处有一定安全保障的围护构件。扶手一般附设于栏杆顶部，作依扶用，也可附设于墙上，称为靠墙扶手。

（2）楼梯的类型

按楼梯的位置分类可分为室内楼梯与室外楼梯；按使用性质分类，室内有主要楼梯、辅助楼梯，室外有安全楼梯、防火楼梯；按所用材料分类可分为木质楼梯、钢筋混凝土楼梯、金属楼梯以及几种材料制成的混合式楼梯；按楼梯间的平面形式分类可分为开敞式楼梯间、封闭式楼梯间和防烟楼梯间；按楼梯的形式分类可分为单跑直楼梯、双跑直楼梯、平行双跑楼梯、三跑楼梯、螺旋楼梯、弧形楼梯等。

（3）钢筋混凝土楼梯的结构类型

现浇钢筋混凝土楼梯分为板式楼梯（图 2-94）和梁式楼梯（图 2-95）两种。

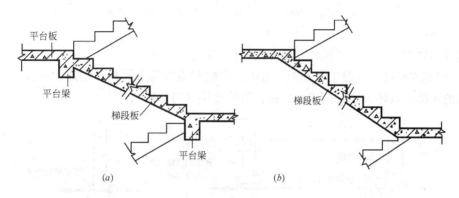

图 2-94　现浇钢筋混凝土板式楼梯

（a）设平台梁的现浇钢筋混凝土板式楼梯；（b）无平台梁的现浇钢筋混凝土板式楼梯又称折板式楼梯

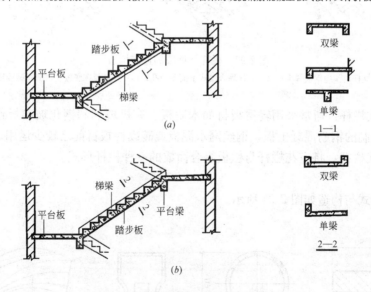

图 2-95　现浇钢筋混凝土梁板式楼梯

（a）梁板式明步楼梯；（b）梁板式暗步楼梯

（4）楼梯的细部构造

1）踏步

踏步面层材料一般与门厅或走道的楼地面材料一致，如水泥砂浆、水磨石、大理石和防滑砖等。表面一般还应设置防滑条（图 2-96）。

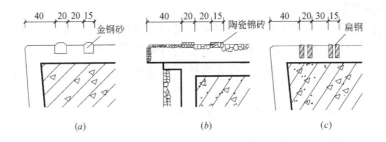

图 2-96 踏步防滑条构造

(a) 金钢砂防滑条；(b) 陶瓷锦砖防滑条；(c) 扁钢防滑条

2）栏杆

楼梯栏杆有空花式、栏板式和组合式栏杆三种。

A. 空花式栏杆：一般采用圆钢、方钢、扁钢和钢管等金属材料做成。栏杆与梯段应有可靠的连接，具体方法有锚接、焊接、螺栓连接（图 2-97）。

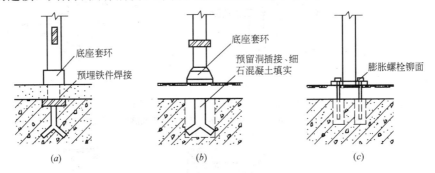

图 2-97 栏杆与梯段的连接构造

(a) 立杆与预埋钢板焊牢；(b) 立杆埋入踏步上面预留孔；(c) 立杆焊在底板上用膨胀螺栓锚固

B. 栏板式栏杆：通常采用轻质板材如木质板、有机玻璃和钢化玻璃板作栏板，也可采用现浇或预制的钢筋混凝土板，钢丝网水泥板或砖砌栏板目前已较少运用。

C. 组合式栏杆：将空花栏杆与栏板组合而成的一种栏杆形式。

3）扶手

扶手的形式与构造如图 2-98 所示。

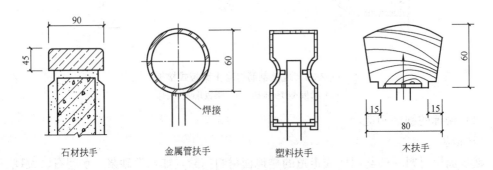

石材扶手　　金属管扶手　　塑料扶手　　木扶手

图 2-98 扶手的形式与构造

3. 变形缝的构造

为了防止因气温变化、不均匀沉降以及地震等因素造成对建筑物的使用和安全的影响，设计时预先在变形敏感部位将建筑物断开，分成若干个相对独立的单元，且预留的缝隙能保证建筑物有足够的变形空间，设置的这种构造缝称为变形缝。

变形缝按其功能不同分为伸缩缝、沉降缝和防震缝三种类型（表2-8）。

表 2-8

三种类型变形缝的不同点及相互关系

类 型	伸 缩 缝	沉 降 缝	防 震 缝
设置原因	季节昼夜温差引起热胀冷缩	建筑物各部分不均匀沉降	地震作用
设置依据	不同材料、结构类型和屋盖刚度	地基土质、建筑层数	不同的结构类型和体系以及设计烈度确定
断开部位	建筑物地面以上部分全部断开，基础不必断开	建筑物从基础到屋顶全部断开	基础可断开，也可不断开
一般宽度(mm)	20～30	30～70	50～120
运动趋势	水平运动	上下运动	水平和上下运动
相互关系	①同一位置只设一道构造缝 ②沉降缝一般与伸缩缝合并设置，兼起伸缩缝的作用，但伸缩缝不能代替沉降缝 ③同时考虑设置防震缝和沉降缝时，按沉降缝断开，按防震缝设置宽度 ④变形缝涉及基础、墙体、楼地层以及屋顶，其位置、缝宽大小均一致		

变形缝构造处理采取中间填缝、上下或内外盖缝的方式。中间填缝是指缝内填充沥青麻丝或木丝板、油膏、泡沫塑料条、橡胶条等有弹性的防水轻质材料；上下或内外盖缝是指根据位置和要求合理选择盖缝条，如镀锌铁皮、彩色薄钢板、铝皮等金属片以及塑料片、木盖缝条等。

（1）墙体变形缝的构造

墙体变形缝可做成平缝、错口缝、企口缝等形式（图2-99）。

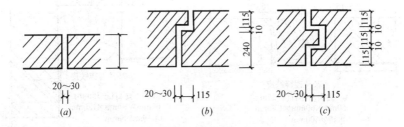

图 2-99　砖墙变形缝的截面形式
(a) 平缝；(b) 错口缝或高低缝；(c) 企口缝或凹凸缝

墙体伸缩缝的构造处理如图2-100所示。

墙体沉降缝的构造与伸缩缝构造基本相同。不同之处是调节片或盖板由两片组成，并分别固定，以保证两侧结构在竖向方向能有相对运动趋势的可能（图2-101）。

墙体防震缝的构造与沉降缝构造基本相同。不同之处是因缝隙较大，一般不作填缝处理，而在调节片或盖板上设置相应材料并固定，以保证两侧结构在竖向和水平两方向都有相对运动趋势的可能，不受约束（图2-102）。

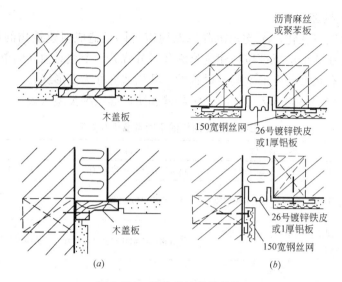

图 2-100　墙体伸缩缝的构造
(a) 内墙面；(b) 外墙面

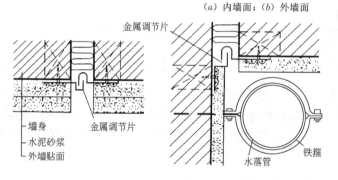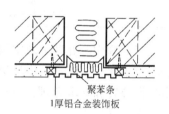

图 2-101　墙体沉降缝的构造

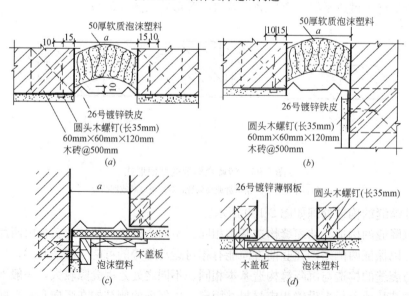

图 2-102　墙体防震缝的构造
(a) 外墙平缝处；(b) 外墙转角处；(c) 内墙转角；(d) 内墙平缝

（2）楼板和地坪变形缝的构造

楼板和地坪伸缩缝的构造如图 2-103 所示。

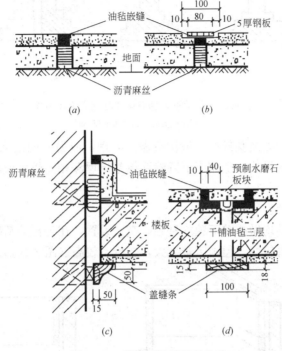

图 2-103　楼地面伸缩缝的构造

(a) 地面油膏嵌缝；(b) 地面钢板盖缝；(c) 楼板靠墙处变形缝；(d) 楼板变形缝

（3）屋顶变形缝的构造

特别注意构造上应考虑伸缩缝的水平运动趋势（图 2-104）。

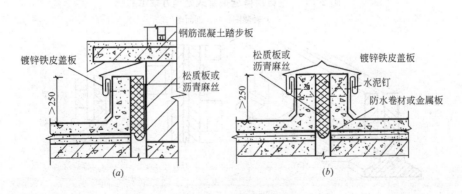

图 2-104　屋顶伸缩缝的构造

(a) 屋顶出入口处；(b) 等高屋面

（4）基础变形缝的构造方案

基础沉降缝的构造处理方案有双墙式、挑梁式和交叉式三种。

1）双墙式处理方案

双墙式方案常用于基础荷载较小的房屋（图 2-105）。

2）挑梁式处理方案

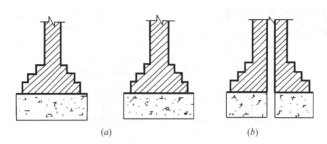

图 2-105　基础沉降缝双墙式处理方案示意图

(*a*) 间距较大时；(*b*) 间距较小时

沉降缝一侧的墙体以及基础按一般构造做法处理，而另一侧则采用挑梁支承基础梁，基础梁上支承轻质墙的做法，适用于沉降缝两侧基础埋深相差较大或新旧建筑毗连时情况（图 2-106）。

3）交叉式处理方案

沉降缝两侧的基础均做成墙下独立基础，交叉设置，在各自的基础上设置基础梁以支承墙体。这种做法效果较好，但施工难度大，造价也较高（图 2-107）。

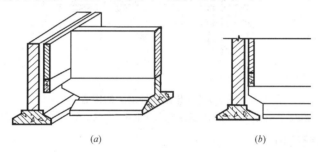

图 2-106　基础沉降缝挑梁式处理方案示意图

（*a*）轴测图；（*b*）剖面图

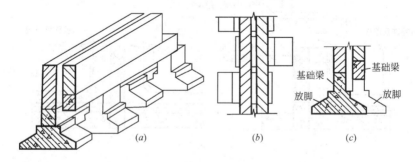

图 2-107　基础沉降缝交叉式处理方案示意图

（*a*）轴测示意图；（*b*）平面图；（*c*）剖面图

4. 阳台、雨篷的构造

阳台、雨篷和遮阳板都属于建筑物上的水平悬挑构件。

（1）阳台的构造

阳台主要由阳台板和栏杆扶手组成。阳台板是承重结构，栏杆扶手是围护、安全的构件。

1）阳台的类型

A. 按其与外墙的相对位置分为凸阳台、凹阳台、半凸半凹阳台、转角阳台（图 2-108）。

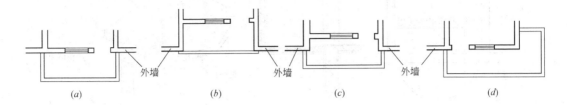

图 2-108　阳台与外墙位置关系分类
(*a*) 凸阳台；(*b*) 凹阳台；(*c*) 半凸半凹；(*d*) 转角阳台

B. 按使用功能不同分生活阳台（靠近卧室或客厅）和服务阳台（靠近厨房）。

C. 钢筋混凝土材料制作的按结构布置方式分有墙承式、悬挑式、压梁式等。

2）阳台的构造

A. 墙承式：将阳台板直接搁置在墙上，多用于凹阳台（图 2-109）。

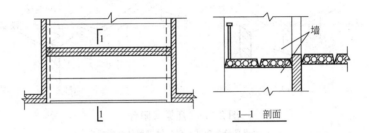

图 2-109　墙承式阳台

B. 悬挑式：阳台板悬挑出外墙，一般悬挑长度为 1.0～1.5m，以 1.2m 左右最常见。悬挑式按悬挑方式不同有挑梁式（图 2-110）和挑板式（图 2-111）两种。挑板式板底平整，外形轻巧美观，而且阳台平面形式可做成半圆形、弧形、梯形、斜三角等各种形状。

C. 压梁式：阳台板与墙梁现浇在一起，阳台悬挑一般为 1.2m 以内（图 2-112）。

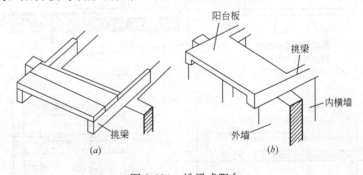

图 2-110　挑梁式阳台
(*a*) 预制挑梁外伸式；(*b*) 现浇挑梁外伸式

3）阳台的细部构造

A. 阳台栏杆与扶手：阳台栏杆形式应防坠落（垂直栏杆间净距不应大于 110mm），防攀爬（不设水平栏杆）。阳台扶手的高度不应低于 1.05m，高层建筑不应低于 1.1m。

B. 阳台排水处理：阳台地面应低于室内地面 30～50mm，并应做排水坡（图 2-113）。

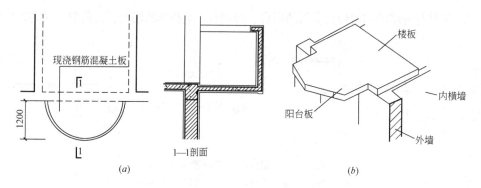

图 2-111 挑板式阳台

(a) 挑板式平面、剖面图；(b) 挑板式阳台示意图

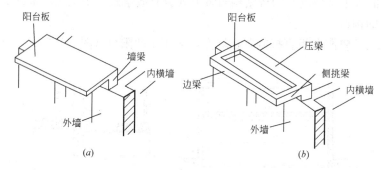

图 2-112 压梁式阳台

(a) 挑出部分为板式；(b) 挑出部分为梁板式

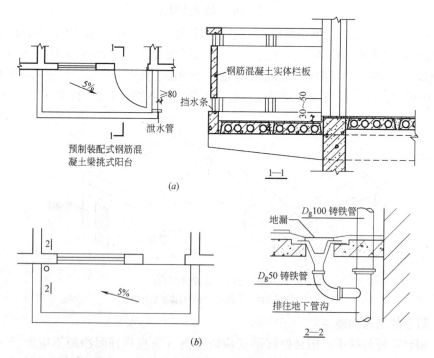

图 2-113 阳台的排水处理

(a) 设泄水管排水；(b) 设地漏经下水管排水

（2）雨篷

雨篷是设置在建筑物外墙出入口的上方用以挡雨并有一定装饰作用的水平构件。有悬挑板式雨篷和悬挑梁板式雨篷两种结构形式，其悬挑长度一般为 0.9～1.5m（图 2-114）。

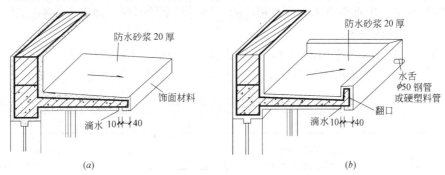

图 2-114　雨篷的构造

（a）板式雨篷；（b）梁板式雨篷（反梁）

（五）房屋建筑图的识图方法

1. 房屋建筑图的产生和分类

（1）房屋建筑图的设计阶段

一般建设项目按两个阶段进行设计，即初步设计阶段和施工图设计阶段。对于技术要求复杂的项目，可在两设计阶段之间，增加技术设计阶段，用来解决各工种之间的协调等技术问题。

初步设计是设计人员根据业主建造要求和有关政策性文件、地质条件等画出比较简单的初步设计图，简称方案图纸。包括简略的平面、立面、剖面等图样，文字说明及工程概算。有时提供建筑效果图、建筑模型及电脑动画效果图，便于直观地反映建筑的真实情况。方案图报业主征求意见，并报规划、消防、卫生、交通、人防等部门审批。

施工图设计是在已经批准的方案图纸的基础上，综合建筑、结构、设备等工种之间的相互配合、协调和调整，为施工企业提供完整的、正确的施工图和必要的有关计算的技术资料，是设计方案的具体化。

（2）房屋施工图的分类

房屋施工图按专业分工不同，一般分为建筑施工图、结构施工图、装饰施工图、给水排水施工图、采暖通风施工图、电气施工图。也有的把水施、暖施、电施统称为设备施工图。

房屋施工图应按专业顺序编排，一般应为图纸目录、建筑设计总说明、总平面图、建施、结施、装施、水施、暖施、电施等。各专业的图纸，应该按图纸内容的主次关系、逻辑关系有序排列。

2. 建筑施工图的内容及识图方法

建筑施工图是描绘房屋建造的规模、外部造型、内部布置、细部构造的图纸，是施工放线、砌筑、安装门窗、室内外装修和编制施工预算及施工组织计划的主要依据。主要内容有设计说明、总平面图、建筑平面图、建筑立面图、建筑剖面图以及建筑详图等。

（1）设计说明

设计说明一般放在一套施工图的首页。主要是对建筑施工图上不易详细表达的内容，如设计依据、工程概况、构造做法、用料选择等，用文字加以说明。此外，还包括防火专篇、节能专篇等一些有关部门要求明确说明的内容。

（2）总平面图

将拟建工程四周一定范围内的新建、拟建、原有和拆除的建筑物、构筑物连同其周围的地形地物状况，用水平投影方法和相应的图例所画出的图样，即称为总平面图。

1）总平面图的内容

A. 图名、比例。总平面图通常选用的比例为 1：500、1：1000、1：2000 等。

B. 应用图例来表示拟建区或扩建区的总体布置。常用的各种图例，见表 2-9。

建筑总平面图常用图例　　　　　　　　　　　　　　表 2-9

图　例	名　　称	图　例	名　　称
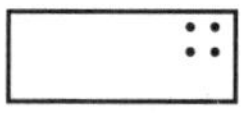	新设计的建筑物 右上角以点数表示层数	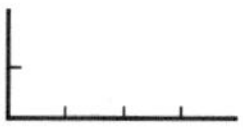	围墙 表示砖石、混凝土及金属材料围墙
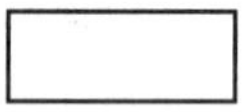	原有的建筑物		围墙 表示镀锌钢丝网、篱笆等围墙
	计划扩建的建筑物或预留地	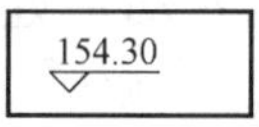 154.30	室内地坪标高
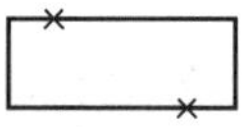	拆除的建筑物	 ▼ 142.00	室外整平标高
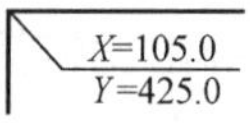 X=105.0 Y=425.0	测量坐标	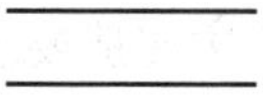	原有的道路
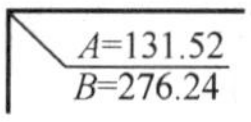 A=131.52 B=276.24	建筑坐标	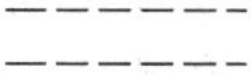	计划的道路
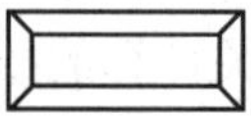	散状材料露天堆场		公路桥
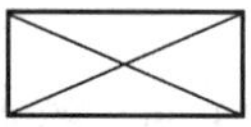	其他材料露天堆场或露天作业场		铁路桥
	地下建筑物或构筑场	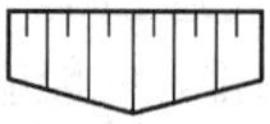	护坡

C. 确定拟建工程或扩建工程的具体位置，一般根据原有房屋或道路来定位，并用米为单位，注写至小数点后两位。

D. 确定拟建房屋首层地面、室外地坪及道路的标高。总平面图中标高为绝对标高，一般注写至小数点后两位。

E. 用指北针表示房屋的朝向，用风玫瑰表示常年风向频率。

2）总平面图的识读方法

总平面图的识读比较简单，图 2-115 为某单位培训楼的总平面图，现以该图为例，简要介绍总平面图的读图方法。

116

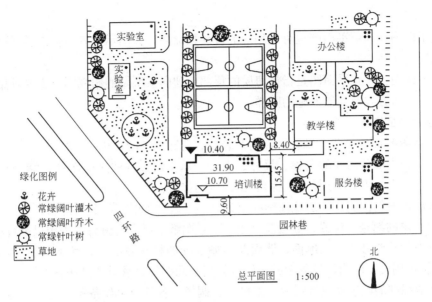

绿化图例

♄ 花卉
⊛ 常绿阔叶灌木
● 常绿阔叶乔木
○ 常绿针叶树
⋯ 草地

总平面图　　1:500

北

图 2-115　某单位培训楼总平面图

A. 先看图名、比例和有关的文字说明。

B. 了解新建工程的性质和总体布局。从图中可知，新建房屋为培训楼，右上角七个黑点表示该建筑为七层。该建筑物南面是新建道路园林巷，西面为绿化用地，北面是篮球场，西北有两栋单层实验室，东北有四层办公楼和五层教学楼，东面是将来要建的四层服务楼。

C. 看新建房屋的定位尺寸。该建筑的总长度和宽度为 31.90m 和 15.45m，培训楼南面距离道路边线 9.60m，东面距离原教学楼 8.40m。

D. 看新建房屋底层室内地面和室外地面的标高。室外地坪 ▼ 10.40，室内地坪 ▽10.70 均为绝对标高，室内外高差 300mm。

E. 看总平面图中的指北针。该图右下角指北针显示该建筑物坐北朝南的方位。

（3）建筑平面图

建筑平面图是把房屋用一个假想的水平剖切平面，沿门、窗洞口部位（指窗台以上，过梁以下的空间）水平切开，移去剖切平面以上的部分，把剖切平面以下的物体投影到水平面上，所得的水平剖面图，即为建筑平面图，简称平面图。

建筑平面图表示房屋的平面形状，内部布置及朝向，是施工放线、砌墙、安装门窗、室内装修及编制预算的重要依据。

原则上讲，房屋有几层，就应画出几个平面图，如底层平面图，二层平面图，……，屋顶平面图。高层及多层建筑中存在许多平面布局相同的楼层，它可用一个平面图来表达，称为"标准层平面图"或"××～××层平面图"。

底层平面图（一层平面图或首层平面图）：是指±0.000 地坪所在的楼层的平面图。它除表示该层的内部形状外，还画有室外的台阶（坡道）、花池、散水和雨水管的形状及位置，以及剖面的剖切符号，以便与剖面图对照查阅。底层平面图上应注指北针，其他层平面图上可以不再标出。

标准层平面图：标准层平面图除表示本层室内形状外，还需要画出本层室外的雨篷、

117

阳台等。

顶层平面图：顶层平面图也可用相应的楼层数命名，其图示内容与标准层平面图的内容基本相同。

屋顶平面图：屋顶平面图是指将房屋的顶部单独向下所做的俯视图，主要是用来表达屋顶形式、排水方式及其他设施的图样。

1）建筑平面图的主要内容

A．建筑物平面的形状，轴线、标高及总长、总宽、开间、进深等尺寸。

B．建筑物内部各房间的名称、尺寸、大小、承重墙和柱的定位轴线、墙的厚度、门窗的宽度等，以及走廊、楼梯（电梯）、出入口的位置。

C．各层地面的标高。一层地面标高定为±0.000，所注均为相对标高。

D．门、窗的编号、位置、数量及尺寸，一般图纸上还有门窗数量表用以配合说明。

E．室内的装修做法，如地面、墙面及顶棚等处的材料做法。较简单的装修，一般在平面图内直接用文字注明，较复杂的工程应另列房间明细表及材料做法表。

F．其他细部的配置和位置情况，如楼梯、搁板、各种卫生设备等。

G．室外台阶、花池、散水和雨水管的大小与位置。

H．在底层平面图上画指北针符号，另外还要画上剖面图的剖切位置符号和编号，以便与剖面图对照查阅。

2）建筑平面图的阅读方法

阅读平面图首先必须熟记建筑图例（建筑图例可查阅国家制图标准 GB/T 50001—2001、GB/T 50104—2001）。现以某别墅的首层平面图（图 2-116）为例，说明平面图的阅读方法。

A．看图名、比例：先从图名了解该平面图是表达哪一层平面，比例是多少；从底层平面图中的指北针明确房屋的朝向。

B．从大门入口开始，依次看房间名称，了解各房间的用途、数量及相互之间的组合情况。从该图可知，别墅大门朝南，车库、厨房、餐厅朝北，另有工人房、卫生间在西侧，东侧有一弧形楼梯通向二楼。

C．根据轴线，定位置，识开间、进深。开间是指房间两横轴之间的距离，进深是指房间两纵轴之间的距离。本例中厨房的开间为 3.2m，进深为 4.5m。

D．看图例，识细部，认门窗的代号。了解房屋其他细部的平面形状、大小和位置，如阳台、栏杆和厨厕的布置，搁板、壁柜、碗柜等空间利用情况。厨房中画有矩形及其对角线虚线的图例表示搁板。一般情况下，在首页图上或在本平面图内，附有门窗表，列出门窗的编号、名称、尺寸、数量及其所选标准图集的编号等内容。

E．看楼地面标高，了解各房间地面是否有高差。平面图中标注的楼地面标高为相对标高，且是完成面的标高。本例中厨房和卫生间地面标高为 0.300，比室内地面高 300mm。

（4）建筑立面图

建筑立面图是用平行建筑物的某一墙面的平面作为投影面，向其作正投影，所得到的投影图。主要用于表示建筑物的体形和外貌、立面各部分配件的形状及相互关系、立面装饰要求及构造做法等。

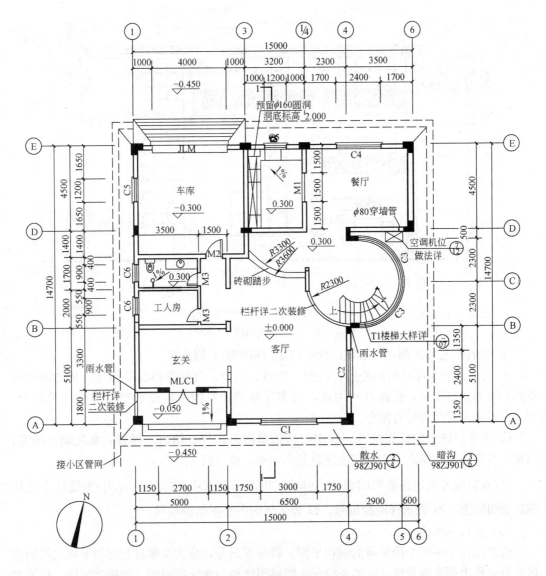

图 2-116　首层平面图 1∶100

建筑立面图命名有多种方式：按朝向命名，如东立面图、西立面图、南立面图、北立面图等；按轴线编号进行命名，如①—⑨立面图等、Ⓐ—Ⓓ立面图等。

1）建筑立面图的内容

A. 表明建筑物的立面形式和外貌，外墙面装饰做法和分格。

B. 表示室外台阶、花池、勒脚、窗台、雨篷、阳台、檐沟、屋顶，以及雨水管等的位置、立面形状及材料做法。

C. 反映立面上门窗的布置、外形。

D. 用标高及竖向尺寸表示建筑物的总高以及各部位的高度。

2）立面图的阅读方法

现以某别墅①—⑥立面图为例（图 2-117），说明立面图的阅读方法。

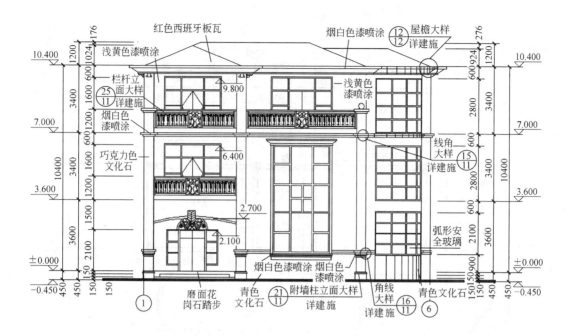

图 2-117　①—⑥立面图 1：100

A. 先看图名和比例，了解该图反映的是房屋的哪一侧立面。

B. 再仔细看房屋立面的外形、门窗、檐口、阳台、台阶等形状及位置。从该图中可看出别墅为四坡屋顶，正面有一大窗，为客厅外窗，右侧三扇弧形窗对应弧形楼梯间，二、三层南向房间均带有阳台。

C. 看立面图中的标高尺寸。这主要包括室内外地坪、檐口、屋脊、女儿墙、雨篷、门窗、台阶等处的标高。别墅室内外高差 0.45m，檐口高 10.40m。

D. 看房屋外墙表面装修的做法、分格线以及详图索引标志等。如 ㉑⁄11 为墙柱立面详图的索引标志，21 表示详图的编号，11 表示详图所在图纸的编号。

（5）建筑剖面图

假想用一个平行于投影面的剖切平面，将房屋剖开，移去观察者与剖切平面之间的房屋部分，作出剩余部分的房屋的正投影，所得图样称为建筑剖面图，简称剖面图。将沿着建筑物短边方向剖切后形成的剖面图称为横剖面图，将沿着建筑物长边方向剖切形成的剖面图称为纵剖面图。一般多采用横向剖面图。

建筑剖面图是表示房屋的内部垂直方向的结构形式、分层情况、各层高度、楼面和地面的构造以及各配件在垂直方向上的相互关系等内容的图样。

剖面图的剖切部位，应根据图样的用途或设计深度，在平面图上选择能反映全貌、构造特征以及有代表性的部位剖切。一般在楼梯间、门窗洞口、大厅以及阳台等处。

1）建筑剖面图的内容

A. 表示被剖切到的或能见到的房屋各部位，如各楼层地面、内外墙、屋顶、楼梯、阳台、散水、雨罩等。

B. 高度尺寸内容。包括：

外部尺寸：门窗洞口（包括洞口上部和窗台）高度，层间高度及总高度（室外地面至檐口或女儿墙顶）。有时，后两部分尺寸可不标注。

内部尺寸：地坑深度，隔断、搁板、平台、墙裙及室内门窗的高度。

标高尺寸：主要是注出室内外地面、各层楼面、阳台、楼梯平台、檐口、圈梁、屋脊、女儿墙、雨篷、门窗、台阶等处的标高。

C. 表示建筑物主要承重构件的位置及相互关系，如各层的梁、板、柱及墙体的连接关系等。

D. 表示屋顶的形式及泛水坡度等。

E. 索引符号。

2）建筑剖面图的阅读方法

现以 1—1 剖面图为例（图 2-118），说明剖面图的内容及其阅读方法。

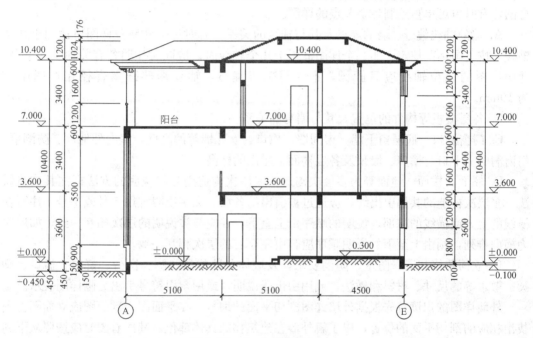

图 2-118　1—1 剖面图 1∶100

A. 从图名和轴线编号与平面图上的剖切符号相对照，可知 1—1 剖面图是一个剖切平面通过厨房、客厅，剖切后向左投影所得到的横剖面图。

B. 看房屋内部的构造、结构形式和所用建筑材料等内容。如各层梁板、楼梯、屋面的结构形式、位置及其与墙（柱）的相互关系等。

C. 看房屋各部位竖向尺寸。

D. 看楼地面、屋面的构造。

在剖面图中表示楼地面、屋面的多层构造时，通常用通过各层引出线，按其构造顺序加文字说明来表示。有时将这一内容放在墙身剖面详图中表示。

阅读时要和平面图对照同时看，按照由外部到内部、由上到下，反复查阅，最后在头脑中形成房屋的整体形状，有些部位和详图结合起来一起阅读。

（6）建筑详图

建筑详图就是把房屋的细部或构配件的形状、大小、材料和做法等，按正投影的原理，用较大的比例绘制出来的图样（也称为大样图或节点图）。它是建筑平面图、立面图和剖面图的补充，详图比例常用 $1:1\sim1:50$。

某些建筑构造或构件的通用做法，可采用国家或地方制定的标准图集（册）或通用图集（册）中的图纸，一般在图中通过索引符号注明，不必另画详图。

建筑详图包括墙身剖面图和楼梯、阳台、雨篷、台阶、门窗、卫生间、厨房、内外装修等详图。

1）外墙详图

外墙详图主要用来表示外墙各部位的详细构造、材料做法及详细尺寸，如檐口、圈梁、过梁、墙厚、雨罩、阳台、防潮层、室内外地面、散水等。

在多层建筑中，中间各层墙体的构造相同，则只画底层、中间层和顶层的三个部位组合图，有时也可单独绘制各个节点的详图。

A. 墙的轴线编号、墙的厚度及其与轴线的关系。有时一个外墙身详图可适用于几个轴线。按"国标"规定：如一个详图适用于几个轴线时，应同时注明各有关轴线的编号。通用详图的定位轴线应只画圆，不注写轴线编号，轴线端部圆圈直径在详图中宜为 10mm。

B. 各层楼板等构件的位置及其与墙身的关系。

C. 门窗洞口、底层窗下墙、窗间墙、檐口、女儿墙等的高度，室内外地坪、防潮层、门窗洞的上下口、檐口、墙顶及各层楼面、屋面的标高。

D. 屋面、楼面、地面等为多层次构造。多层次构造用分层说明的方法标注其构造做法。多层次构造的共用引出线，应通过被引出的各层。文字说明宜用 5 号或 7 号字注写在横线的上方或横线的端部，说明的顺序由上至下，并应与被说明的层次相互一致。如层次为横向排列，则由上至下的说明顺序应与由左至右的层次相互一致。

E. 立面装修和墙身防水、防潮要求，及墙体各部位的线脚、窗台、窗楣、檐口、勒脚、散水等的尺寸、材料和做法，或用引出线说明，或用索引符号引出另画详图表示。

外墙详图的识读首先根据外墙详图剖切平面的编号，在平面图、剖面图或立面图上查找出相应的剖切平面的位置，以了解外墙在建筑物的具体部位。其次看图时应按照从下到上的顺序，一个节点、一个节点的阅读，了解各部位的详细构造、尺寸、做法，并与材料做法表相对照，检查是否一致。先看位于外墙最底部部分，依次进行。

图 2-119 为别墅屋檐构造详图，从图中可知各细部构造尺寸及屋面做法。

2）楼梯间详图

楼梯详图一般分建筑详图和结构详图，分开绘制并分别编入建筑施工图和结构施工图中。楼梯建筑详图包括楼梯平面图、楼梯剖面图以及栏杆（或栏板）、扶手、踏步等详图。

A. 楼梯平面图。楼梯平面图是距楼地面 1.0m 以上的位置，用一个假想的剖切平面，沿着水平方向剖开（尽量剖到楼梯间的门窗），然后向下作投影得到的投影图。

楼梯平面图一般应分层绘制。如果中间几层的楼梯构造、结构、尺寸均相同的话，可以只画底层、中间层和顶层的楼梯平面图。

楼梯平面图中，各层被剖切到的梯段，按国标规定，均在平面图中以一根 45°的折断线表示。在每一梯段处画有一长箭头，并注写"上"或"下"字和踏步级数，表明从该层楼（地）面向上或向下走多少步可到达上（或下）一层的楼（地）面。在底层平面图中还

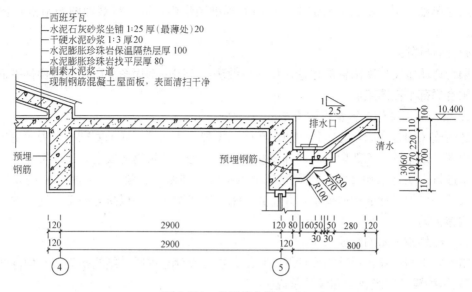

図中标注文字：

西班牙瓦
水泥石灰砂浆坐铺 1:25 厚（最薄处）20
干硬水泥砂浆 1:3 厚20
水泥膨胀珍珠岩保温隔热层厚 100
水泥膨胀珍珠岩找平层厚 80
刷素水泥浆一道
现制钢筋混凝土屋面板，表面清扫干净

1
2.5

10.400

排水口

清水

预埋钢筋

预埋钢筋

R30
R70
R100

120   2900   120 80 16050 50   280 120
                                        30 30
120   2900   120   800

④   ⑤

图 2-119   ⑫屋檐大样 1∶20

应注明楼梯剖面图的剖切位置和投影方向。

楼梯平面图主要表示楼梯平面的布置详细情况，如楼梯间的尺寸大小、墙厚、楼梯段的长度和宽度、楼梯上行或下行的方向、踏步数和踏步宽度、楼梯平台和梯段位置等。

B. 楼梯剖面图

楼梯剖面图主要表示楼梯段的长度、踏步级数、楼梯结构形式及所用材料、房屋地面、楼面、休息平台、栏杆和墙体的构造做法，以及楼梯各部分的标高和详图索引符号。

阅读楼梯剖面图时，应与楼梯平面图对照起来，要注意剖切平面的位置和投影方向。另外在多层建筑中，如果中间各层的楼梯构造相同时，则剖面图可以只画出底层、中间层和顶层的剖面，中间用折断线断开。

C. 楼梯踏步、扶手、栏板（栏杆）详图

踏步详图表明踏步截面形状及大小、材料与面层及防滑条做法。

栏杆（栏板）和扶手详图表明其形式、大小、材料和连接方式等。

3）门窗详图

各省市和地区一般都制定统一的各种不同规格的门窗详图标准图册，以供设计者选用。因此在施工图中只要注明该详图所在标准图册中的编号，可不必另画详图。如果没有标准图册，就一定要画出详图。门窗详图一般用立面图、节点详图、截面图以及五金表和文字说明等来表示。

A. 立面图。立面图主要表明门、窗的形式，开启方向及主要尺寸，还标注出索引符号，以便查阅节点详图。在立面图上一般标注三道尺寸，最外一道为门、窗洞口尺寸，中间一道为门窗框的外沿尺寸，最里面一道为门、窗扇尺寸。

B. 节点详图。节点详图为门、窗的局部剖面图。表示门、窗扇和门、窗框的断面形状、尺寸、材料以及互相的构造关系，也表明门、窗与四周（如过梁、窗台、墙体等）的构造关系。

C. 截面图。截面图用比较大的比例（如 1∶5、1∶2 等）将不同门窗用料和截口形状、尺寸单独绘制，便于下料加工。在门窗标准图集中，通常将截面图与节点详图画在一起。

4）阳台详图

阳台详图主要反映阳台的构造、尺寸和做法，详图由剖面图、阳台栏杆构件平面布置图和阳台局部平面图组成。

3. 结构施工图的内容及识图方法

建筑施工图是在满足建筑物的使用功能、美观、防火等要求的基础上，表明房屋的外形、内部平面布置、细部构造和内部装修等内容。为了建筑物的安全，还应按建筑各方面的要求进行力学与结构计算，决定建筑承重构件（如基础、梁、板、柱等）的布置、形状、尺寸和详细设计的构造要求，并将其结果绘制成图样，用以指导施工，这样的图样称为结构施工图。

（1）结构施工图的组成

结构施工图一般包括结构设计图纸目录、结构设计总说明、结构平面图和构件详图。

1）结构设计图纸目录和设计总说明

结构图纸目录可以使我们了解图纸的总张数和每张图纸的内容，核对图纸的完整性，查找所需要的图纸。结构设计总说明的主要内容包括以下方面：

A. 设计的主要依据（如设计规范、勘察报告等）。

B. 结构安全等级和设计使用年限、混凝土结构所处的环境类别。

C. 建筑抗震设防类别、建设场地抗震设防烈度、场地类别、设计基本地震加速度值、所属的设计地震分组以及混凝土结构的抗震等级。

D. 基本风压值和地面粗糙度类别。

E. 人防工程抗力等级。

F. 活荷载取值，尤其是荷载规范中没有明确规定或与规范取值不同的活荷载标准值及其作用范围。

G. 设计±0.000标高所对应的绝对标高值。

H. 所选用结构材料的品种、规格、型号、性能、强度等级，对水箱、地下室、屋面等有抗渗要求的混凝土的抗渗等级。

I. 结构构造做法（如混凝土保护层厚度、受力钢筋锚固搭接长度等）。

J. 地基基础的设计类型与设计等级，对地基基础施工、验收要求以及对不良地基的处理措施与技术要求。

2）结构平面布置图

结构布置图是房屋承重结构的整体布置图，主要表示结构构件的位置、数量、型号及相互关系，与建筑平面图一样，属于全局性的图纸，通常包含基础布置平面图、楼层结构平面图、屋顶结构平面图、柱网平面图。

3）结构构件详图

构件详图是表示单个构件形状、尺寸、材料、构造及工艺的图样，属于局部性的图纸。其主要内容有：基础详图，梁、板、柱等构件详图；楼梯结构详图；其他构件详图。

（2）结构施工图的有关规定

房屋结构中的构件繁多，布置复杂，绘制的图纸除应遵守《房屋建筑制图统一标准》

GB/T 50001—2001 中的基本规定外，还必须遵守《建筑结构制图标准》GB/T 50105—
2001。现将有关规定介绍如下：

1）构件代号

在结构施工图中，为了方便阅读，简化标注，规范规定：构件的名称应用代号来表示，代号后应用阿拉伯数字标注该构件的型号或编号，也可为构件的顺序号。构件的顺序号采用不带角标的阿拉伯数字连续编排。当采用标准、通用图集中的构件时，应用该图集中的规定代号或型号注写。表示方法用构件名称的汉语拼音字母中的第一个字母表示。常用的结构构件代号见表 2-10。

常用结构构件代号　　　　　　　　　　　　　　　表 2-10

序 号	名　　称	代号	序 号	名　　称	代号	序 号	名　　称	代号
1	板	B	15	吊车梁	DL	29	基础	J
2	屋面板	WB	16	圈梁	QL	30	设备基础	SJ
3	空心板	KB	17	过梁	GL	31	桩	ZH
4	槽形板	CB	18	连系梁	LL	32	柱间支撑	ZC
5	折板	ZB	19	基础梁	JL	33	水平支撑	SC
6	密肋板	MB	20	楼梯梁	TL	34	垂直支撑	CC
7	楼梯板	TB	21	檩条	LT	35	梯	T
8	盖板或沟盖板	GB	22	屋架	WJ	36	雨篷	YP
9	挡雨板或檐口板	YB	23	托架	TJ	37	阳台	YT
10	吊车安全走道板	DB	24	天窗架	CJ	38	梁垫	LD
11	墙板	QB	25	框架	KJ	39	预埋件	M
12	天沟板	TGB	26	刚架	GJ	40	天窗端壁	TD
13	梁	L	27	支架	ZJ	41	钢筋网	W
14	屋面梁	WL	28	柱	Z	42	钢筋骨架	G

注：预应力钢筋混凝土构件代号，应在构件代号前加注"Y-"，例如 Y-KB 表示预应力混凝土空心板。

2）常用钢筋符号

钢筋按其强度和品种分成不同等级。普通钢筋一般采用热轧钢筋，符号见表 2-11。

常用钢筋符号　　　　　　　　　　　　　　　表 2-11

种　　类		强度等级	符　　号	强度标准值 f_{yk}/(N/mm²)
热轧钢筋	HPB235（Q235）	I	Φ	235
	HRB335（20MnSi）	II	Φ	335
	HRB400（20MnSiV、20MnSiNb、20MnTi）	III	Φ	400
	RRB400（K20MnSi）	III	Φ R	400

3）钢筋的名称、作用和标注方法

配置在钢筋混凝土结构构件中的钢筋，一般按其作用分为以下几类。

A. 受力钢筋：它是承受构件内拉、压应力的受力钢筋，其配置根据通过受力计算确定，且应满足构造要求。梁、柱的受力筋亦称纵向受力筋，应标注数量、品种和直径，如 4Φ18，表示配置 4 根 II 级钢筋，直径为 18mm。板的受力筋，应标注品种、直径和间距，如 φ10@

150，表示配置Ⅰ级钢筋，直径10mm，间距150mm（@是相等中心距符号）。

B. 架立筋：架立筋一般设置在梁的受压区，与纵向受力钢筋平行，用于固定梁内钢筋的位置，并与受力筋形成钢筋骨架。架立筋是按构造配置的，其标注方法同梁内受力筋。

C. 箍筋：箍筋的作用是承受梁、柱中的剪力、扭矩和固定纵向受力钢筋的位置等。标注时应说明箍筋的级别、直径、间距。如 φ8@100。构件配筋图中箍筋的长度尺寸，应指箍筋的里皮尺寸。弯起钢筋的高度尺寸应指钢筋的外皮尺寸。

D. 分布筋：它用于单向板、剪力墙中。单向板中的分布筋与受力筋垂直，其作用是将承受的荷载均匀地传递给受力筋，并固定受力筋的位置以及抵抗热胀冷缩所引起的温度变形，标注方法同板中受力筋；剪力墙中布置的水平和竖向分布筋，除上述作用外，还可参与承受外荷载，其标注方法同板中受力筋。

E. 构造筋：因构造要求及施工安装需要而配置的钢筋，如腰筋、吊筋、拉结筋等。

各种钢筋的形式及在梁、板、柱中的位置及其形状，如图 2-120 所示。

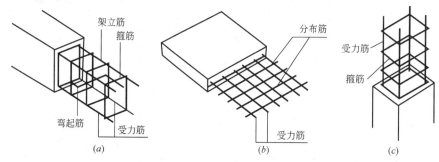

图 2-120　钢筋混凝土梁、板、柱配筋示意图
(a) 梁；(b) 板；(c) 柱

4）钢筋的弯钩

为了增强钢筋与混凝土的粘结力，表面光圆的钢筋两端需要做弯钩。弯钩的形式如图 2-121 所示。

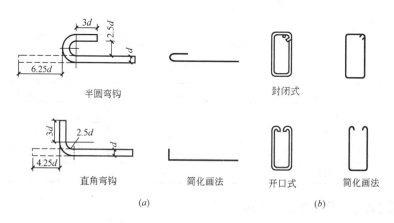

图 2-121　钢筋的弯钩形式
(a) 受力筋的弯钩；(b) 箍筋的弯钩

5）钢筋的常用表示方法

参见表 2-12 和表 2-13。

126

一般钢筋的表示方法

表 2-12

序 号	名　称	图　例	说　明
1	钢筋横断面	·	
2	无弯钩的钢筋端部		下图表示长、短钢筋投影重叠时,短钢筋的端部用 45° 斜划线表示
3	带半圆形弯钩的钢筋端部		
4	带直钩的钢筋端部		
5	带丝扣的钢筋端部		
6	无弯钩的钢筋搭接		
7	带半圆形钩的钢筋搭接		
8	带直钩的钢筋搭接		
9	花篮螺栓钢筋接头		
10	机械连接的钢筋接头		用文字说明机械连接的方式(或冷挤压,或锥螺纹等)

钢筋在结构构件中的画法

表 2-13

序 号	说　明	图　例
1	在结构平面图中配置双层钢筋时,底层钢筋的弯钩应向上或向左,顶层钢筋的弯钩则向下或向右	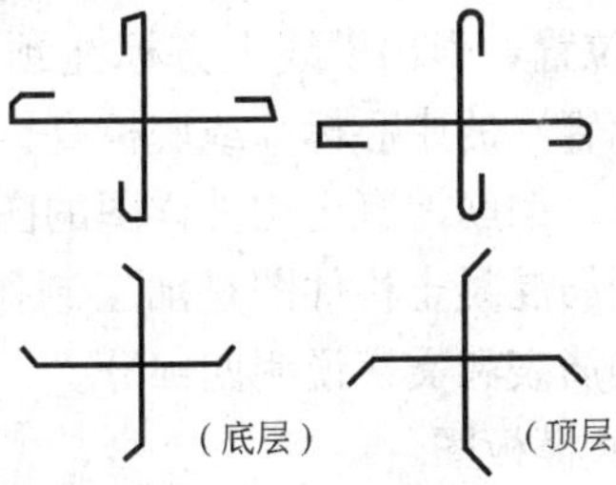 （底层）　（顶层）
2	钢筋混凝土墙体配双层钢筋时,在配筋立面图中,远面钢筋的弯钩应向上或向左,而近面钢筋的弯钩向下或向右(JM 近面;YM 远面)	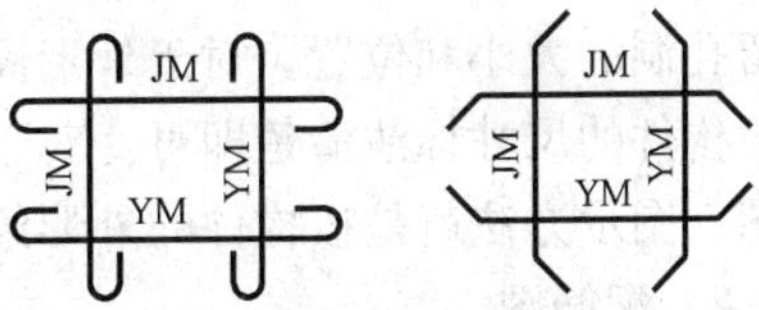 JM　YM
3	若在断面图中不能表达清楚的钢筋布置,应在断面图外增加钢筋大样图(钢筋混凝土墙、楼梯等)	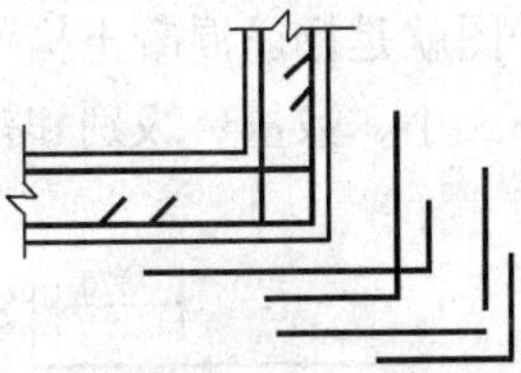
4	图中表示的箍筋、环筋等若布置复杂时,可加画钢筋大样图(如钢筋混凝土墙、楼梯等)	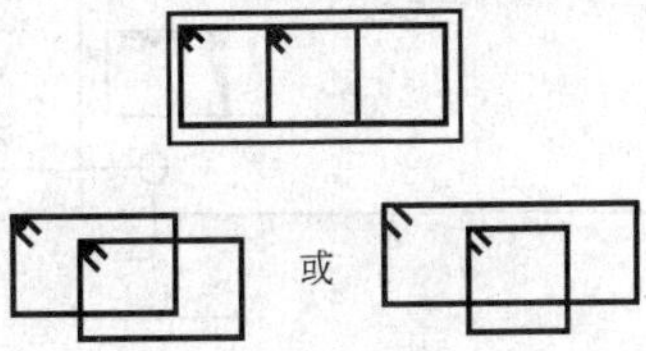 或
5	每组相同的钢筋、箍筋或环筋,可用一根粗实线表示,同时用一两端带斜短划线的横穿细线,表示其余钢筋及起止范围	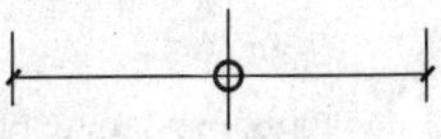

6）钢筋的保护层

为了防止构件中的钢筋被锈蚀，加强钢筋与混凝土的粘结力，构件中的钢筋不允许外露，构件表面到钢筋外缘必须有一定厚度的混凝土，这层混凝土被称为钢筋的保护层。保护层的厚度因构件不同而异，根据钢筋混凝土结构设计规范规定，一般情况下，梁和柱的保护层厚度为 25～30mm，板的保护层厚度为 10～15mm。

7）预埋件、预留孔洞的表示方法

在混凝土构件上设置预埋件时，可在平面图或立面图上表示。引出线指向预埋件，并标注预埋件的代号（图 2-122）。

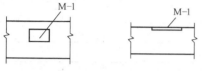

图 2-122　预埋件的表示方法

在混凝土构件的正、反面同一位置均设置相同的预埋件时，引出线为一条实线和一条虚线并指向预埋件，同时在引出横线上标注预埋件的数量及代号。

在混凝土构件的正、反面同一位置设置编号不同的预埋件时，引出线为一条实线和一条虚线并指向预埋件。引出横线上标注正面预埋件代号，引出横线下标注反面预埋件代号。

在构件上设置预留孔、洞或预埋套管时，可在平面或断面图中表示。引出线指向预留（埋）位置，引出横线上方标注预留孔、洞的尺寸，预埋套管的外径。横线下方标注孔、洞（套管）的中心标高或底标高。

（3）钢筋混凝土构件详图的图示方法

钢筋混凝土构件图是加工制作钢筋、浇筑混凝土的依据，其内容包括模板图、配筋图、钢筋表和文字说明四部分。

1）模板图

模板图是为浇筑构件的混凝土而绘制的，主要表达构件的外形尺寸、预埋件的位置、预留孔洞的大小和位置。对于外形简单的构件，一般不必单独绘制模板图，只需在配筋图中把构件的尺寸标注清楚即可。对于外形较复杂或预埋件较多的构件，一般要单独画出模板图。图示方法就是按构件的外形绘制的视图。如图 2-123 所示。

2）配筋图

配筋图就是钢筋混凝土构件（结构）中的钢筋配置图，主要表示构件内部所配置钢筋的形状、大小、数量、级别和排放位置。

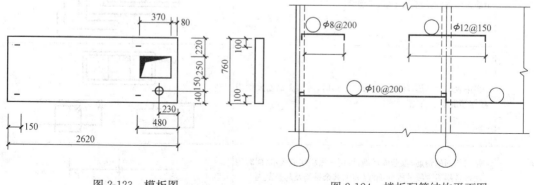

图 2-123　模板图　　　　　　　图 2-124　楼板配筋结构平面图

A. 板

钢筋在平面图中的配置应按图 2-124 所示的方法表示，板下看不见的墙线画成虚线。当钢筋标注的位置不够时，可采用引出线标注。

当构件布置较简单时，结构平面布置图可与板配筋平面图合并绘制。

B. 梁

如图 2-125 所示，是用传统表达方法画出的一根两跨钢筋混凝土连续梁的配筋图（为简化起见，图中只画出立面图和断面图，省略了钢筋详图）。从该图可以了解该梁的支承情况、跨度、断面尺寸，以及钢筋的配置情况。

传统的钢筋混凝土结构施工图表示法，即单件正投影表示法表达钢筋混凝土结构，含有大量的重复内容，为提高设计效率，使施工看图方便，便于施工质量检查，现在结构施工图中较多采用平面整体表示法。

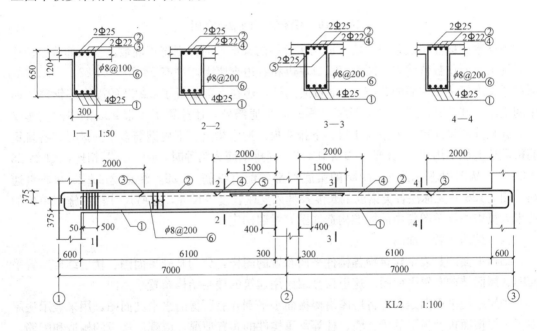

图 2-125　两跨连续梁配筋详图

平面整体表示法是在梁平面布置图上，分别在不同编号的梁中各选择一根，在其上注写截面尺寸和配筋的具体数值。按照《混凝土结构施工图平面整体表示方法制图规则和构造详图》（03G101-1）进行绘制和识读。下面以该梁为例，简单介绍"平法"中平面注写方式的表达方法。

如图 2-126 所示，梁的平面注写包括集中标注和原位标注两部分。集中标注表达梁的通用数值，如图中引出线上所注写的三排数字。从第一排数字可知该梁为框架梁（KL），编号为 2，共有 2 跨，梁的断面尺寸是 300mm×650mm；第二排尺寸表示箍筋、上部贯通筋和架力筋的情况，箍筋为直径 $\phi 8$ 的 I 级钢筋，加密区（靠近支座处）间距为100mm，非加密区间距为 200mm，均为双肢箍筋，梁的上部配有两根贯通筋，直径为$\Phi 25$ 的 II 级钢筋，如有架力筋，需注写在括号内，如 $2\Phi25 + (2\Phi20)$；第三排数字为选注内容，表示梁顶面标高相对于楼层结构标高的高差值，需写在括号内。

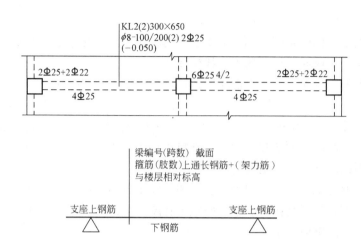

图 2-126 两跨连续梁平法示例图

当梁集中标注中的某项数值不适用于该梁的某部位时，则将正确数值在该部位原位标注，施工时原位数值优先。图 2-126 中左边和右边支座上，注有 2Φ25＋2Φ22，表示该处除放置集中标注中注明的 2Φ25 上部贯通筋外，还在上部放置了 2Φ22 的端支座钢筋。而中间支座上部 6Φ25 4/2，表示除了 2 根Φ25 贯通筋外，还放置了 4 根Φ25 的中间支座钢筋，并且分两排配置，上排为 4 根，下排 2 根。通常梁上、下皮钢筋多于一排时，各排钢筋根数从上往下用"/"分开，如图中 4/2，同排钢筋为两种时，用"＋"相连，如 2Φ25＋2Φ22。从图中还可看出，两跨的梁底部都各配有纵筋 4Φ25，注意这 4Φ25 并非贯通筋。图 2-126 并无标注各类钢筋的长度及伸入支座长度等尺寸，这些尺寸都由施工单位的技术人员查阅相关图集中的标准构造详图，对照确定。

（4）结构布置平面图

结构平面图是表示建筑物各构件平面布置的图样，分为基础平面图、楼层结构布置平面图、屋面结构布置平面图。这里仅介绍民用建筑的楼层结构布置平面图。

楼层结构平面图是假想将房屋沿楼板面水平剖开后所得的水平剖面图，用来表示房屋中每一层楼面板及板下的梁、墙、柱等承重构件的布置情况，或现浇楼板的构造和配筋。

楼层结构布置平面图的阅读方法。

1）看图名、轴线、比例。

2）看预制楼板的平面布置及其标注。

3）看现浇楼板的布置。现浇楼板在结构平面图中的表示方法有两种：一种是直接在现浇板的位置处绘出配筋图，并进行钢筋标注；另一种是在现浇板范围内画一对角线，并注写板的编号，该板配筋另有详图。

4）看楼板与墙体（或梁）的构造关系。在结构平面图中，配置在板下的圈梁、过梁、梁等钢筋混凝土构件轮廓线可用中虚线表示，也可用单线（粗虚线）表示，并应在构件旁侧标注其编号和代号。

（5）基础图

基础图表示房屋地面以下基础部分的平面布置和详细构造的图样。它是进行施工放线、基槽开挖和砌筑的主要依据，也是施工组织和预算的主要依据。基础图通常包括基础平面图和基础详图。

1）基础平面图

基础平面图中，只反映基础墙、柱以及它们基础底面的轮廓线，基础的细部轮廓线可省略不画。这些细部的形状，将具体反映在基础详图中。基础墙和柱是被剖到的轮廓线，应画成粗实线，未被剖到的基础底部用细实线表示。基础内留有孔、洞的位置用虚线表示。由于基础平面图常采用1∶100的比例绘制，故材料图例的表示方法与建筑平面图相同，即剖到的基础墙可不画砖墙图例（也可在透明描图纸的背面涂成红色）、钢筋混凝土柱涂成黑色。

当房屋底层平面中开有较大门洞时，为了防止在地基反力作用下导致门洞处室内地面的开裂，通常在门洞处的条形基础中设置基础梁，并用粗点画线表示基础梁的中心位置。

图2-127为某学生宿舍的基础平面布置图。在基础平面布置图中主要有下列内容：

A. 反映基础的定位轴线及编号，且与建筑平面图要相一致。

B. 定位轴线的尺寸，基础的形状尺寸和定位尺寸。

C. 基础墙、柱、垫层的边线以及与轴线间的关系。

D. 基础墙身预留洞的位置及尺寸。

E. 基础截面图的剖切位置线及其编号。

2）基础详图

基础断面图表示基础的截面形状、细部尺寸、材料、构造及基底标高等内容。一般情况下，对于构造尺寸不同的基础应分别画出其详图，但是当基本构造形式相同，只是部分尺寸不同时，可以用一个详图来表示，但应注出不同的尺寸或列出表格说明。对于条形基础只需画出基础断面图，而独立基础除了画出基础断面图外，有时还要画出基础的平面图或立面图。

基础详图的内容：

A. 表明基础的详细尺寸，如基础墙的厚度、基础底面宽度和它们与轴线的位置关系。

B. 表明室内外、基底、管沟底的标高，基础的埋置深度。

C. 表明防潮层的位置和勒脚、管沟的做法。

D. 表明基础墙、基础、垫层的材料标号，配筋的规格及其布置。

E. 用文字说明图样不能表达的内容，如地基承载力、材料标号及施工要求等。

基础详图的识读：

A. 看图名、比例。基础详图的图名常用1—1、2—2……断面或用基础代号表示。基础详图比例常用1∶20。根据基础详图的图名编号或剖切位置编号，以此去查阅基础平面图，两图应对照阅读，明确基础所在的位置。

B. 看基础详图中的室内外标高和基底标高，可算出基础的高度和埋置深度。

C. 看基础的详细尺寸。

D. 看基础墙、基础、垫层的材料标号、配筋的规格及其布置。

图2-128为墙下条形基础详图，1—1、2—2断面采用一张图来表达，其中括号内的尺寸为2—2断面基础的尺寸。从图中可知，垫层用C10素混凝土，墙上有断面为240mm×300mm的钢筋混凝土圈梁，以加强房屋的整体性。

4. 给排水施工图的内容及识图方法

给排水工程是现代城市建设的重要基础设施，包括给水工程、排水工程和室内给排水

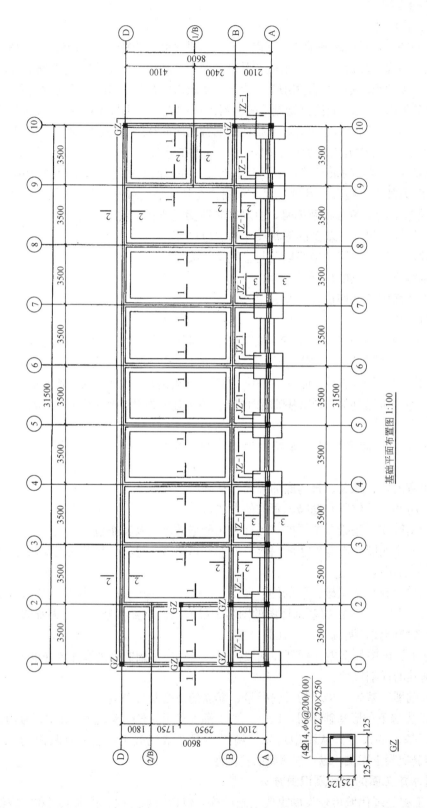

基础平面布置图 1:100

图 2-127　基础平面布置图

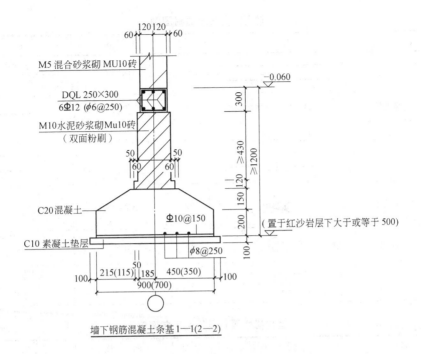

墙下钢筋混凝土条基 1—1(2—2)

图 2-128 条形基础详图

工程（又称为建筑给排水工程）三方面。

绘制给排水施工图应遵守《给水排水制图标准》GB/T 50106—2001，还应遵守《房屋建筑制图统一标准》GB/T 50001—2001 中的各项基本规定。现以建筑给排水工程为例，来介绍其施工图的内容和识读方法。

建筑给排水施工图是指房屋内部的卫生设备或生产用水装置的施工图，它主要反映了这些用水器具的安装位置及其管道布置情况，同时也是基本建设概预算中施工图预算和组织施工的主要依据图纸。一般由平面布置图、系统轴测图、施工详图、设计说明及主要设备材料表组成。

（1）给水排水平面图

1）内容

A. 各用水设备的类型及平面位置。

B. 各干管、立管、支管的平面位置，立管编号和管道的敷设方式。

C. 管道附件，如阀门、消火栓、清扫口的位置。

D. 给水引入管和污水排出管的平面位置、编号以及与室外给水排水管网的联系。

2）特点

A. 室内给排水平面图一般采用与建筑平面图相同的比例，常用 1：100，必要时也可采用 1：50 或 1：200。

B. 管道与卫生器具相同的楼层可以只用一张给排水平面图来表达，但底层必须单独绘制。当屋顶设水箱和管道时，应绘制屋顶给水排水平面图。

C. 给水排水工程图中，各种卫生器具、管件、附件等，均应按照国家标准中规定的图例绘制。其中常用的图例见表 2-14 和表 2-15。

序号	名称	图例	序号	名称	图例
1	管道	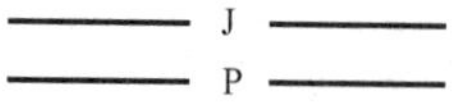 J / P	8	止回阀	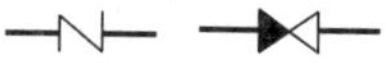
2	多孔管	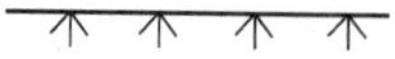	9	龙头	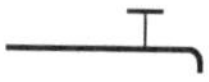
3	截止阀		10	室内消火栓（单口）	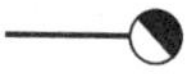
4	闸阀	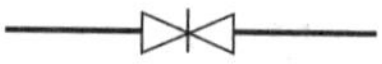	11	室内消火栓（双口）	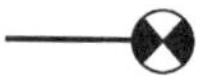
5	水表井	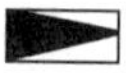	12	淋浴喷头	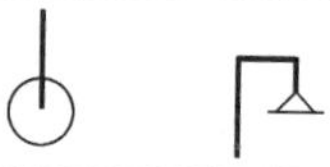
6	水表		13	自动记压表	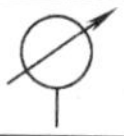
7	泵	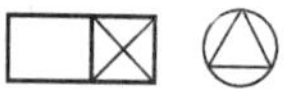	14		

序号	名称	图例	序号	名称	图例
1	S/P 存水弯	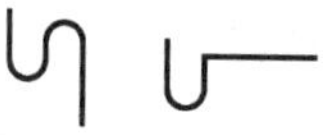	9	浴盆	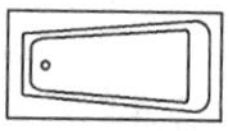
2	检查口	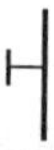	10	化验盆 洗涤盆	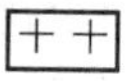
3	清扫口		11	污水池	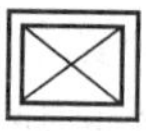
4	通气帽、铅丝球	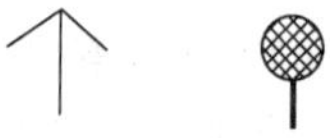	12	挂式小便斗	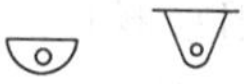
5	排水漏斗	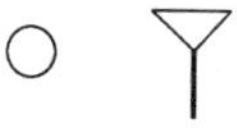	13	蹲式大便器	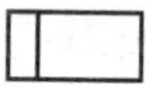
6	圆形地漏		14	坐式大便器	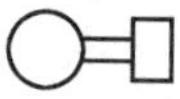
7	方形地漏		15	小便槽	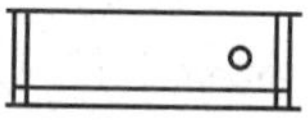
8	洗脸盆	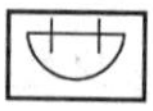	16	矩形化粪池	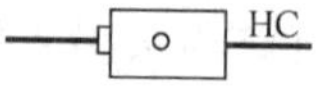 HC

    D. 当建筑物的给水引入管或排水排出管数量多于一根时，宜按系统编号。标注方法如图 2-129 所示。建筑物内穿过楼层的立管，其数量多于一根时，应用阿拉伯数字编号，表示形式为"管道类别和立管代号—编号"。标注方法如图 2-130 所示。

    （2）给排水轴测图

    室内给水系统图是表明室内管网、用水设备的空间关系及与房屋相对位置、尺寸等情况的图样。具有较好的立体感，能较好地反映给水系统的全貌，是对给水平面图的重要补充。

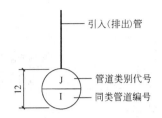

图 2-129　管道系统编号标注方法

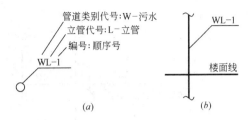

图 2-130　立管编号标注方法

(a) 平面图标注法；(b) 系统图或剖面图标注法

1) 内容

A. 给水引入管、污水排出管、干管、立管、支管的空间位置和走向。

B. 各种配件如阀门、水表、水龙头、地漏、清扫口等在管路上的位置和连接情况。

C. 各段管道的管径和标高等。

2) 特点

A. 轴测类型。系统图一般采用正面斜等轴测绘制。

B. 绘图比例一般与平面图一致。

C. 轴测图一般应按给水、排水、热水供应、消防等各系统单独绘制。

D. 在系统图中，各段管道均注有管径，图中未注管径的管段，可在施工说明中集中写明。凡有坡度的横管都应注出坡度，坡度符号的箭头是指向下坡方向。在系统图中所注标高均为相对标高。

E. 给水施工详图是详细表明给水施工图中某一部分管道、设备、器材的安装大样图。目前国家及各省市均有相关的安装手册或标准图，施工时应参见有关内容。

(3) 室内给排水施工图的识读

1) 熟悉图纸目录，了解设计说明，明确设计要求。

2) 将给水、排水的平面图和系统图对照识读。

给水系统可从引入管起沿水流方向，经干管、立管、横管、支管到用水设备，将平面图和系统图一一对应阅读。弄清管道的走向、分支位置，各管段的管径、标高，管道上的阀门、水表、升压设备及水龙头的位置和类型。

排水系统可从卫生器具开始，沿水流方向，经支管、横管、立管、干管到排出管依次识读。弄清管道的走向，管道汇合位置，各管道的管径、坡度、坡向、检查口、清扫口、地漏的位置，通风帽形式等。

3) 结合平面图、系统图及设计说明看详图。图 2-131、图 2-132 为别墅卫生间给排水施工图。

5. 建筑电气施工图的内容及识图方法

在现代房屋建筑内常需要安装各种电气设备，如家用电器、照明灯具、电视电话、网络接口、电源插座、控制装置、动力设备等，将这些

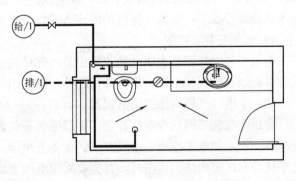

图 2-131　卫生间给排水平面图

135

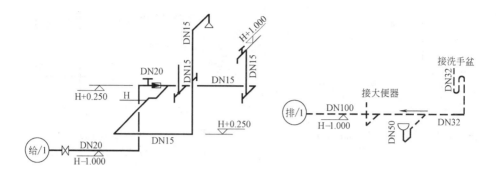

图 2-132　卫生间给排水系统轴测图

电气设施的布局位置、安装方式、连接关系和配电情况表示在图纸上，就是建筑电气施工图。

绘制建筑电气施工图中遵守《房屋建筑统一制图标准》GB/T 50001—2001 和《电气制图标准》中的有关规定。

（1）电气施工图的组成和内容

室内电气照明施工图是以建筑施工图为基础（建筑平面图用细线绘制），并结合电气接线原理而绘制的，主要表明建筑物室内相应配套电气照明设施的技术要求，一般由下列内容组成。

1）图纸目录及设计说明

图纸目录表明电气照明施工图的编制顺序及每张图的图名，便于查阅。

设计说明包括建筑概况、工程设计范围、工程类别、供电方式、电压等级、主要线路敷设方式、工程主要技术数据、施工和验收要求及有关事项。

2）电气系统图

电气系统图也称原理图或流程图，其内容包括：整个配电系统的联结方式，从主干线至各分支回路的路数，主要变、配电设备的名称、型号、规格及数量，主干线路及主要分支线路的敷设方式、型号、规格。

3）电气平面图

电气平面图包括变配电平面图、动力平面图、照明平面图、弱电平面图、室外工程平面图及防雷平面图等。在图纸上主要表明电源进户线的位置、规格、穿线管径；配电盘（箱）的位置；配电线路的敷设方式；配电线的规格、根数、穿线管径；各种电器的位置；各支线的编号要求；防雷、接地的安装方式以及在平面图上的位置等。

4）电气安装大样图

电气安装大样图是表明电气工程中某一部位的具体安装节点详图或安装要求的图样，通常参见现有的安装手册，除特殊情况外，图纸中一般不予画出。

（2）室内电气照明施工图的识读

建筑电气施工图的专业性较强，要看懂图不仅需要投影知识，还应具备一定的电气专业基础知识，如电工原理、接线方法、设备安装等，还要熟悉各种常用的电气图形符号、文字代号和规定画法。读图时，首先要阅读电气设计和施工说明，从中可以了解到有关的资料，如供电方式、照明标准、电力负荷、设备和导线的规格等情况。

电气设施的安装和线路的敷设与房屋的关系十分密切，所以还应该通过查阅建筑施工图，来搞清楚房屋内部的功能布局、结构形式、构造和装修等土建方面的基本情况。

（3）常用图形符号及标注方式

1）导线的表示法

电气图中导线用线条表示，方法如图2-133（a）所示。导线的单线表示法可使电气图更简洁，故最常用，如图2-133（b）、（c）所示，单线图中当导线为两根时通常可省略不注。

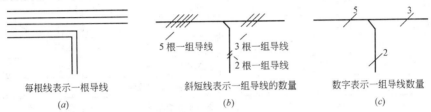

图 2-133　导线的表示方法

2）电气图形符号和文字符号

电气图中包含有大量的电气图形符号，各种元器件、装置、设备等都是用规定的图形符号表示的。电气图中还常用文字代号注明元器件、装置、设备的名称、性能、状态、位置和安装方式等。电气文字代号分基本代号、辅助代号、数字代号、附加代号四部分。基本代号用拉丁字母（单字母或双字母）表示名称，如"G"表示电源，"GB"表示蓄电池。辅助符号也是用拉丁字母表示，如"AUT"表示自动，"PE"表示保护接地。具体规定可参见《建筑电气工程设计常用图形和文字符号》（图集号为00DX001）。

3）线路、照明灯具的标注方法

常用导线、照明灯具的型号、敷设方式、敷设部位和代号见表2-16。

电气照明施工图中文字标志的含义　　　　　　　　　　　表 2-16

Ⅰ. 电力或照明配电设备	代　号	Ⅱ. 线路的标注	代　号
$a\dfrac{b}{c}$ 或 $a-b-c$ $a\dfrac{b-c}{d(e\times f)-g}$	a——设备编号； b——型号； c——设备容量(kW)； d——导线型号； e——导线根数； f——导线截面面积(mm²)； g——导线敷设方式	$a-b(c\times d)e-f$ 如 N3-BV(4×6)-SC25-WC，表示第 N3 回路的导线为铜芯聚氯乙烯绝缘线，四根，每根截面面积为 6mm²，穿直径为 25mm² 的电线管沿墙暗敷设	a——线路编号或线路用途的代号； b——导线型号； c——导线根数； d——导线截面面积； e——敷线方式符号及穿管管径； f——线路敷设部位代号
Ⅲ. 照明灯具的标注	代　号	Ⅳ. 照明灯具安装方式	代　号
$a-b\dfrac{c\times d}{e}f$ 1. 2-BKB140 $\dfrac{3\times40}{2.10}$ B，表示两盏花篮壁灯，型号为 BKB140，每盏三只灯泡，灯泡容量为 40W，安装高度为 2.10m，壁装式 2. 为简明图中标注，通常灯具型号可不注，而在施工说明中写出	a——灯具数； b——型号； c——每盏灯具的灯泡数； d——灯泡容量(W)； e——安装高度(m)； f——安装方式	线吊式 链吊式 管吊式 吸顶式 壁装式 嵌入式	X L G D B R

V. 线路敷设方式	代　号	VI. 线路敷设部位	代　号
明敷	E	沿梁下弦	B
暗敷	C	沿墙	W
用钢索敷设	M	沿地板	F
用瓷瓶敷设	K	沿柱	C
塑料线卡敷设	PL	沿顶棚	CE
穿焊接钢管敷设	SC	VII. 导线型号	代号
穿电线管敷设	T	铝芯塑料护套线	BLVV
穿硬塑料管敷设	PVC	铜芯塑料护套线	BVV
金属线槽敷设	MR	铝芯聚氯乙烯绝缘线	BLV
塑料线槽	PR	铜芯塑料绝缘线	BV
塑料管	P	铝芯橡皮绝缘电缆	XLV

三、力学与结构的基本知识

（一）力的基本性质与建筑力学的基本概念

1. 力的基本性质

（1）静力学的基本概念

1）力

力是物体与物体之间的相互机械作用，这种作用使物体的机械运动状态和形状发生变化。力在我们的生产和生活中随处可见，例如物体的重力、摩擦力、水的压力等，人们对力的认识从感性认识上升到理性认识形成力的抽象概念。从力的定义可知：力不可能脱离物体而单独存在，既有受力物体，也有施力物体。例如梁受到的重力，梁是受力物体，地球是施力物体。

力有使物体的运动状态发生改变的效应，也有使物体发生变形的效应，前者称为力的运动效应（也称外效应），后者称为力的变形效应（也称内效应）。例如静止在地面上的物体，当用力推它时，它就开始运动，这就是力的运动效应；梁受力过大时，就会发生弯曲，这就是力的变形效应。

实践证明，力对物体的效应取决于力的大小、方向和作用点这三个因素，我们称之为力的三要素。

力的大小表示物体间机械作用的强弱程度，为了量度力的大小，必须规定力的单位，在国际单位制中，用牛顿（国际代号为 N）或千牛顿（国际代号为 kN）作为力的单位，$1kN=10^3 N$。力的方向是表示物体间的机械作用具有方向性，它包含方位和指向两个意思，如铅垂向下，水平向右等。力的作用点就是力在物体上的作用位置，实际工程中，力在物体中的作用位置并不集中于一点，而是作用于一定范围，例如重力是分布在物体的整个体积上的，称体积分布力，水对池壁的压力是分布在池壁表面上的，称面分布力，同理若分布在一条直线上的力，称线分布力，但是当力的作用范围相对于物体来说很小时可近似地看作一个点，作用于这个点上的力称为集中力。如力的作用范围较大，不能忽略不计，应按分布力来考虑。

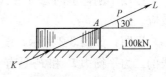

图 3-1　力的图示法

力是一个既有大小又有方向的量，所以力是矢量，可以用一个带箭头的线段来表示，称为力的图示法。如图 3-1 所示，线段的长度按一定的比例表示力的大小，线段与某定直线的夹角表示力的方位，箭头表示力的指向，带箭头线段的起点或终点表示力的作用点。

2）力系

作用在物体上的一组力或一群力称为力系。按力系中各个力作用线分布情况可分为平面力系和空间力系。如各力的作用线在同一平面内称为平面力系，各力的作用线不全在同一平面内称为空间力系。

3）平衡

平衡是指物体相对于地面保持静止或作匀速直线运动状态，是物体运动的一种特殊形式。如物体在力系的作用下保持平衡状态，这个力系称为平衡力系，力系平衡应满足的条件称为力系的平衡条件。我们本章主要讨论平面力系的平衡条件。

4）刚体

刚体是指在力的作用下大小和形状保持不变的物体。实际上，任何物体在力的作用下都会发生变形，所以，理论上的刚体是不存在的，它只是一种理想化的力学模型。如物体的变形很小或变形对所研究的问题没有实质性影响时，可将物体视为刚体。一般在研究平衡问题时，可把研究的物体看为刚体。但当进一步研究物体在力作用下的变形和强度问题时，变形将成为主要因素而不能忽略，也就不能再把物体当作刚体，而要视为变形体。

（2）静力学公理

静力学基本公理是指人们在生产和生活实践中长期积累和总结出来并通过实践反复验证的具有一般规律的定理和定律。它是静力学的理论基础，且不用加以数学推导。

1）二力平衡公理

作用在同一刚体上的两个力，使刚体平衡的充分和必要条件是：这两个力大小相等，方向相反且作用在同一直线上。

应当指出：二力平衡原理对刚体是必要且充分的，对变形体则是必要的，而不是充分的。

利用此原理可以确定力的作用线位置，例如刚体在两个力作用下平衡，若已知两个力的作用点，那么这两个作用点的连线即为力的作用线。

实际工程中把只受两个力作用而平衡的构件称为二力构件，若其为直杆，则称为二力杆。

2）加减平衡力系公理

在作用于刚体上的力系中，加上或去掉任意一个平衡力系，不改变原力系对刚体的作用效果。此公理表明平衡力系对刚体不产生运动效应，其适用条件只是刚体。加减平衡力系公理是力系简化的重要依据。

由上述两个公理尚可导出一个推论。

推论：力的可传性原理

作用于刚体上的力可沿其作用线移动到刚体内任意一点，而不改变它对刚体的作用效应。

证明：如图 3-2 所示，设 F 作用在 A 点，在其作用线另一点 B 点上加上一对沿作用线的二力平衡力 F_1 和 F_2 且有 $F_1 = -F_2 = F$，则 F、F_1 和 F_2 构成新的力系，由加减平衡力系原理减去 F 和 F_2 构成二力平衡力，从而将 F 移动作用线的另一点 B 上。

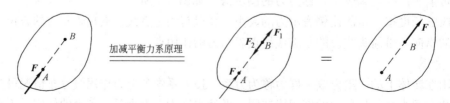

图 3-2　力的可传性

该推论表明，对于刚体来说，力的作用点在力的作用线上的位置不是决定其作用效应的要素，所以，力的三要素是力的大小、方向和作用线。

3）力的平行四边形法则

作用于物体上同一点的两个力可以合成为作用于该点的一个合力，其大小和方向由这两个力为邻边所构成的平行四边形的对角线来确定，如图 3-3 所示。R 为 F_1 和 F_2 的合力，即合力等于两个分力的矢量和，其表达式为

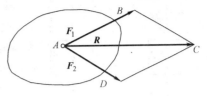

图 3-3　力的平行四边形法则

$$R = F_1 + F_2 \tag{3-1}$$

由上述公理又可导出一个推论。

推论：三力平衡汇交定理

刚体在三个力的作用下平衡，若其中两个力的作用线交于一点，则第三个力的作用线必通过该汇交点，且三力共面。

证明：如图 3-4 所示，设刚体在三个力 F_1、F_2 和 F_3 作用下处于平衡，若 F_1 和 F_2 汇交于 O 点，将此二力沿其作用线移动到汇交点 O 处，并将其合成 F_{12}，则 F_{12} 和 F_3 构成二力平衡力，所以 F_3 必通过汇交点 O，且三力必共面。

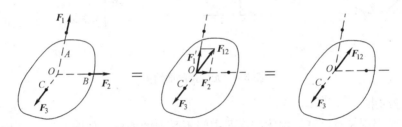

图 3-4　三力平衡汇交定理

应当指出，三力平衡汇交定理的条件是必要条件，不是充分条件。同时它也是确定力的作用线的方法之一，即若刚体在三个力作用下处于平衡，若已知其中两个力的作用线汇交于一点，则第三个力的作用点与该汇交点的连线即为第三个力的作用线，其指向再由二力平衡公理来确定。

4）作用与反作用公理

作用力和反作用力大小相等，方向相反，沿同一直线并分别作用在两个相互作用的物体上。

应当注意，作用力与反作用力与二力平衡力的区别，前者作用于两个不同的物体上，后者作用于同一个物体上。

(3) 约束和约束反力

工程上的对象所受到的力如重力、风压力、水压力等能主动引起物体运动或使物体有运动趋势，我们把这种力称为主动力。工程上的物体还受到与之相联系的其他对象的限制，如板受到梁的限制，梁受到柱的限制，柱受到基础的限制。一个对象的运动受到周围物体的限制，这些周围物体就称作该物体的约束，例如前面所提到的，梁是板的约束，柱是梁的约束，基础是柱的约束。约束对于物体的作用称为约束反力，简称反力，其与约束是相对应的，有什么样的约束，就有什么样的约束反力。

通常主动力的大小是已知的，而约束反力的大小是未知的，需借助力系的平衡条件求得。工程上常见的约束可简化成以下几种类型。

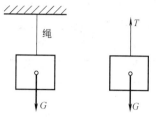

图 3-5　柔体约束

1）柔体约束

由拉紧的不计自重的绳索、链条、胶带等构成的约束称为柔体约束，其约束反力的方向沿柔体的中心线，并且背离被约束的物体，表现为拉力，如图 3-5 所示。

2）光滑接触面约束

当物体与约束的接触面之间的摩擦力小到可以忽略不计时，即可看作光滑接触面约束，其约束反力通过接触点，并沿着接触面的公法线指向被约束的物体，如图 3-6 所示。

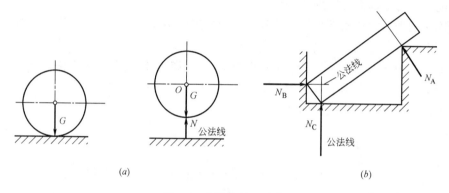

(a)　　　　　　　　　　　　　　(b)

图 3-6　光滑接触面约束

3）链杆约束

链杆是两端用光滑销钉与物体相连而中间不受力的直杆，如图 3-7（a）所示的支架，BC 杆就可以看成是 AB 杆的链杆约束。链杆的约束力沿着链杆中心线，但指向不定。如图 3-7（b）所示。

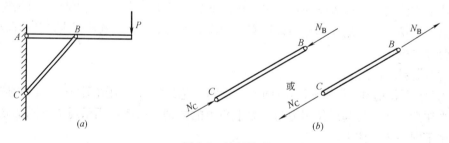

(a)　　　　　　　　　　　　　　(b)

图 3-7　链杆约束

4）固定铰支座与铰接

工程上常用一种叫做支座的部件，将一个对象支撑于基础或一静止对象上，如将对象用圆柱形光滑销钉与固定支座连结，该支座就成为固定铰支座，简称铰支座，如图 3-8（a）所示。固定铰支座的约束力在垂直于销钉轴线的平面内，通过销钉中心，方向不定。图 3-8（b）是固定铰支座的两种简化表示法，图 3-8（c）是固定铰支座约束反力的表示法。如两个构件用圆柱形光滑销钉连接，如图 3-9（a）所示，则称为铰接，而连接件在习惯上简称为铰，图 3-9（b）是铰接的表示法。其约束反力与铰支座相同。

5）活动铰支座（辊轴支座）

将构件用销钉与支座连接，而支座可以沿着支承面运动，就称为活动铰支座，或称辊轴支座，如图 3-10（a）所示，其约束反力通过销钉中心，垂直于支承面，指向和大小待定。这种支座的简图如 3-10（b）所示，约束反力如图 3-10（c）所示。

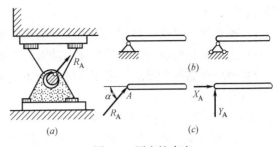

图 3-8　固定铰支座

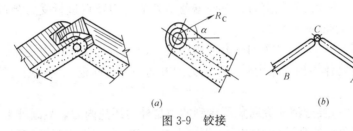

图 3-9　铰接

6）固定端支座

通常在物体被嵌固时发生，其约束反力通常表示为两个相互垂直的分力和一个力偶，其分力和力偶的指向和大小待求，如图 3-11 所示。

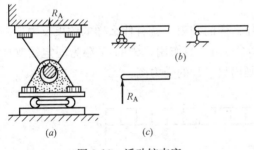

图 3-10　活动铰支座

（4）物体受力分析和受力图

研究力学问题，首先要对物体进行受力分析，即分析物体受到哪些作用力。

在工程实际中，各个物体都通过一定的联系方式连在一起，如板和梁相连、梁和柱相连，因此，在对物体进行受力分析时，首先要明确研究对象，并设法将它从周围的物体分离出来，这样被分离出来的研究对象称为脱离体。在脱离体上画出周围物体对它的全部作用力（包括主动力和约束力），这样的图形称为受力图。

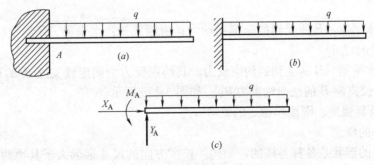

图 3-11　固定端支座

正确地对物体进行受力分析和画受力图是力学计算的前提和关键，画受力图的方法与步骤如下：

1）确定研究对象，并把它作为一个脱离体单独画出。

2）画出研究对象所受到的全部主动力，主动力一般是已知的，必须画出。

3）画出全部与去掉的约束相对应的约束反力。约束反力一般是未知的，要从解除约束处分析。

画受力图时应注意以下几点：

1）必须明确研究对象，将所研究的物体从周围的约束中分离出来，把它作为一个脱离体画出。研究对象可以取一个单一的物体，也可以取由几个物体组成的系统，研究对象不同，其受力图也不同。

2）画出全部的主动力和约束力，应根据连结处的受力特点进行受力分析，不能凭空捏造一个力，也不能漏掉一个力。

3）正确运用静力学原理，例如二力平衡原理、作用力与反作用力定律、三力平衡汇交定理等。当分析物体间相互作用时，作用力的方向一旦被假定，反作用力的方向必须与之相反。

4）画受力图时，要分清研究对象所受到的力是外力还是内力，只画外力，不画内力。外力是研究对象以外的物体施加给它的，而内力是研究对象内部之间的相互作用力。内力和外力是相对而言的，例如，对由 A 物体和 B 物体组成的系统来说，A 物体对 B 物体的作用力是内力，因此不用画出，而对 B 物体来说，A 物体对 B 物体的作用力则属于外力，必须画出。

5）约束反力必须与约束类型相对应，有什么样的约束，就有什么样的约束反力。

【例 3-1】 水平梁 AB 受均匀分布的荷载 $q(\mathrm{N/m})$ 的作用，梁的 A 端为固定铰支座，B 端为活动铰支座，如图 3-12 (a) 所示，试画出梁 AB 的受力图。

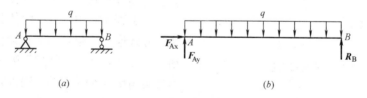

(a)   (b)

图 3-12　水平梁的受力图

解：1）取水平梁 AB 为研究对象，并把它从周围的物体中分离出来，作为一个脱离体单独画出。

2）画出水平梁 AB 所受到的全部主动力；由题意知：水平梁 AB 所受的主动力为均匀分布的荷载 q。

3）画出水平梁 AB 所受到的约束反力。其约束反力为固定铰支座 A 的正交分力 $\boldsymbol{F}_{Ax}$ 和 $\boldsymbol{F}_{Ay}$，活动铰支座 B 的法向约束力 $\boldsymbol{R}_B$。如图 3-12b 所示。

2. 杆件及其强度、刚度和稳定的概念

（1）杆件的概念

实际构件的形状是各种各样的，如构件长度方向的尺寸远远大于其他两个横向尺寸，则称之为杆件。如房屋中的梁、柱，都可视为杆件。通常把垂直于杆件长度方向的截面称为横截面，各横截面形心的连线称为杆的轴线。轴线为直线的杆称为直杆，各横截面尺寸不变的杆件称为等截面杆。工程中常见的杆件是等截面杆。

（2）杆件的强度

杆件在外力的作用下，几何形状和尺寸都会产生一定程度的改变，这种几何形状和尺寸的改变称为变形。变形时，杆件内部各质点之间的相对位置发生变化，从而使各部分之间产生相互作用力，这种内部的相互作用力称为内力。由此可见，内力是由外力作用而产生的，且随外力增大而增大。而杆件所能承受的内力是有一定限度的，当内力超过这一限度，杆件就会破坏，如梁承受过大的力而发生的破坏。所以，为了保证杆件能够安全正常的工作，在使用过程中，要求杆件具有足够的抵抗破坏的能力，即具有足够的强度。

（3）杆件的刚度

杆件除了应满足强度要求，还需满足刚度要求。杆件的刚度是指杆件抵抗变形的能力。如杆件变形过大，虽然其强度满足要求，不至于发生破坏，但会影响其正常使用的要求。如楼面梁变形过大，会使下面的抹灰层开裂或脱落，因此梁的变形必须控制在规定的范围之内，以保证梁的正常工作。

（4）杆件的稳定性

由工程经验和试验研究结果表明，对于细长的压杆，在还没有达到材料强度破坏时，会突然发生"屈曲"而失去平衡的稳定性，从而发生破坏，对于这种现象，我们称之为"失稳"。因此，对于压杆而言，除了应满足强度要求以外，还要求其在工作时具有保持平衡状态稳定性的能力，即具有足够的稳定性。

3. 应力、应变的基本概念

如前所述，杆件在外力的作用下，会产生变形和内力。由于杆件材料是连续的，所以内力连续分布在整个截面上。杆件内部截面上分布内力在某一点的集度称为该截面这一点的应力。应力的大小反映了截面上某点分布内力的强弱程度。如应力垂直于截面，称为正应力，用 σ 表示；如应力相切于截面，称为切应力用 τ 表示。

应力的单位符号为 Pa。

$$1Pa = 1N/m^2 \tag{3-2}$$

工程实际中应力数值较大，常用 MPa 或 GPa 作单位。

$$1MPa = 10^6 Pa \tag{3-3}$$

$$1GPa = 10^9 Pa \tag{3-4}$$

4. 杆件变形的基本形式

（1）轴向拉伸和压缩变形

1）轴向拉伸和压缩变形的概念

轴向拉伸和压缩变形是杆件的一种基本变形。如杆件受到的外力的合力作用线与杆件轴线重合，杆件将产生轴向伸长（缩短）变形，这种变形称为轴向拉伸（压缩）变形。产生轴向拉伸或压缩变形的杆件称为拉杆或压杆。如屋架的上弦杆是压杆，下弦杆是拉杆。其受力特点是：作用于杆件两端的外力大小相等，方向相反，作用线与杆件重合，即称轴向力。其变形特点是：杆件变形是沿轴线方向的伸长或缩短。

2）拉、压杆的轴力与轴力图

拉杆或压杆在外力作用下会产生作用线与杆轴相重合的内力，称为轴力。用符号 N 表示。

拉杆或压杆任意横截面上的轴力，其大小等于该截面任意一侧所有外力沿杆轴方向投影的代数和。如外力背离所求截面，轴力为正；反之为负。如图 3-13（a）所示，杆件各横截面上的轴力 $N=P$，图 3-13（b）所示杆件，各横截面上的轴力 $N=-P$。

用平行于轴线的坐标表示横截面的位置，垂直于杆轴线的坐标表示各横截面轴力的大小，绘出的图形称为轴力图。轴力图可直观地反映轴力与横截面位置之间的关系。

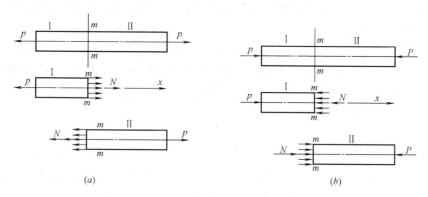

图 3-13　拉、压杆的轴力与轴力图

（a）拉杆的轴力；（b）压杆的轴力

3）拉、压杆的应力及强度条件

拉压杆的横截面上有轴力存在，它在杆件横截面上各点处产生正应力，且大小相等。正应力也随轴力有正负之分。

为了保证构件能安全地工作，杆内最大的应力不得超过材料的容许应力，这就是拉、压杆的强度条件。即：

$$\sigma_{max}=N_{max}/A\leqslant[\sigma] \tag{3-5}$$

式中 $[\sigma]$ 表示材料的容许应力。

在拉压杆中，产生最大正应力的截面称为危险截面。对于等截面拉压杆来说，其轴力最大的截面就是危险截面。

4）拉压杆的变形及虎克定律

杆件受轴向力作用时，沿轴向伸长（缩短），称为纵向变形；同时，杆的横向尺寸将减小（增大），称为横向变形。如图 3-14 所示。设等直杆的原长为 L，横截面面积为 A。

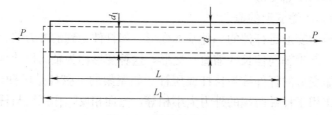

图 3-14　轴向拉伸变形

146

在轴向力作用下，长度由 L 变为 L_1。杆件在轴线方向的伸长，即纵向变形量为：

$$\Delta L = L_1 - L \tag{3-6}$$

若在图 3-14 中，设杆件的横截面为正方形，变形前横截面尺寸为 b，变形后相应尺寸为 b_1，则横向变形量为：

$$\Delta d = b_1 - b \tag{3-7}$$

杆件的变形程度，一般由单位长度的纵向变形量来反映，单位长度的纵向变形量称为纵向线应变。用 ε 来表示，即：

$$\varepsilon = \Delta L / L = (L_2 - L_1) / L \tag{3-8}$$

试验证明，当杆的应力未超过比例极限时，满足下列关系式：

$$\Delta L = NL / EA \tag{3-9}$$

或

$$\sigma = E \cdot \varepsilon \tag{3-10}$$

上式称为虎克定律，它揭示了材料内力与应变之间的关系，式中的 E 为材料的弹性模量。

(2) 扭转变形

1) 扭转变形的概念

扭转变形是杆件的一种基本变形。其受力特点是：在杆件两端垂直于杆轴线的平面内作用一对大小相等，方向相反的外力偶——扭转力偶，其相应内力分量称为扭矩。其变形特点是：各横截面绕杆的轴线发生相对转动，出现扭转变形。杆件任意两截面的相对角位移称为扭转角，一般用 φ 表示，如图 3-15 所示。发生扭转变形的构件为受扭构件。如建筑工地上的卷扬机在工作时就是受扭构件，房屋建筑中的雨篷、框架结构的边梁，受力后除了发生弯曲变形外，也会发生扭转变形。

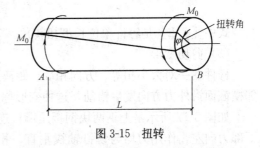

图 3-15　扭转

2) 扭矩和扭矩图

杆件在外力偶作用下，产生扭转变形，在横截面上会产生内力偶，我们把横截面上产生的内力偶矩 M_n 称为扭矩。

杆件内任意横截面上的扭矩，其大小等于该截面任意一侧所有外力偶的力偶矩的代数和，用右手四指环绕的方向表示外力偶的转向，如大拇指的指向背离截面，扭矩为正，反之为负，如图 3-16 所示。

用平行于轴线的坐标表示横截面的位置，垂直于杆轴线的坐标表示各截面的扭矩绘出的图形，称为扭矩图，扭矩图可直观反映各横截面扭矩的变化规律。

3) 圆轴扭转时的应力及强度、刚度条件

圆截面直杆（统称圆轴）的扭转问题是最基本、最简单的扭转问题，在此，我们只讨论圆轴的扭转问题。

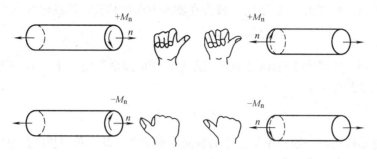

图 3-16　扭矩

圆轴扭转时，横截面上的应力为剪应力。对于圆轴来说，横截面上的最大剪应力 $\tau_{\max}$ 在圆周处，其计算结果为：

$$\tau_{\max}=M_{\mathrm{n}}/W_{\mathrm{P}} \tag{3-11}$$

式中的 W_{P} 为抗扭截面系数，与截面的形状和尺寸有关。对直径为 D 的实心圆轴来说，

$$W_{\mathrm{P}}=\pi D^3/16 \tag{3-12}$$

圆轴扭转时的强度条件为：

$$\tau_{\max}=M_{\mathrm{n}}/W_{\mathrm{P}}\leqslant[\tau] \tag{3-13}$$

式中 $[\tau]$ 为扭转时材料的容许剪应力，可由有关手册中查到。

杆件扭转时的刚度条件为：

$$\varphi/L\leqslant[\varphi/L] \tag{3-14}$$

式中 $[\varphi/L]$ 是容许单位长度扭转角。

（3）剪切变形

杆件在一对大小相等、方向相反、距离很近的横向力（与杆轴垂直的力）作用下，相邻横截面沿外力方向发生错动，这种变形称为剪切变形。

如图 3-17 所示是上下两块钢板用铆钉连接，铆钉承受由钢板传来的力，上部力向右，下部力向左，作用力均与铆钉轴线垂直，相距很近，铆钉将产生剪切变形。两力之间的 $m\text{-}m$ 截面为剪切面。当力 P 足够大时，杆件将沿剪切面剪断。

为了保证构件在剪切情况下的安全性，必须使构件在外力作用下所产生的剪应力不超过材料的容许剪应力。

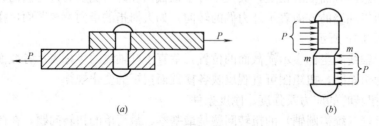

(a)　　　　　　　　　(b)

图 3-17　剪切变形

剪切时的强度条件为：

$$\tau = Q/A \leqslant [\tau] \tag{3-15}$$

式中 $[\tau]$ 为材料的容许剪应力，可由有关手册查到；Q 为剪切面上的内力，其与横截面平行，称为剪力。在图 3-17 中，

$$Q = P \tag{3-16}$$

（4）弯曲变形

1）弯曲变形的概念

杆件受到垂直于杆轴的外力作用或在纵向平面内受到力偶作用，杆轴由直线变成曲线，这种变形称为弯曲变形。梁是以弯曲变形为主要变形的杆件。

梁在发生弯曲变形后，梁的轴线由直线变成一条连续光滑的曲线，这条曲线叫梁的挠曲线。如图 3-18 所示，每个横截面都发生了移动和转动。横截面形心在垂直于梁轴方向的移动叫做截面挠度，通常用 y 表示，并以向下为正；梁的任一横截面相对于原来位置所转动的角度称为梁的转角，用 θ 表示，并以顺时针转动为正。在建筑工程中，通常不需要得出梁的挠曲线和转角，只需要求出梁的最大挠度。

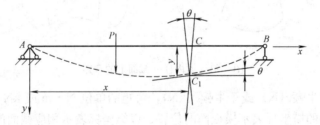

图 3-18　梁的弯曲变形

2）单跨静定梁的形式

工程中的梁有静定梁和超静定梁。其支座反力能由静力平衡方程完全确定的梁为静定梁，反之，则为超静定梁。

工程中常见的单跨静定梁有三种形式：

A. 悬臂梁：梁一端为固定端支座，另一端为自由端，如图 3-19 (a)。

B. 简支梁：梁的一端为铰支座，另一端为活动铰支座，如图 3-19 (b)。

C. 外伸梁：梁一端或两端伸出支座的简支梁，如图 3-19 (c)。

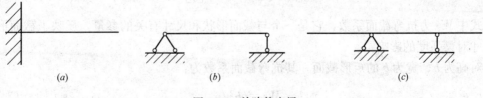

图 3-19　单跨静定梁

3）梁的内力和内力图

梁在外力作用下，会产生相切于横截面的内力 Q 及作用面与横截面相垂直的内力偶

矩 M，我们分别称之为剪力和弯矩。

梁内任一横截面上的剪力 Q，其大小等于该截面一侧与截面平行的所有外力的代数和。若外力对所求截面产生顺时针方向转动趋势时，剪力为正，反之为负（图3-20）。

梁内任一截面上的弯矩，其大小等于该截面一侧所有外力对该截面形心力矩的代数和。将所求截面固定，若外力矩使梁下部受拉，弯矩为正，反之为负（图3-21）。

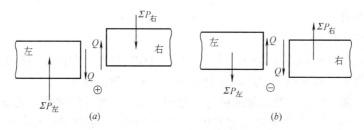

图 3-20　梁内任一横截面上的剪力

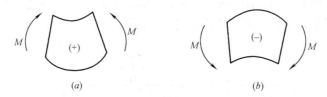

图 3-21　梁内任一截面上的弯矩

剪力的单位为牛顿（N）或千牛顿（kN），弯矩的单位 N·m 或 kN·m。

以平行于梁轴的横坐标表示横截面的位置、以纵坐标表示相应截面的剪力的图形称为剪力图；以纵坐标表示相应截面的弯矩的图形称为弯矩图。剪力图和弯矩图可分别表示剪力和弯矩沿梁轴线的变化规律。

4）梁弯曲时的应力及强度条件

梁的横截面上有剪力 Q 和弯矩 M 两种内力存在，它们在梁横截面上分别产生剪应力 τ 和正应力 σ。剪应力沿截面高度呈抛物线形变化，中性轴处剪应力最大；正应力的大小沿截面高度呈线性变化，中性轴上各点为零，上下边缘处最大。

一般情况下，梁的弯曲强度是由正应力控制的，为了保证梁的强度，必须使截面上的最大正应力 σ_{max} 不超过材料的许用应力 $[\sigma]$，其表达式为：

$$\sigma_{max}=M_{max}/W_z \leqslant [\sigma] \tag{3-17}$$

式中 W_z 为抗弯截面系数，它是一个与截面形状和尺寸有关的参量，反映了截面形状与尺寸对梁强度的影响。

对高为 h、宽为 b 的矩形截面，其抗弯截面系数为：

$$W_z=bh^2/6 \tag{3-18}$$

对直径为 d 的圆形截面，其抗弯截面系数为：

$$W_z=d^3/32 \tag{3-19}$$

（二）平面汇交力系的平衡方程及杆件内力分析

1. 平面汇交力系的平衡方程及应用

（1）力在坐标轴上的投影

从力的始端和末端分别向某一选定的坐标轴作垂线，从两垂线在坐标轴上所截取的线段并加上正号或负号即表示该力在坐标轴上的投影，如图 3-22 所示。从力始端垂足 $a(a')$ 到垂足 $b(b')$ 的方向与坐标轴正向相同时，其投影为正值，反之，其投影为负值。力的投影数值可用下式计算：

$$\left.\begin{array}{l} X = \pm F\cos\alpha \\ Y = \pm F\sin\alpha \end{array}\right\} \tag{3-20}$$

式中 X、Y 分别表示力 F 在 x 轴、y 轴上的投影，F 表示力的大小，α 表示力 F 与 X 轴的夹角。

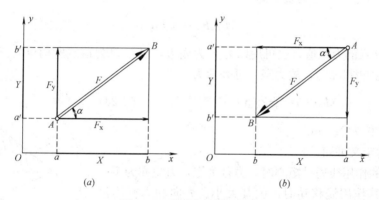

图 3-22　力对坐标轴的投影

【例 3-2】　如图 3-23 所示，已知力 $F = 400\text{kN}$，其与 x 轴的夹角为 $30°$，求其在 x 轴和 y 轴的投影。

解：$X = F\cos\alpha = 400\cos30° = 346\text{kN}$

$Y = F\sin\alpha = 400\sin30° = 200\text{kN}$

（2）平面汇交力系的平衡方程

平面汇交力系是指各力的作用线在同一平面内且全部汇交于一点的力系。其平衡方程为：

$$\left.\begin{array}{l} \sum X = 0 \\ \sum Y = 0 \end{array}\right\} \tag{3-21}$$

即平面汇交力系平衡的充要条件是力系中各个力在任意两个坐标轴上投影的代数和均等于零。

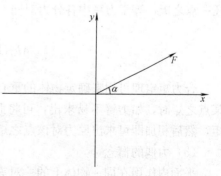

图 3-23　力在坐标轴上的投影

（3）平面汇交力系平衡方程的应用

用平面汇交力系的平衡方程解题时，坐标轴的方向可以任意选择。因为平衡力系在任何方向都不会有合力存在，任取坐标可列出无数个投影方程，但独立的平衡方程只有两个。因此，利用平面汇交力系的平衡方程解题时，可以求解两个未知量，也只能求解两个

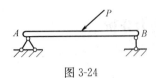
图 3-24

未知量。一般来说，杆件受到的主动力是已知的，可以利用平面汇交力系平衡方程求出两个约束反力的大小。

例如，如图 3-24 所示简支梁，在跨中承受一已知主动力作用，由约束类型可知：B 支座的约束反力 R_B 沿竖直方向，其与力 P 的作用线交于一点，由三力平衡汇交定理可知，A 支座的约束反力 R_A 必通过 R_B 与力 P 的交点。三个力形成平面汇交力系，利用平面汇交力系的平衡条件可以列出两个平衡方程，从而求出梁的两个支座反力。

2. 力矩、力偶的特性及应用

（1）力矩的概念

力既可以使物体移动，也可以使物体转动。力对物体的转动效应是用力矩来度量的。它等于力的大小 F 与力臂 d 的乘积，力臂是指转动中心到力的作用线的垂直距离，转动中心称为力矩中心，简称矩心。在平面问题中力矩是代数量，一般规定力使物体绕矩心逆时针方向转动为正，反之为负，即

$$M_O(F) = \pm Fd \tag{3-22}$$

力 F 对 O 点的力矩值，也可用以力 F 为底边，以点 O 为顶点所构成的三角形面积的两倍来表示（如图 3-25），故力矩又可表示为

$$M_O(F) = \pm 2\triangle OAB \tag{3-23}$$

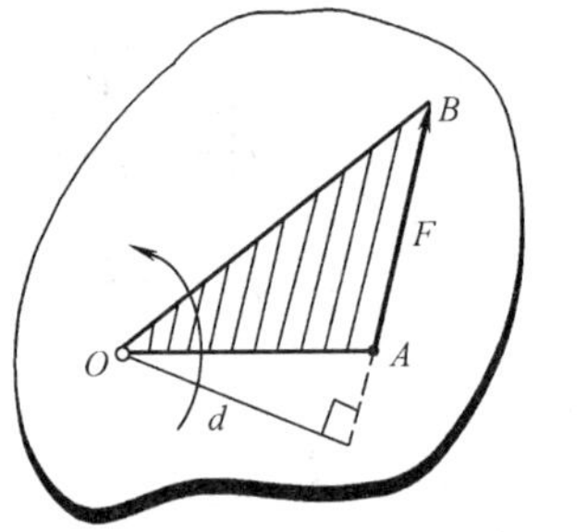

力矩的单位为 N·m。

由力矩的定义可知：

1）当力的作用线通过矩心时，力臂为零，力矩亦为零；

2）力沿其作用线移动时，因其大小、方向和力臂均没有改变，所以力矩亦不变。

（2）合力矩定理

合力矩定理的内容是：平面汇交力系的合力 R 对平面内

图 3-25　力对某点的矩

任一点之矩，等于力系中各分力对同一点力矩的代数和。其表达式为：

$$M_O(R) = \sum_{i=1}^{n} M_O(F_i) \tag{3-24}$$

合力矩定理可用来确定物体的重心位置，亦可用来简化力矩的计算。例如在计算力对某点之矩时，如力臂不易求出，可将此力分解成相互垂直的分力，分别计算两分力的力矩，然后相加即可求出原力对该点之矩。

（3）力偶的概念

平面内作用在同一物体上的一对等值、反向且不在同一直线上的平行力称为力偶。两个相反力之间的垂直距离 d 叫力偶臂（如图 3-26）。力偶只产生转动效应，可用力偶矩来度量，力偶矩 M 等于力与力偶臂的乘积并加上正号或负号，而与矩心的位置无关，即

$$M = \pm Fd \tag{3-25}$$

只要保持力偶矩的大小，转向不变，力偶在其作用平面内的位置可以任意旋转或平

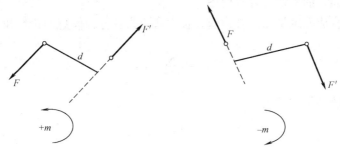

图 3-26　力偶

移，在受力分析中常用一带箭头的弧线来表示力偶矩，箭头表示转向。

一般规定力偶使物体逆时针方向转动为正，反之为负。力偶矩的单位为 N·m。

（4）力偶的基本性质

1）力偶无合力。因力偶在任意坐标轴上的投影为零，所以其对物体只有转动效应，而一个力在通常情况下对物体既有转动效应，还有移动效应。由此可知，力和力偶的作用效应不同，不能用一个力来代替力偶，也就是说，力偶不能与力平衡，力偶只能与力偶平衡。

2）力偶对其作用面内任意点的力矩值恒等于其力偶矩，而与其矩心位置无关。

3）在同一平面内的两个力偶，如果它们的力偶矩大小相等、转向相同，则这两个力偶等效。

由以上力偶的性质可得到以下两个推论。

推论 1：力偶可在其平面内任意移动和转动，而不改变其对物体的转动效应。也就是说，力偶对物体的转动效应与其在平面内的位置无关。

推论 2：在力偶矩大小不变的条件下，可以改变力偶中力的大小和力偶臂的长短，而不改变其对物体的转动效应。

由此可知，度量力偶转动效应的三要素是：力偶矩的大小、力偶的转向、力偶的作用平面。

（5）平面平行力系的平衡方程及应用

平面内各力的作用线互相平行的力系称为平面平行力系。其平衡方程为：

$$\left.\begin{array}{l}\sum Y=0\\\sum M_O=0\end{array}\right\} \tag{3-26}$$

上式表明，平面平行力系平衡的必要与充分条件是：力系中各力在与力平行的轴上投影之代数和为零，且这些力对任意一点力矩的代数和为零。

平面平行力系的平衡方程还可写成两力矩式，即

$$\left.\begin{array}{l}\sum M_A=0\\\sum M_B=0\end{array}\right\} \tag{3-27}$$

式中 A、B 两点的连线与各力作用线不平行。

平面平行力系只有两个独立的平衡方程，所以利用其平衡方程只能求解两个未知量。

（6）平面力偶系的平衡方程及应用

平面力偶系合成的结果为一合力偶，合力偶矩为各分力偶矩的代数和，即：

$$M = \sum_{i=1}^{n} M_i \qquad (3-28)$$

平面力偶系的平衡方程为：

$$\sum M_i = 0 \qquad (3-29)$$

上式表明，平面力偶系平衡的必要与充分条件是此力偶系中各力偶矩的代数和为零。平面力偶系只有一个独立的平衡方程，所以利用其平衡方程只能求解一个未知量。

（7）平面一般力系的平衡方程及应用

各力的作用线既不全交于一点，也不完全平行的平面力系称为平面一般力系。其平衡方程为：

$$\left. \begin{array}{l} \sum X = 0 \\ \sum Y = 0 \\ \sum M_O = 0 \end{array} \right\} \qquad (3-30)$$

上式是平面一般力系平衡方程的基本形式，它表明，平面一般力系平衡的必要与充分条件是：力系中各个力在两个坐标轴上的投影代数和均为零，各个力对任意一点的力矩代数和亦为零。

平面一般力系的平衡方程还有两力矩形式和三力矩形式，分别为

$$\left. \begin{array}{l} \sum X = 0 \\ \sum M_A = 0 \\ \sum M_B = 0 \end{array} \right\} \qquad (3-31)$$

$$\left. \begin{array}{l} \sum M_A = 0 \\ \sum M_B = 0 \\ \sum M_C = 0 \end{array} \right\} \qquad (3-32)$$

式（3-29）中的 x 轴不与 A、B 两点的连线垂直。式（3-32）中，A、B、C 三点不在同一直线上。

由此可知，无论采用哪一种平衡方程形式，平面一般力系都有三个独立的平衡方程，因此，可利用平面一般力系的平衡方程求解三个未知量。

【例 3-3】 水平梁 AB，A 端为固定铰支座，B 端为水平面上的滚动支座，受力及几何尺寸如图 3-27（a）所示，试求 A、B 端的约束力。

解：（1）选梁 AB 为研究对象，作用在它上的主动力有：均布荷载 q，力偶矩为 M 的力偶；约束反力为固定铰支座 A 端的 $\boldsymbol{F}_{Ax}$、$\boldsymbol{F}_{Ay}$ 两个分力，滚动支座 B 端的铅垂向上的法向力 $\boldsymbol{R}_B$，如图 3-27（b）所示。

（2）建立坐标系，列平衡方程。

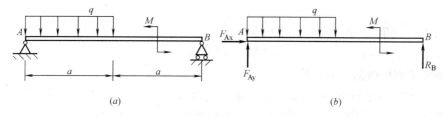

(a)   (b)

图 3-27　梁的支座反力

$$\sum_{i=1}^{n} M_A(\boldsymbol{F}_i) = 0, \quad R_B \cdot 2a + M - \frac{1}{2}qa^2 = 0 \tag{a}$$

$$\sum_{i=1}^{n} X = 0, \quad F_{Ax} = 0 \tag{b}$$

$$\sum_{i=1}^{n} Y = 0, \quad F_{Ay} + R_B - qa = 0 \tag{c}$$

由式（a）、（b）、（c）解得 A、B 端的约束力为

$$R_B = -\frac{qa}{4}(\downarrow) \quad F_{Ax} = 0 \quad F_{Ay} = \frac{5qa}{4}(\uparrow)$$

负号说明原假设方向与实际方向相反。

3. 用截面法计算单跨静定梁的内力

单跨静定梁任一横截面上的内力，都可以用截面法求出。其计算步骤为：

1）计算支座反力。根据梁的平衡写出相应的平衡方程，即可求出梁的支座反力。

2）用假想的截面在需求内力处将梁截成两段，任取一段为研究对象。

3）画出研究对象的受力图。把研究对象作为一个脱离体单独画出，画出它所受到的所有外力，包括已知的主动力和求出的支座反力，抛去的一段对剩下部分的作用力用横截面上的内力来代替。

4）建立平衡方程，求出内力。

【例 3-4】 水平简支梁如图 3-28 所示，试求 1-1 截面上的剪力和弯矩。

解：（1）求支座反力

取整体为研究对象，设 R_A、R_B 向上，由对称关系可得：$R_A = R_B = 20\text{kN}$

（2）求 1-1 截面的内力

在 1-1 截面处将梁截开，取左段为研究对象，并设剪力向下，弯矩逆时针转，如图 3-29 所示。列平衡方程求解。

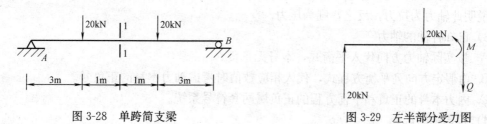

图 3-28　单跨简支梁   图 3-29　左半部分受力图

155

由 $\sum Y=0$ 得　$20-20-Q=0$

$$Q=0$$

由 $\sum M_C=0$ 得　$-20\times4+20\times1+M=0$

$$M=60\text{kN}\cdot\text{m}$$

4. 静定平面桁架的内力计算

桁架是由若干根杆件在两端用铰链连接而成的结构。桁架中的铰链称为节点。工程中的屋架结构、场馆的网架结构、桥梁以及电视塔架等均可看成桁架结构。

这部分只研究简单静定桁架结构的内力计算问题。实际的桁架受力较为复杂，为了便于工程计算采用以下假设：

1）桁架所受力（包括重力、风力等外荷载）均简化在节点上；

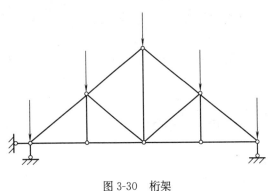

图 3-30　桁架

2）桁架中的杆件是直杆，主要承受拉力或压力；

3）桁架中铰链忽略摩擦视为光滑铰链。

这样的桁架称为理想桁架。若桁架的杆件位于同一平面内，则称平面桁架。若以三角形为基础组成的平面桁架，称为平面简单静定桁架，例如图 3-30 所示的屋架结构。在节点荷载作用下，桁架各杆只产生轴力。

平面简单静定桁架的内力计算方法有两种：节点法和截面法。以桁架节点为脱离体，由节点平衡条件求出杆件内力的方法为节点法。截面法是用一截面将桁架截开成两部分，取其中一部分为脱离体（所取脱离体不止包含一个节点），根据其平衡方程计算所截断杆件的内力。

（1）节点法求内力

1）节点法求内力的顺序

一般来说，静定平面桁架各杆的内力均可由节点法求出。由于各节点承受的力组成一平面汇交力系，故对每一节点只能列出两个独立的平衡方程，因此，节点法应从未知力不多余两个的节点开始求解。在利用节点法求内力之前，应先求出支座反力。

2）未知杆件的轴力

画节点的受力图时，所有未知杆的轴力都假设为拉力（背离节点），由平衡方程求得的结果若为正，则假定正确，说明此轴力为拉力；若为负则和假设相反，为压力。

节点的受力计算时，假设未知内力杆件的轴力为拉力（背离节点），如计算结果为正值，说明此轴力为拉力，反之，则为压力。

3）已知杆件的轴力

A. 按实际轴力方向代入平衡式，本身无正负。

B. 由假定方向列平衡方程式，代入相应数值时考虑轴力本身的正负号。

C. 内力本身的正负和平衡方程的正负属两套符号系统。

4）投影轴的选择

列平衡方程时，视实际情况选取合适的投影轴。尽量使每个平衡方程只含一个未知力，避免解联立方程。

5）节点平衡的特殊形式

A. 不共线的两杆结点无荷载作用时，此两杆内力均为零。

B. 三杆结点上无荷载作用，且两杆在一条直线上，则第三个杆的内力为零，在一条直线上的两个杆内力大小相同，符号相同。

C. 三杆相交的结点，二杆共线，另一杆有共线的外力 P 作用，则单杆的内力为 P，其余两共线直杆内力相等。

D. 四杆结点无荷载作用，且四杆两两成直线，则同一直线上两杆轴力大小相等，性质相同。

6）零杆

"零杆"是指杆件轴力为零的杆件，"零杆"虽不受轴力，但不能理解成多余的杆件。

一般情况下，求桁架内力之前，先判别一下有无"零杆"和内力相同的杆件，以简化计算。

7）结点法求解简单桁架的计算步骤：

A. 几何组成分析。

B. 求支座反力。

C. 结点法：注意次序。

（2）截面法求内力

1）截面法的要点：

根据求解问题的需要，用一个合适的截面切断拟求内力的杆件，将桁架分成两部分，从桁架中取出受力简单的一部分作为脱离体（至少包含两个结点），脱离体受到的力（荷载、反力、已知杆轴力、未知杆轴力）组成一个平面一般力系，由力系的平衡可以建立三个独立的平衡方程，由此可以求出三个未知杆的轴力。一般情况下，选截面时，截开未知杆的数目不能多于三个，不互相平行，也不交于一点。截面截开后，画受力图时，未知杆的轴力和已知杆轴力的画法与结点法相同。

2）平衡方程形式和投影轴的选择：

A. 投影法：若三个未知力中有两个力的作用线互相平行，将所有作用力都投影到与此平行线垂直的方向上，并写出投影平衡方程，从而直接求出另一未知内力。

B. 力矩法：以三个未知力中的两个内力作用线的交点为矩心，写出力矩平衡方程，直接求出另一个未知内力。

C. 力的分解：确定脱离体后，利用合力矩定理，可以将力沿着其作用线移动到某一个结点进行分解，不影响脱离体的平衡（不易确定力臂时）。

D. 平面一般力系的平衡方程有三种形式：基本形式、二力矩形式和三力矩形式。二力矩形式的投影轴不能垂直于两个矩心的连线，三力矩形式的三个矩心不能在同一条直线上。可以根据需要选取矩心。矩心的选择，尽量选多个未知力的交点，投影轴尽量平行（或垂直）于多个未知力的作用线方向。

3）截面法解简单桁架的计算步骤：

A. 求支座反力；

B. 用一假想截面把所求内力的杆件截断，把桁架分成两部分，截取截面所有的未知内力的数目一般不超过三个（特殊情况除外），它们的作用线不能全部交于一点，也不能全部互相平行；

C. 取其中一部分为脱离体，根据平衡条件，计算所求杆件的内力。在写平衡方程时，应尽可能使每个方程只包含一个未知力。

（三）建筑结构的基本知识

1. 建筑结构的类型及应用

建筑物中由若干构件通过各种形式连接而成的能承受"作用"的体系称为建筑结构，一般简称结构。这里所说的"作用"是使结构产生效应（如结构或构件的内力、应力、位移、应变、裂缝等）的各种原因的统称。作用分为直接作用和间接作用。直接作用即为外荷载，系指施加在结构上的外力，如结构的自重、楼面荷载、雪荷载、风荷载等。间接作用指引起结构构件应力变化除荷载以外的其他原因，如地基沉降、混凝土收缩、温度变化、地震作用等。

建筑结构可用不同的方法分类。

（1）按所用材料的不同分类

1）混凝土结构

混凝土结构是钢筋混凝土结构、预应力混凝土结构和素混凝土结构的总称，其中钢筋混凝土结构应用最为广泛。

钢筋混凝土结构具有以下优点：

A. 易于就地取材。钢筋混凝土的主要材料砂、石几乎到处都有，而水泥和钢材的产地在我国分布也较广，这有利于就地取材，降低工程造价。

B. 耐久性好。在钢筋混凝土结构中，钢筋被混凝土紧紧包裹而不致锈蚀，也不被腐蚀性环境侵蚀。因此其耐久性很好，几乎不用维修。

C. 抗震性能好。钢筋混凝土结构，特别是现浇结构具有很好的整体性，能减缓地震作用所带来的危害。

D. 可模性好。混凝土可根据工程需要制成各种形状和尺寸的构件，这给合理选择结构形式及构件的截面形式提供了便利。

E. 耐火性好。在钢筋混凝土结构中，钢筋被混凝土包裹着，而混凝土的导热性很差，因此钢筋不至于在发生火灾时很快软化而造成结构破坏。

由于上述优点，钢筋混凝土结构得到了广泛应用。钢筋混凝土的主要缺点是自重大，抗裂性能差，现浇结构模板用量大、工期长等等。但随着科学技术的不断发展，这些缺点可以逐渐克服。例如采用预应力混凝土就可以提高构件的抗裂性能。

2）砌体结构

由砖、石材、砌块、块体等，通过砂浆砌筑而成的结构称为砌体结构。

砌体结构主要有以下优点：

A. 取材方便，造价低廉，且能废物利用。

B. 耐火性及耐久性好。一般情况下，砌体能耐受 400℃左右的高温。砌体耐腐蚀性能也很好，完全能满足预期的耐久年限要求。

C. 具有良好的保温、隔热、隔声性能，节能效果好。

D. 施工方法简单，技术上易于掌握，也无需特殊设备。

砌体结构的主要缺点是自重大，整体性差，砌筑劳动强度大。

砌体结构在多层建筑中应用相当广泛，尤其是在多层民用建筑中，砌体结构占绝大多数。

砌体的抗压能力较高而抗弯及抗拉能力较低，因此，在实际工程中，砌体结构主要用于房屋结构中以受压为主的竖向承重构件（如墙、柱等），而水平承重构件（如梁、板等）多为钢筋混凝土结构。这种由两种及两种以上材料作为主要承重结构的房屋称为混合结构，而竖向和水平承重构件都采用砌体的纯砌体结构是极少采用的。

3）钢结构

钢结构系指以钢材为主制作的结构。钢结构具有以下主要优点：

A. 材料强度高，自重轻，塑性和韧性好，材质均匀；

B. 便于工厂生产和机械化施工，便于拆卸；

C. 抗震性能优越；

D. 没有污染、可以再生，节能符合建筑可持续发展的原则。

钢结构的缺点是易腐蚀，需经常油漆维护，故维护费用较高。钢结构的耐火性差。当温度达到250℃时，钢结构的材质将会发生较大变化，强度只有常温下强度的一半左右；当温度达到500℃时，钢材完全软化，结构会瞬间崩溃，承载能力完全丧失。

钢结构的应用正日益增多，尤其是在高层建筑及大跨度结构（如屋架、网架、悬索等结构）中。

4）木结构

木结构是指全部或大部分用木材制作的结构。易于就地取材，这种结构由于制作简单，过去应用相当普遍。但木材用途广泛，用量日增，而产量却受自然条件的限制，因此已很少采用。

（2）按承重结构类型分类

按承重结构类型的不同来分，又可分为两大方面。一方面是解决跨度问题的结构，另一方面是解决高度问题的结构。

1）解决跨度问题的结构

A. 桁架结构。桁架是由上弦杆、下弦杆、腹杆通过铰连接成的一个平面结构，图3-31是桁架的几种形式。

B. 单层刚架结构。刚架是指梁与柱的连接为刚性连接的结构，图3-32所示是刚架的几种形式。

C. 拱式结构。拱是一种十分古老，而现代仍在大量应用的结构形式。它是以承受轴向压力为主的结构，这对混凝土、砖、石等抗压强度高而抗拉强度低的脆性材料是十分适宜的。

上述几种是应用较广的平面结构，跨度有限，当需要采用更大跨度时，则可以采用下面这些结构。

D. 薄壳结构。将平面板变成曲面板后形成的结构，有圆顶（图3-33）、筒壳（图3-34）、双曲扁壳（图3-35）、双曲抛物线（图3-36）。

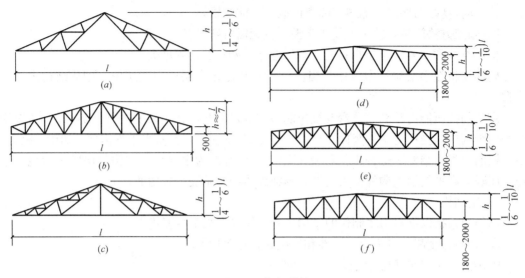

图 3-31　桁架结构

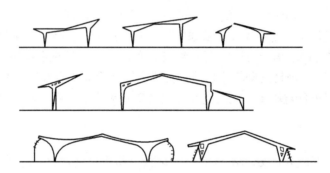

图 3-32　单层刚架结构

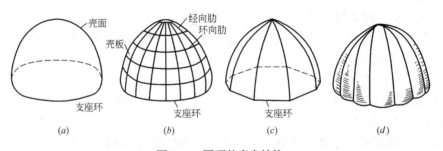

图 3-33　圆顶的壳身结构

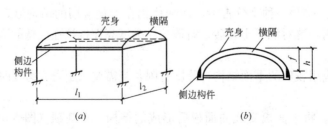

图 3-34　简壳结构

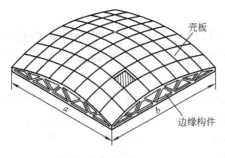

图 3-35 双曲扁壳的结构

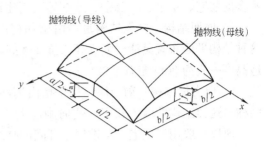

图 3-36 双曲扁壳的曲面坐标

E. 网架结构。网架结构平面布置灵活，空间造型美观，便于建筑造型处理和装饰、装修，能适应不同跨度、不同平面形状、不同支承条件、不同功能需要的建筑物。特别是在大、中跨度的屋盖结构中，网架结构更显示出其优越性，被大量应用于大型体育建筑（如体育馆、练习馆、体育场看台雨篷等）、公共建筑（如展览馆、影剧院、车站、码头、候机楼等）、工业建筑（如仓库、厂房、飞机库等）中。图 3-37 所示为中国科技馆球形影院。

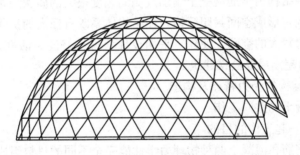

图 3-37 中国科技馆球形影院

F. 悬索结构。悬索结构由受拉索、边缘构件和下部支承构件所组成，如图 3-38 所示。拉索按一定的规律布置可形成各种不同的体系，边缘构件和下部支承构件的布置则必须与拉索的形式相协调，有效地承受或传递拉索的拉力。拉索一般采用由高强钢丝组成的钢绞线、钢丝绳或钢丝束，边缘构件和下部支承构件则常常为钢筋混凝土结构。

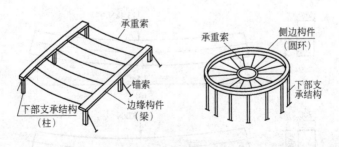

图 3-38 悬索结构的组成

2）解决高度问题的结构

A. 砖混结构。砖混结构是指竖向的承重构件为砖，而水平承重构件为钢筋混凝土构件的结构。这种结构造价低、砌筑速度快，但因其强度低、抗震性差，所以只能用于层数不多的住宅、宿舍、办公楼、旅馆等民用建筑。

B. 框架结构。框架结构是指由梁和柱以刚结或铰接相连接而构成承重体系的结构。这种结构平面布置灵活、强度高、抗震性好，但侧向刚度小，抗侧移的能力差，所以其建造高度一般为30m左右。

C. 剪力墙结构。剪力墙结构是指由钢筋混凝土墙体即剪力墙承受水平和竖向作用的结构。这种结构的墙体较多，侧向刚度大，可建造比较高的建筑物，但其平面布置不灵活，所以一般用于住宅、旅馆等小开间的高层建筑中。

D. 框架-剪力墙结构。框架-剪力墙结构是指由若干个框架和局部剪力墙共同组成的多高层结构体系。这种结构兼有框架体系和剪力墙体系两者的优点，建筑平面布置灵活、使用方便，也能满足结构承载力和侧向刚度的要求，同时还可充分发挥材料的强度作用，具有较好的技术经济指标。常用于15～25层的办公楼、旅馆、公寓。

E. 筒体结构。筒体是由实心钢筋混凝土墙或密集框架柱（框筒）构成。筒体结构是由单个或几个筒体作为竖向承重结构的高层房屋结构体系。其外形采用形状规则的几何图形，如圆形、方形、矩形、正多边形。筒体结构一般又可分为内筒体、外筒体、筒中筒和多筒体等几种。这种结构由钢筋混凝土墙围成侧向刚度很大的筒状结构。它将剪力墙集中到房屋的内部和外围，形成空间封闭筒体，使结构体系既有极大的抗侧力刚度，又能因为剪力墙的集中而获得较大的空间，使建筑平面设计获得良好的灵活性，特别适用于30层以上或100m以上的超高层办公楼建筑。

2. 钢筋混凝土结构的受力特点及构造

（1）钢筋和混凝土的共同工作

1）两者结合在一起工作的目的

钢筋混凝土由钢筋和混凝土两种物理力学性能完全不同的材料组成。混凝土的抗压能力较强而抗拉能力很弱，而钢材的抗拉和抗压能力都很强，为了充分利用材料的性能扬长避短，将混凝土和钢筋这两种材料结合在一起共同工作，使混凝土主要承受压力，钢筋主要承受拉力，从而既可以满足工程结构的使用要求，又较为经济。

图3-39为两根截面尺寸、跨度和混凝土强度等级完全相同的简支梁，其中一根为没配钢筋的素混凝土梁。由试验得知，素混凝土梁在较小荷载作用下，便由于受拉区混凝土

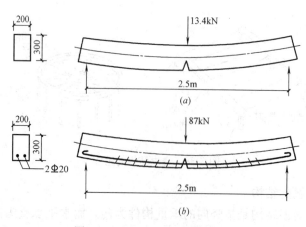

图 3-39　钢筋和混凝土共同工作

被拉裂而突然折断。但如在梁的受拉区配置纵向钢筋，配置在受拉区的钢筋明显地加强了受拉区的抗拉能力，从而使钢筋混凝土梁的承载能力比素混凝土梁的承载能力大大提高。这样，钢筋和混凝土两种材料的强度均得到了较充分的利用。

2）两者结合共同工作的原因

钢筋和混凝土是两种性质不同的材料，之所以能有效地共同工作，是由于下述原因：

A. 钢筋和混凝土之间存在着粘结力，能将二者牢固结成整体，受力后变形一致，不会产生相对滑移。这是钢筋和混凝土共同工作的主要条件。

B. 钢筋和混凝土的温度线膨胀系数大致相同〔钢筋为 $1.2\times10^{-5}/℃$，混凝土为$(1.0\sim1.5)\times10^{-5}$〕$/℃$。因此，当温度变化时，不致因应变相距过大而破坏两者之间的粘结。

C. 混凝土对钢筋的包裹，可以防止钢筋锈蚀，从而保证了钢筋混凝土构件的耐久性。

3）钢筋与混凝土的粘结

钢筋与混凝土能共同工作的主要原因是二者之间存在较强的粘结力，这个粘结力是由以下三部分组成的：

A. 水泥遇水后产生化学反应与钢筋表面产生的胶结力；

B. 混凝土结硬收缩时，与钢筋握裹产生的摩擦力；

C. 变形钢筋表面的凸凹或光面钢筋的弯钩与混凝土之间的机械咬合力。

钢筋与混凝土的粘结面上所能承受的平均剪应力的最大值称为粘结强度。其大小与钢筋表面形状、直径、混凝土强度等级、保护层厚度、横向钢筋、侧向压力、浇筑位置有关。

我国设计规范采用钢筋的搭接长度、锚固长度、保护层厚度、钢筋净距、受力的光面钢筋端部要做弯钩等有关构造措施来保证钢筋与混凝土的粘结强度（图3-40）。

（2）钢筋混凝土受弯构件——板和梁的构造要求

受弯构件是指截面上同时有弯矩 M 和剪力 V 作用的构件。在房屋结构中广为应用的梁和板均属于受弯构件。受弯构件在弯矩作用下，可能沿正截面发生破坏；在弯矩和剪力的共同作用下，也可能发生沿斜截面的破坏，如图 3-41 所示。

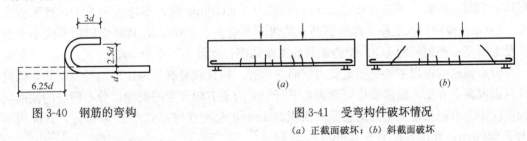

图 3-40　钢筋的弯钩　　　　图 3-41　受弯构件破坏情况

　　　　　　　　　　　　　　　　　　（a）正截面破坏；（b）斜截面破坏

1）截面尺寸

A. 板的厚度。现浇钢筋混凝土板的厚度不应小于表 3-1 规定的数值。

现浇钢筋混凝土板的最小厚度　　　　　　　　　表 3-1

板的类别		最小厚度(mm)	板的类别		最小厚度(mm)
单向板	屋面板	60	密肋板	肋间距≤700mm	40
	民用建筑楼板	60		肋间距>700mm	50
	工业建筑楼板	70	悬臂板	板的悬臂长度≤500mm	60
	车道下的楼板	80		板的悬臂长度>500mm	80
	双向板	80	无梁楼板		150

B. 梁的截面形式和尺寸。

梁的常见截面形式有矩形、T 形、工字形以及花篮形等，其截面尺寸要满足承载力、刚度和裂缝宽度限值三方面的要求，截面高度 h 可根据梁的跨度来确定。常见的梁高（mm）有 240、250、300、350、……、700、800、900、1000 等。梁的截面宽度 b 通常由高宽比控制，即矩形截面梁的高宽比通常取 $h/b=2.0\sim2.5$；T 形、工字形截面梁的高宽比通常取 $h/b=2.5-4.0$；常用的梁宽（mm）有 120、150、180、200、240、250、300、350、370、400 等。

2）配筋

A. 板中配筋。板中通常布置两种钢筋：受力钢筋和分布钢筋，如图 3-42 所示。受力钢筋沿板的受力方向布置，承受由弯矩作用而产生的拉应力，其用量由计算确定。分布钢筋是布置在受力钢筋内侧且与受力钢筋垂直的构造钢筋。分布钢筋与受力钢筋绑扎或焊接在一起，形成钢筋骨架，将荷载更均匀地传递给受力钢筋，并可起到在施工过程中固定受力钢筋位置、抵抗因混凝土收缩及温度变化而在垂直受力钢筋方向产生的拉应力。

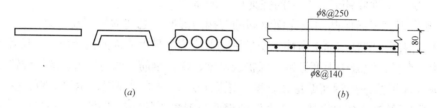

图 3-42　板的配筋

（a）板的截面图；（b）配筋方式

受力钢筋的作用是承受由弯矩产生的主拉正应力。受力钢筋的直径（mm）通常采用 6、8、10、12、14、16 等。当钢筋采用绑扎时，受力钢筋的间距一般不小于 70mm，当板厚 $t\leqslant150mm$ 时，不应大于 200mm；当板厚 $t>150mm$ 时，不应大于 $1.5t$，且不宜大于 250mm。板中伸入支座下部的钢筋，其间距不应大于 400mm，其截面面积不应小于跨中受力钢筋截面面积的 1/3。受力钢筋的支座锚固长度最小不小于 $5d$。

分布钢筋的作用主要是固定受力钢筋的位置，将荷载更有效地传递给受力钢筋，同时抵抗因混凝土收缩、温度变化等原因在平行于受力筋方向产生的裂缝。分布钢筋的截面面积不应小于单位长度上受力钢筋截面面积的 15%，且配筋率不宜小于 0.15%，其间距不大于 250mm，直径不宜小于 6mm。

B. 梁中配筋。梁中一般配置下面几种钢筋：纵向受力钢筋、箍筋、弯起钢筋、纵向构造钢筋（架立钢筋和腰筋），如图 3-43 所示。

纵向受力钢筋。布置在梁的受拉区，承受由弯矩作用而产生的拉应力。数量由计算确定，但不得少于 2 根（当梁宽 $b<150mm$ 时，可仅设一根）。常用的直径为 $10\sim28mm$。当混凝土抗压能力不足而截面尺寸受到限制时，在构件受压区也配置纵向受力钢筋与混凝土共同承受压力。

箍筋。设置箍筋可以提高构件的抗剪承载力，同时也与纵向受力钢筋、架立筋一起形成钢筋骨架。箍筋的直径和间距由计算确定，当按计算不需要箍筋时，对截面高度 $h>$

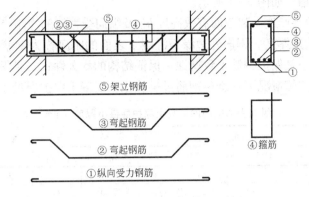

图 3-43 梁的配筋

300mm 的梁，也应沿梁全长按照构造要求设置箍筋，且箍筋的直径不得小于箍筋的最小直径 d_{min}，箍筋的间距不得小于箍筋的最大间距 S_{max}；箍筋的最小直径 d_{min}、箍筋的最大间距 S_{max} 见表 3-2、表 3-3。

梁中箍筋的最小直径 d_{min} 表 3-2

梁高 h(mm)	箍筋最小直径(mm)	梁高 h(mm)	箍筋最小直径(mm)
$h \leqslant 800$	6	$h > 800$	8

注：当有受压钢筋时，箍筋的直径不得小于 $d/4$（d 为受压钢筋的最大直径）。

梁中箍筋的最大间距 S_{max} （mm）   表 3-3

梁高 h(mm)	$V > 0.7 f_t b h_0$	$V \leqslant 0.7 f_t b h_0$	梁高 h(mm)	$V > 0.7 f_t b h_0$	$V \leqslant 0.7 f_t b h_0$
$150 < h \leqslant 300$	150	200	$500 < h \leqslant 800$	250	350
$300 < h \leqslant 500$	200	300	$h > 800$	300	400

弯起钢筋。梁中纵向受力钢筋在靠近支座的地方承受的拉应力较小，为了增加斜截面的抗剪承载能力，可将部分纵向受力钢筋弯起来伸至梁顶，形成弯起钢筋。弯起钢筋的弯起角度一般为 45°，当梁高较大（$h > 800$mm）时可取 60°。

架立钢筋。为了固定箍筋，以便与纵向受力钢筋形式钢筋骨架，并抵抗因混凝土收缩和温度变化产生的裂缝，在梁的受压区沿梁轴线设置架立钢筋。如在受压区已有受压纵筋时，受压纵筋可兼作架立钢筋。架立钢筋应伸至梁端，当考虑其承受负弯矩时，架立钢筋两端在支座内应有足够的锚固长度。架立钢筋的直径可参考表 3-4 选用。

架立钢筋直径   表 3-4

梁跨度(m)	最小直径(mm)	梁跨度(m)	最小直径(mm)
$L_0 < 4$	$\geqslant 8$	$L_0 > 6$	$\geqslant 12$
$4 \leqslant L_0 \leqslant 6$	$\geqslant 10$		

梁侧构造筋。当截面有效高度 h_0 或腹板高度 $h_w \geqslant 450$mm，为了加强钢筋骨架的刚度，以及防止当梁太高时由于混凝土收缩和温度变化在梁侧面产生的竖向裂缝，应在梁的两侧沿梁高每 200mm 处各设一根直径不小于 10mm 的梁侧构造筋，俗称腰筋，其截面面积不小于腹板截面面积 bh_w 的 0.1%，两根腰筋之间用 φ6～φ8 的拉筋联系，拉筋间距一

般为箍筋间距的 2 倍，如图 3-44 所示。

3）混凝土保护层厚度 c 和截面有效高度 h_0 及纵向受力钢筋净距

A. 混凝土保护层厚度。钢筋外边缘至混凝土表面的距离称为钢筋的混凝土保护层厚度。其主要作用，一是保护钢筋不致锈蚀，保证结构的耐久性；二是保证钢筋与混凝土间的粘结；三是在火灾等情况下，避免钢筋过早软化。混凝土保护层最小厚度见表 3-5。

纵向受力钢筋的混凝土保护层最小厚度（mm）　　　　　　　　表 3-5

环境类别		板、墙、壳			梁			柱		
		≤C20	C25~C45	≥C50	≤C20	C25~C45	≥C50	≤C20	C25~C45	≥C50
一		20	15	15	30	25	25	25	30	30
二	a	—	20	20	—	30	30	—	30	30
	b	—	25	20	—	35	30	—	35	30
三		—	30	25	—	40	35	—	40	35

注：对于特殊要求的保护层及一些构造上规定不同部位的保护层要求，可见《混凝土结构设计规范》第 9.2 条。

B. 梁内纵向受力钢筋净距。为了保证钢筋周围的混凝土浇筑密实，避免钢筋锈蚀而影响结构的耐久性，梁的纵向受力钢筋间必须留有足够的净间距，其要求如图 3-45 所示。

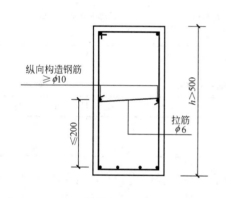

图 3-44　腰筋布置

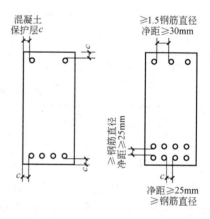

图 3-45　纵向受力钢筋间距

（3）混凝土受压构件的受力特点及构造

1）受力特点

钢筋混凝土受压构件，依据轴向压力作用线与构件截面形心线间关系的不同，可分为轴心受压构件和偏心受压构件两大类。当轴向压力的作用线与构件的截面形心线相重合时，称为轴心受压构件，如图 3-46（a）所示；当轴向压力的作用线偏离构件的截面形心线时，称为偏心构件，如图 3-46（b）所示，轴向压力的作用线到构件截面形心线之间的距离 e_0 称为轴向压力的偏心距。

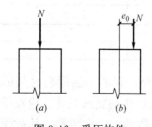

图 3-46　受压构件
（a）轴心受压构件；（b）偏心受压构件

在实际工程结构中，由于制作、安装的偏差以及混凝土本身的非匀质性等原因，使得作用于构件截面上的轴向压力总是或多或少具有一定的偏心距。因此，在钢筋混凝土结构中，理想的轴心受压构件是不存在的。但是，当轴

166

向压力的偏心距很小如 $e_0 \leqslant h/30$ 时，则可忽略其对构件承载力的影响，而将其视为轴心受压构件进行计算，这样可使计算大为简化。例如，以承受竖向永久荷载为主的多层等跨房屋的中柱以及钢筋混凝土屋架中的受压腹杆等构件，均可按轴心受压构件计算。在工业与民用建筑中应用较多的是偏心受压构件。例如，一般框架柱、单层工业厂房排架柱、钢筋混凝土屋架中的上弦杆等都属于偏心受压构件，如图 3-47 所示。

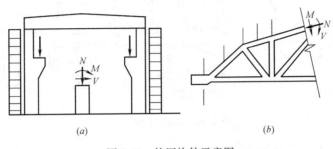

图 3-47　偏压构件示意图

(a) 厂房排架柱；(b) 屋架上弦杆

2）构造要求

A. 材料强度等级。混凝土强度等级对受压构件的承载力影响较大，为使其抗压强度得到充分利用，设计时宜采用强度等级较高的混凝土。一般情况下，混凝土强度等级不低于 C25。柱中不宜采用高强度钢筋，因其强度不能充分发挥。

B. 截面形状及尺寸。为便于施工，轴心受压柱一般采用正方形或矩形截面。当有特殊要求时，也可采用圆形或多边形截面。偏心受压柱一般采用矩形截面。当截面尺寸较大时，为减轻自重、节约混凝土，常采用工字形截面。柱截面尺寸，主要依据内力的大小和柱的计算长度而定。为了充分利用材料强度，使柱的承载力不致因长细比过大而降低太多，截面尺寸不宜太小。一般要求 $b \geqslant L_0/30$，$h \geqslant L_0/25$。对于现浇柱，截面尺寸不宜小于 $250\text{mm} \times 250\text{mm}$。柱截面尺寸还应符合模数要求，边长在 800mm 以下时，以 50mm 为模数；边长在 800mm 以上时，以 100mm 为模数。

C. 纵向钢筋。纵向钢筋的作用是和混凝土一起承担外荷载，承受因温度改变及收缩而产生的拉应力，改善混凝土的脆性性能。为此，《混凝土结构设计规范》规定了纵向钢筋的最小配筋率 $\rho_{\min}$。纵向钢筋的直径不宜小于 12mm，通常在 $12 \sim 40\text{mm}$ 范围内选择。纵向钢筋的根数至少应保证在每个阳角处设置一根；圆柱中纵向钢筋根数不宜少于 8 根，且不应少于 6 根，轴心受压时，应沿截面四周均匀、对称设置。纵向钢筋的净距离不应小于 50mm，中距不大于 350mm。对于在水平位置上浇筑的预制柱，其纵向钢筋的净距离要求与梁相同。当偏心受压柱的截面高度 $h \geqslant 600\text{mm}$ 时，在截面侧边应设置直径 $10 \sim 16\text{mm}$ 的纵向构造钢筋，用以承受由于温度变化及混凝土收缩产生的拉应力，同时，应相应设置附加箍筋或拉筋。

D. 箍筋。柱中配置箍筋，主要用来箍住纵向钢筋形成混凝土柱内的钢筋骨架，还可以防止纵向钢筋压屈，同时对剪力也有抵抗作用。柱中箍筋应做成封闭式。箍筋一般采用 HPB235 级钢筋，其直径不应小于纵向钢筋直径的 1/4，且不应小于 6mm。箍筋的间距一般为 $200 \sim 300\text{mm}$，在加密区要减小到 100mm。箍筋的形式及布置应根据截面形状、尺寸及纵向受力钢筋的根数确定。当柱截面各边纵向钢筋不多于 3 根，或当柱子短边尺寸不大于 400mm 且纵向钢筋不多于 4 根时，可设置单个箍筋，否则，应设置复合箍筋，使纵向钢筋每隔一根位于箍筋转角处。柱中不允许采用有内折角的箍筋。图 3-48 为几种常用的箍筋形式。

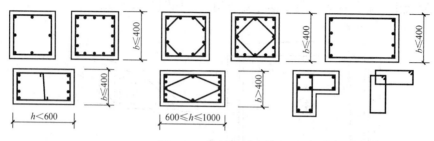

图 3-48　常用箍筋形式

（4）钢筋混凝土受扭构件的受力特点及构造

1）受扭构件的类型

截面上作用有扭矩的构件即为受扭构件。在建筑结构中，受纯扭的构件很少，一般在受扭的同时还受弯、受剪。图 3-49 所示的雨篷梁、框架的边梁和厂房中的吊车梁就是这样的例子。

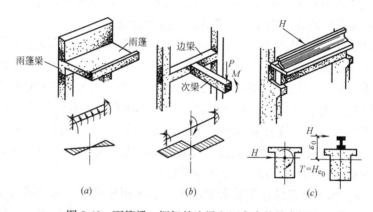

图 3-49　雨篷梁、框架的边梁和厂房中的吊车梁

2）受力特点

试验表明：对钢筋混凝土矩形截面纯扭构件，当扭矩增加时，构件首先在某一长边中点最薄弱处产生一条倾角约为 45°的斜裂缝，之后斜裂缝向两相邻面按 45°螺旋方向延伸，同时又陆续出现更多条大体连续的螺旋裂缝，直到其中一条裂缝所穿越的钢筋先达到屈服强度，这条主裂缝急速扩展，最后另一个长边的混凝土压碎，构件破坏。

在实际工程中，一般采用横向封闭箍筋和纵向受力钢筋组成的钢筋骨架来抵抗扭矩的作用。对于同时承受弯矩、剪力和扭矩的构件，则应按受弯和受剪分别计算承受弯矩的纵向受力钢筋和承受剪力的箍筋，然后与受扭纵筋和受扭箍筋叠加进行配筋。

3）配筋构造

A. 抗扭纵筋。抗扭纵筋（图 3-50）应沿构件截面周边均匀对称布置。矩形截面的四角以及 T 形和工字形截面各分块矩形的四角，均必须设置抗扭纵筋。抗扭纵筋的间距不应大于 200mm，也不应大于梁截面短边长度。弯剪扭构件纵向钢筋的配筋率，不应小于受弯构件纵向受力钢筋的最小配筋率与受扭构件纵向受力钢筋的最小配筋率之和。因此，受弯剪扭同时作用的梁式构件的配筋是比较多的。

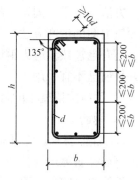

图 3-50　抗扭纵筋和
抗扭箍筋的构造

B. 抗扭箍筋。抗扭箍筋必须为封闭式，其间距应满足箍筋最大间距的要求。受扭箍筋的末端应做成 135°弯钩，弯钩端头平直段长度不应小于 10d（d 为箍筋直径）。

（5）预应力混凝土构件简介

1）预应力混凝土的基本原理

A. 预应力混凝土的概念：预应力混凝土是指在构件承受荷载之前，用某种方法在混凝土的受拉区预先施加压应力（产生预压变形），当结构承受由荷载产生的拉应力时，必须先抵消混凝土的预加压应力，然后才能随着荷载的增加使混凝土受拉，进而出现裂缝。从而延迟混凝土破坏的时间，也相对提高了混凝土的受力能力。

我们可以用如图 3-51 所示简支梁，来说明预应力和非预应力混凝土结构构件的差别，从而说明预应力构件能承受更大的荷载，和延迟混凝土裂缝出现的优点。

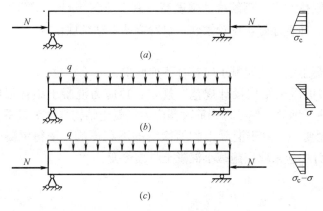

图 3-51　预应力的概念

B. 预应力的特点：

A）改善结构的使用性能，在使用荷载下不出现裂缝或大大地延迟裂缝的出现。

B）在使用荷载作用下，预应力混凝土结构仍处于弹性阶段。

C）合理采用高强度钢筋和高强度等级的混凝土，从而节省材料和减轻结构自重，特别用于跨度大或承受大荷载的构件。

D）由于抗裂度得到了提高，从而提高了构件的刚度和耐久性。

E）预应力混凝土可利用高强钢筋，比普通钢筋混凝土的用钢量节约 60％左右。

F）材料单价高，辅助材料（如锚夹具、孔道套管等）多，施工复杂等原因，预应力混凝土在一般结构中不宜采用，大多在大跨度、大荷载等结构中使用。

C. 预应力混凝土按施工方法的分类：预应力混凝土按施工方法可分为先张法预应力混凝土结构与后张法预应力混凝土结构。先张法是指先张拉预应力筋后浇筑混凝土的一种生产方法。适用于固定性的预制工厂。后张法是指先浇筑混凝土，等达到规定强度后再张拉预应力筋的生产方法。预应力筋可以放在构件的预留孔内，也可放在构件的混凝土里面。还有电加热预应力钢筋使其伸长，在冷却后缩短产生预应力的电热法，由于能源消耗大，目前已不宜采用。

2）预应力混凝土的材料及主要构造要求

A. 钢筋：

A）性能要求。①具有较高的强度。由于预应力混凝土从制作到使用的各个阶段，预应力钢筋一直处于高拉应力状态，因而钢筋的强度等级不能过低。②应该有良好的粘结性。钢筋表面宜作刻痕、压波、绞丝等处理，以增加其粘结性。应力松弛应该低。预应力钢筋在长度不变的前提下，其应力随着时间的延长而慢慢降低的现象称为应力松弛。不同的钢筋松弛量不同，应选用松弛小的钢筋。

B）预应力钢筋的种类简介。①热处理钢筋：热处理钢筋是将中低碳合金钢经过调直热处理或轧后控制冷却方法而成，其抗拉强度可高达 $f_{py}=1470N/mm^2$。②高强钢丝：高强钢丝是用高碳镇静钢轧制成的盘圆钢筋，经过索氏体化处理、酸洗、镀铜或磷化后冷拔而成。含碳量为 0.7%～0.9%。它又分为五种再加工的钢丝，冷拉钢丝、矫直回火钢丝、刻痕钢丝、低松弛钢丝和镀锌钢丝。③钢绞线：它是一根直径较粗的钢丝为芯，并用边丝围绕它进行螺旋状绞捻而成，钢绞线的强度高，有 1570N/mm²、1670N/mm² 及 1860N/mm²，应力松弛低，伸直性好，比较柔软，盘弯方便，粘结性也好。

B. 混凝土：

用于预应力混凝土结构的混凝土应符合下列要求：

A）高强度。《混凝土结构设计规范》规定：预应力混凝土结构强度等级不应低于C30，当采用钢绞线、钢丝、热处理钢筋时预应力混凝土结构强度等级不宜低于 C40。

B）收缩小、徐变小。由于混凝土收缩徐变的不利影响，使得混凝土产生预应力损失，所以在结构设计中应采取措施减小混凝土收缩徐变。

C）构造要求：

a. 先张法。

a）先张法预应力钢筋的净距及保护层应满足表 3-6 的要求。

先张法构件预应力钢筋净距要求 　　　　　　　　　　表 3-6

种类	钢丝及热处理钢筋	钢绞线	
		1×3	1×7
钢筋净距	≥15mm	≥15mm	≥20mm	≥25mm

备注：1. 钢筋保护层厚度同普通梁。
　　　2. 除满足上述净距要求外，预应力钢筋净距不应小于其公称直径 d 或等效直径 d_{eq} 的 1.5 倍，双并筋 $d_{eq}=1.4d$，三并筋 $d_{eq}=1.7d$。

b）端部加强措施：对单根预应力钢筋，其端部宜设置长度≥150mm，如图 3-52（a）所示且不少于 4 圈螺旋筋，当有可靠经验时，亦可利用支座垫板上的插筋代替螺旋筋，但不少于 4 根，长度≥120mm，如图 3-52（b）所示；对多根预应力钢筋，其端部 10d 范围内应设置 3～5 片与预应力钢筋垂直的钢筋网。

b. 后张法。

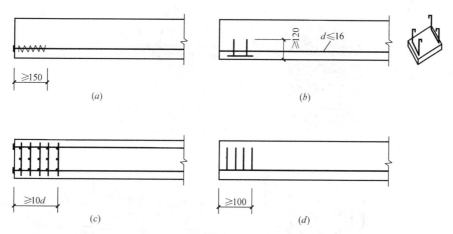

图 3-52 构件端部配筋构造要求

a）后张法需要的料具：张拉的钢筋（如钢绞线之类）、锚固的锚具、放钢绞线的波纹管，张拉用千斤顶、油泵。切割钢筋的砂轮手动工具。

b）张拉端的构造：钢筋网片、喇叭口装置。构件内的支架、波纹管的灌浆管等。

3. 砌体结构的受力特点及构造要求

（1）砌体的材料及力学性能

1）砌体种类

A. 无筋砌体：根据块材种类不同，无筋砌体分砖砌体、砌块体和石砌体。

砖砌体是采用最常用的一种砌体。当采用标准尺寸砖砌筑时，墙厚有 120mm（半砖）、240mm（1 砖）、370mm（1½砖）、490mm（2 砖）、620mm（2½砖）等，还可结合侧砌做成 180mm、300mm、420mm 等厚度。

砌块砌体为建筑工厂化、工业废料的应用、加快建设速度、减轻结构自重开辟了新的途径。我国目前采用最多的是混凝土小型空心砌块砌体。

石砌体的类型有料石砌体、毛石砌体和毛石混凝土砌体。

B. 配筋砖体。为了提高砌体的承载力和减小构件尺寸，可在砌体内配置适当的钢筋形成配筋砌体。配筋砌体有网状配筋砖砌体［图 3-53（a）］、砖砌体和钢筋混凝土面层或钢筋砂浆面层形成的组合砖砌体［图 3-53（b）］、砖砌体和钢筋混凝土构造柱形成的组合墙［图 3-53（c）］及配筋砌块砌体剪力墙结构［图 3-53（d）］等。

2）砌体抗压的力学性能

A. 砌体的抗压性能。

在工程中，由于砌体的抗压强度较高，而抗拉、弯、剪的强度较低，所以，砌体主要用于承压，受拉、受弯、受剪的情况很少采用。

如图 3-54 所示，砌体轴心受压时，自加载受力起到破坏为止，大致经历三个阶段：

从开始加载到个别砖出现裂缝为第Ⅰ阶段［图 3-54（a）］。出现第一条（或第一批）裂缝时的荷载，约为破坏荷载的 0.5～0.7 倍。这一阶段的特点是，荷载如不增加，裂缝不会继续扩展或增加。继续增加荷载，砌体即进入第Ⅱ阶段。此时，随着荷载的不断增加，原有裂缝不断扩展，同时产生新的裂缝，这些裂缝彼此相连并和垂直灰缝连起来形成

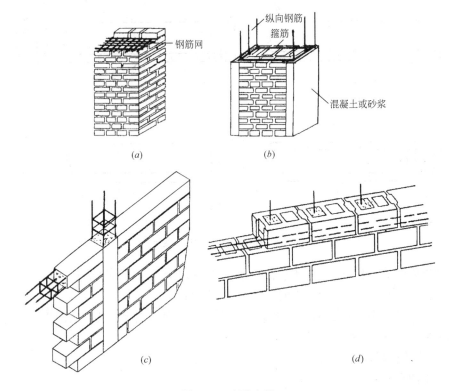

图 3-53 配筋砌体

(a) 配筋砖砌体；(b) 组合砖砌体；(c) 组合墙；(d) 配筋砌块砌体剪力墙

条缝，逐渐将砌体分裂成一个个单独的半砖小柱 [图 3-54 (b)]。当荷载达到破坏荷载的

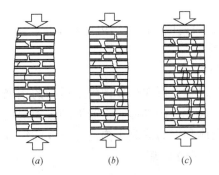

图 3-54 砌体轴心受压的破坏过程

0.8～0.9 倍时，如再增加荷载，裂缝将迅速开展，单独的半砖小柱朝侧向鼓出，砌体发生明显的横向变形而处于松散状态，以致最终丧失承载能力而破坏 [图 3-54 (c)]，这一阶段为第Ⅲ阶段。

试验表明，砌体中的砖块在荷载尚不大时即已出现竖向裂缝，即砌体的抗压强度远小于砖的抗压强度。其原因是砌体中的块材（砖）处于压缩、弯曲、剪切、局部受压、横向拉伸等复杂受力状态，而块材的抗弯、抗剪、抗拉强度很低，所以砌体在远小于块材的抗压强度时就出现了裂缝。随着荷载的增加，裂缝不断扩展，使砌体形成半砖小柱，最后丧失承载能力。

B. 影响砌体抗压强度的因素。

A) 块材和砂浆的强度。块材和砂浆的强度是影响砌体强度的首要因素，其中块材的强度又是最主要方面。砂浆强度是次要方面。若砌体中单纯提高砂浆强度并不能使砌体抗压强度有很大提高，因为影响砌体抗压强度的主要因素是块材的强度等级，块材与砂浆横向变形的差异还不是主要的因素，所以采用提高砂浆强度等级来提高砌体强度的做法，不如提高块材的强度等级更有效。

B) 块材的尺寸和形状。增加块材的厚度可提高砌体强度，因为块材厚度的提高可以增大其抗弯、抗剪能力。块材形状的规则与否也直接影响砌体的抗压强度。块材表面不平、形状不整，在压力作用下其弯、剪应力将增大，会使砌体的抗压强度降低。

C) 砂浆各种性能。砂浆的流动性大，容易铺成均匀、密实的灰缝，可减小块材的弯、剪应力，因而可以提高砌体强度。但当砂浆的流动性过大时，一是含水量和水灰比大，强度会降低，二是硬化受力后的横向变形也大，砌体强度随之降低。因此砂浆除应具有符合要求的流动性外，也要有较高的密实性。

D) 砌筑质量。砌筑的施工质量也是影响砌体抗压强度的关键因素。在砌筑质量中，包括组砌方法、接槎好坏、工人技术素质、砂浆饱满度、墙体垂直平整度等都对砌体强度高低有直接影响。

（2）砌体结构房屋的承重体系

A. 砌体结构房屋的承重体系

在砌体结构房屋的设计中，承重墙、柱的布置十分重要。因为承重墙、柱的布置不仅影响着房屋建筑平面的划分和室内空间的大小，而且还决定着竖向荷载的传递路线及房屋的空间刚度，甚至影响到房屋的工程造价。

根据建筑物竖向荷载传递路线的不同，可将混合结构房屋的承重体系划分为下列四种类型。

A）横墙承重体系

在横墙承重体系的房屋中，横墙是主要的承重墙，纵墙主要起围护、隔断和将横墙连接成整体的作用。荷载的主要传递路线是：板→横墙→基础→地基，如图 3-55（a）所示。横墙承重体系房屋的横向刚度较大，整体性好，对抵抗风荷载、地震作用和地基的不均匀沉降等较为有利，适用于横墙间距较密的住宅、宿舍、旅馆、招待所等民用建筑。

B）纵墙承重体系

在纵墙承重体系的房屋中，纵墙是主要的承重墙，横墙主要起分隔和将纵墙连接成整体的作用，荷载的主要传递路线是：板（梁）→纵墙→基础→地基，如图 3-55（b）所示，纵墙承重体系房屋的平面布置灵活，室内空间较大，但横向刚度和房屋的整体性稍差些，适用于使用上要求有较大空间的教学楼、实验楼、办公楼、厂房和仓库等工业与民用建筑。

C）纵横墙承重体系

在有些房屋中，纵横墙均为承重墙，如图 3-55（c）所示。这种结构房屋受屋面、楼面传来的荷载，有的是纵墙，有的是横墙。这种房屋在两个相互垂直的方向上的刚度均较大，有较强的抗风和抗震能力，应用广泛。荷载的主要传递路线是：屋（楼）面荷载→纵墙或横墙→基础→地基。

D）内框架承重体系

在混合结构房屋中，屋（楼）面荷载由设置在房屋内部的钢筋混凝土框架和外部的砖墙、柱共同承重，如图 3-55（d）所示。内框架承重多用于工业厂房、仓库、商店等建筑。此外，某些建筑的底层，为取得较大的使用空间，往往也采用这种体系。但这种房屋的整体性和总体刚度较差，在抗震设防地区不宜采用。

B. 砌体结构房屋设计采用的方案

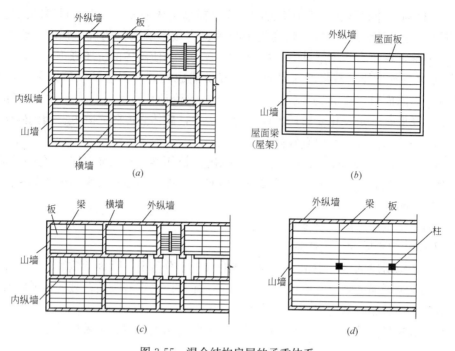

图 3-55　混合结构房屋的承重体系

（a）横墙承重体系；（b）纵墙承重体系；（c）纵横墙承重体系；（d）内框架承重体系

A）刚性方案房屋

如果房屋横墙间距较小，屋（楼）盖的水平刚度较大，则房屋的空间刚度也较大，在水平荷载作用下房屋的水平侧移较小，可将屋盖或楼盖视为墙或柱的不动铰支承，可不考虑房屋的水平位移，如图 3-56（a）所示，这种房屋称为刚性方案房屋。

B）刚弹性方案房屋

这是介于"刚性"和"弹性"两种方案之间的房屋，其屋盖及楼盖具有一定的水平刚度，横墙间距不太大，能起一定的空间作用，在水平荷载作用下，墙、柱顶部有水平位移，但较弹性方案的水平位移小，计算时屋盖或楼盖可作为墙、柱顶端的弹性支承，如图 3-56（b）所示，这种房屋称为刚弹性方案房屋。

C）弹性方案房屋

如果房屋的横墙间距较大，屋（楼）盖的水平刚度又较小，则房屋的空间刚度也相应变小，在水平荷载作用下房屋的水平侧移较大，不可忽略，屋盖或楼盖和横墙不能限制墙、柱顶部的水平侧移，设计时必须考虑相应措施。如图 3-56（c）所示，这种房屋称为

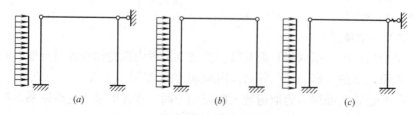

图 3-56　三种静力计算方案的计算简图

（a）刚性方案房屋；（b）刚弹性方案房屋；（c）弹性方案房屋

弹性方案房屋。

（3）砌体房屋的构造要求

1）高厚比必须符合国家的设计规范

墙、柱的高厚比验算是保证砌体房屋稳定性与刚度的重要构造措施之一。所谓高厚比是指墙、柱计算高度 H_0 与墙厚 h（或与柱的计算高度相对应的柱边长）的比值，用 β 表示。

$$\beta = \frac{H_0}{h} \tag{3-33}$$

砌体墙、柱的允许高厚比系指墙、柱高厚比的允许限值，用 $[\beta]$ 表示，具体数据可查《砌体结构设计规范》GB 50003—2001。

2）砌体结构一般构造要求简介

为了保证砌体结构房屋有足够的耐久性和良好的整体工作性能，必须采取合理的构造措施。

A. 根据房屋层次及使用要求，对材料强度有相应的要求如下：

A）五层及五层以上房屋的墙，以及受振动或层高大于 6m 的墙、柱所用材料的最低强度等级为：砖 MU10，砌块 MU7.5，石材 MU30，砂浆 M5。

对安全等级为一级或设计使用年限大于 50 年的房屋，墙、柱所用材料的最低强度等级至少比上述要求再提高一级。

B）地面以下及防潮层以下的砌体、潮湿房间的墙所用材料的最低强度等级应符合表3-7 的要求。

地面以下或防潮层以下的砌体、潮湿房间墙所用材料的最低强度等级　　表 3-7

基土的潮湿程度	烧结普通砖、蒸压灰砂砖		混凝土砌块	石材	水泥砂浆
	严寒地区	一般地区			
稍潮湿的	MU10	MU10	MU7.5	MU30	MU5
很潮湿的	MU15	MU10	MU7.5	MU30	MU7.5
水饱和的	MU20	MU15	MU10	MU40	MU10

注：1. 在冻胀地区，地面以下或防潮层以下的砌体，不宜采用多孔砖，采用时，其孔洞应用水泥砂浆灌实；当采用混凝土砌块砌体时，其孔洞采用强度等级不低于 C20 的混凝土灌实。

2. 对安全等级为一级或者设计使用年限大于 50 年的房屋，表中材料强度等级至少应该提高一级。

B. 最小截面规定

为了避免墙柱截面过小导致稳定性能变差，以及局部缺陷对构件的影响增大，规范规定了各种构件的最小尺寸。承重的独立砖柱截面尺寸不应小于 240mm×370mm。

C. 墙、柱连接构造

为了增强砌体房屋的整体性和避免局部受压损坏，规范规定：

A）跨度大于 6m 的屋架和跨度大于 4.8m 的梁，应在支承处砌体设置混凝土或钢筋混凝土垫块；当墙中设有圈梁时，垫块与圈梁宜浇成整体。

B）预制钢筋混凝土板的支承长度，在墙上不宜小于 100mm；在钢筋混凝土圈梁上不宜小于 80mm；当利用板端伸出钢筋拉结和混凝土浇筑时，其支承长度可为 40mm，但板端缝宽不小于 80mm，灌缝混凝土不宜低于 C20。

C）预制钢筋混凝土梁在墙上的支承长度应为 180～240mm。

D）填充墙、隔墙应采取措施与周边构件可靠连接。一般是在钢筋混凝土结构中预埋拉结筋，在砌筑墙体时将拉结筋砌入水平灰缝内。

E）山墙处的壁柱宜砌至山墙顶部，屋面构件应与山墙可靠拉结。

D. 砌体中留槽洞或埋设管道时的规定

A）不应在截面长边小于 500mm 的承重墙体、独立柱内埋设管线。

B）不宜在墙体中穿行暗线或预留、开凿沟槽，无法避免时应采取必要措施或按削弱后的截面验算墙体承载力。对受力较小或未灌孔砌块砌体，允许在墙体的竖向孔洞中设置管线。

（4）砌体房屋中圈梁、过梁与挑梁的构造规定

1）圈梁的设置要求

在墙体内设置现浇钢筋混凝土圈梁的目的，是为了增强砌体结构房屋的整体刚度，防止由于地基的不均匀沉降或较大的振动荷载等对房屋引起的不利影响，而不是用以提高其承载力。

在多层房屋中，圈梁可参照下列规定设置：

A. 多层砖砌体民用房屋，如宿舍、办公楼等，且层数为 3～4 层时，宜在檐口标高处设置圈梁一道；当层数超过 4 层时应在所有纵横墙上隔层设置。

B. 多层砌体工业房屋，应每层设置现浇钢筋混凝土圈梁。

C. 设置墙梁的多层砌体房屋应在托梁、墙梁顶面和檐口标高处设置现浇钢筋混凝土圈梁，其他楼层处应在所有纵横墙上每层设置。

D. 采用现浇钢筋混凝土楼（屋）盖的多层砌体结构房屋，当层数超过 5 层时，除在檐口标高设置圈梁外，可隔层设置圈梁，并与楼（屋）面板一起现浇。未设圈梁的楼面板嵌入墙内的长度不应小于 120mm，并沿墙长配置不少于 2φ10 的纵向钢筋。

E. 砖砌体房屋，檐口标高为 5～8m 时，应在檐口标高处设置圈梁一遭，檐口标高大于 8m 时，应增加设置数量。

2）过梁的构造规定

过梁是门窗洞口上用以承受上部墙体和楼盖传来的荷载的常用构件，其构造补充规定为：

A. 钢筋砖过梁不应超过 1.5m 跨度；

B. 砖砌平拱不应超过 1.2m 跨度；

C. 对有较大振动载荷，或过梁上有集中载荷，以及可能产生不均匀沉降的房屋必须采用钢筋混凝土过梁。

3）挑梁的构造规定

挑梁是指一端埋入墙体内，一端挑出墙外的钢筋混凝土梁。挑梁应进行抗倾覆验算、挑梁下砌体的局部受压承载力验算以及挑梁本身承受荷载的计算。挑梁设计除应符合国家现行《混凝土结构设计规范》外，还应满足下列要求：

A. 纵向受力钢筋在梁上部至少应有 $l/2$ 的钢筋面积伸入梁嵌固端内足够长度，且不少于 2φ12。其余钢筋伸入支座的长度不应小于埋入砌体长度的 2/3。

B. 挑梁埋入砌体的长度 l_1 与挑出长度 l 之比 l_1/l 宜大于 1.2，当挑梁上无砌体时，

l_1/l 宜大于 2。

4. 钢结构的受力特点及构造要求

（1）钢结构的特点

钢结构具有下述特点：

A. 钢材的强度高；

B. 钢结构的自重相对于其他结构要轻；

C. 钢材具有均匀、连续及各向同性的特点；

D. 钢材具有可焊性和可加工性；

E. 钢结构加工及施工受季节限制较少；

F. 钢材耐温性较好，而耐火性较差。温度约在 250℃以内，钢材的性能变化很小，因而钢结构的长期耐高温性能比其他结构好。但当温度接近 500℃时，钢材的强度迅速下降，使钢结构软化，丧失抵抗外力的能力。因此，在某些有特殊防火要求的建筑中采用钢结构时，必须用耐火材料予以围护；

G. 后期维护费用高。由于钢结构的主要元素是铁（Fe），所以其最大缺点是易于锈蚀。因此，对钢结构需要定期维护（刷防锈涂料），所以钢结构的维护费用比其他结构高。

（2）钢结构的构造及受力特点

1）轴心受力构件

轴心受力构件包括轴心受拉构件与轴心受压构件。在杆件体系结构中，因假设节点为铰接，所以其杆件均由轴心受力构件组成。轴心受力构件的截面型式如图 3-57、图 3-58 所示，使用时可根据需要进行选择。

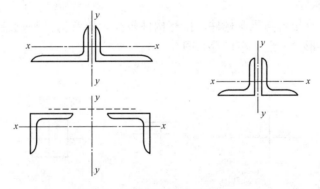

图 3-57　轴心受拉构件的截面型式

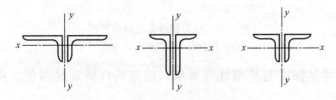

图 3-58　轴心受压构件的截面型式

A. 轴心受力构件的强度：轴心受拉和轴心受压构件的强度，都以截面应力达到屈服强度为极限。

B. 轴心受力构件的长细比：当构件过于柔细，刚度不足时，在外力作用下就会产生较大的挠度。为保证受拉构件及受压构件的刚度，根据实践经验，规范规定以其长细比的容许值来控制。

C. 轴心受压杆件稳定性：细长的轴心受压杆件，往往当荷载还没有达到按强度考虑的极限数值，即应力还低于屈服点时，就会发生屈曲破坏，这就是轴心受压杆件失去稳定性的破坏，也叫做"失稳"。

2）受弯构件

钢梁按制作方法可分为型钢梁与组合梁。型钢梁构造简单、用料经济，当跨度及荷载较小时应优先采用 [图 3-59（a）、（b）]。组合梁由钢板与钢板或钢板与型钢用焊接或铆接组合而成 [常用截面类型见图 3-59（c）、（d）、（e）、（f）]。

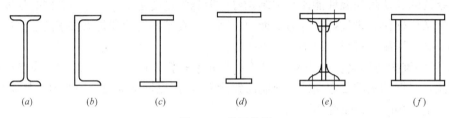

图 3-59　截面类型

钢梁主要用于工业建筑中的墙架横梁、檩条、工作平台梁和吊车梁等结构构件，工地也常用型钢梁作为临时性结构。钢梁应满足抗弯强度、抗剪强度、局压强度、刚度、整体稳定、局部稳定等诸方面的要求。

3）偏心受力构件

偏心受力构件有拉弯与压弯构件。拉弯构件较少，压弯构件是钢结构中常见的构件，常见的截面有工字形、T 形、箱形等（图 3-60）。

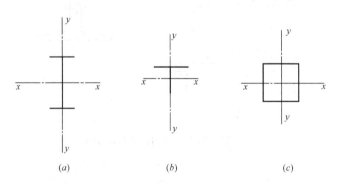

图 3-60　压弯构件常见截面类型
（a）工字形；（b）T 形；（c）箱形

拉弯构件要满足强度与长细比等要求；压弯构件要满足强度、稳定性及刚度等要求。

（3）钢结构的连接

1）连接的种类和特点

钢结构常用的连接方法有焊接连接、螺栓连接和铆钉连接（图 3-61）。目前应用较多

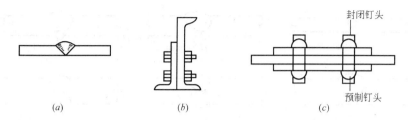

封闭钉头

预制钉头

图 3-61　连接的种类
(a) 焊接；(b) 螺栓连接；(c) 铆钉连接

的为焊接连接。

A. 焊接连接：焊接连接的优点是构造简单，可以不削弱截面，连接的密封性好，易于自动化操作等。但也存在一些缺点，如使焊接影响区的材质变脆；在焊件中产生焊接残余应力和变形，影响结构或结构构件的承载能力以及正常使用。焊接连接是钢结构中最主要的一种连接方法。

B. 螺栓连接：螺栓连接分普通螺栓连接和高强螺栓连接两大类。

A) 普通螺栓连接：普通螺栓主要用于安装连接及可拆卸的结构中。按照加工的精度，这类螺栓有粗制螺栓和精制螺栓两种。粗制螺栓加工粗糙，尺寸不够准确，只要求Ⅱ类孔。粗制螺栓成本低，传递剪力时，连接的变形较大，但传递拉力的性能尚好，故多用在承受拉力的安装连接中。精制螺栓尺寸准确，要求Ⅰ类孔，孔径等于栓杆径，因而抗剪性能比精制螺栓好，但成本高，安装困难，因而较少采用。

B) 高强螺栓连接：普通螺栓是靠栓杆受拉和抗剪来传递剪力，而高强螺栓则是靠连接板间的摩擦阻力来传递剪力。为了产生更大的摩擦阻力，高强螺栓采用高强度的优质碳素钢或合金钢制成。高强螺栓按计算准则不同分为两种类型。一种为摩擦型，以连接板间摩擦阻力刚被克服作为连接承载力的极限状态，用于直接承受动力荷载的结构中；另一种为承压型，靠连接件间的摩擦力和栓杆共同传力，以栓杆被剪坏和被压坏为承载力极限，多用于承受静荷载和结构对变形不敏感的结构中。两种螺栓均要求Ⅱ类孔。

C) 铆钉连接：铆钉连接是将一端带有预制钉头的铆钉，插入被连接构件的钉孔中，利用铆钉枪或压铆机将另一端压成封闭钉头而成。铆钉连接因费工费时、成本高，现已很少采用，因此不再作详细介绍。

2) 焊接连接

焊接连接有气焊、接触焊和电弧焊等形式。电弧焊又分为手工焊、自动焊和半自动焊三种。钢结构中常用的是手工电弧焊。利用手工操作的方法，以焊接电弧产生的热量使焊条和被连接的钢材熔化从而凝固成牢固接头的工艺过程，就是手工电弧焊。

A. 对接焊缝的形式与构造如下：

为使被连接件焊透，常将对接焊缝的焊件剖口，所以焊件对接焊缝的型式有直边缝、单边V形缝、双边V形缝、U形缝、K形缝、X形缝等（图3-62）。

焊缝的起点和终点处，常因不能熔透而出现凹形的焊口。为避免受力后出现裂纹及应力集中，按《钢结构工程施工质量验收规范》的规定，施焊时应将两端焊至引弧板上（图3-63），然后再将多余部分切除，这样就不致减小焊缝处的截面。

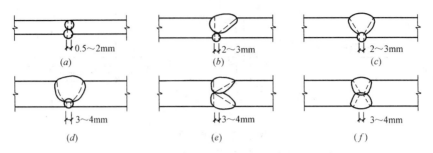

图 3-62　对接焊缝的构造

(a) 直边缝；(b) 单边 V 形缝；(c) 双边 V 形缝；(d) U 形缝；(e) K 形缝；(f) X 形缝

对接焊缝的优点是用料经济，传力均匀、平顺，没有显著的应力集中，承受动力荷载的构件最适于采用对接焊缝。缺点是施焊的焊件应保持一定的间隙，板边需要加工，施工不便。

B. 角焊缝的构造如下

在相互搭接或丁字连接构件的边缘，所焊截面为三角形的焊缝，这种焊缝叫做角焊缝（图 3-64）。图 3-65 所示的是钢结构中最常用的普通直角角焊缝。

图 3-63　对接焊缝的引弧板　　　　图 3-64　角焊缝

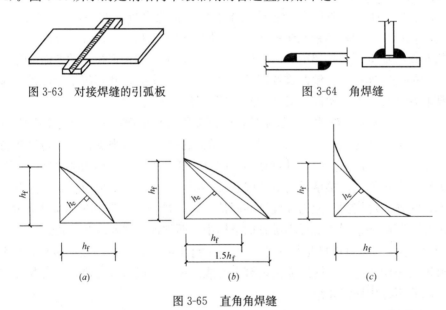

图 3-65　直角角焊缝

直角角焊缝的直角边称为焊脚尺寸，其中较小的焊脚尺寸以 h_f 表示，在以 h_f 为两直角边的直角三角形中，与 h_f 成 45° 的喉部长度为焊缝的有效厚度 h_e，也就是角焊缝计算截面的有效厚度。在直角角焊缝中，$h_e = \cos45° \times h_f = 0.7 h_f$。

杆件与节点板的连接焊缝一般宜采用两面侧焊 [图 3-66 (a)]，也可用三面围焊；对角钢杆件还可采用 L 形围焊 [图 3-66 (b)]。

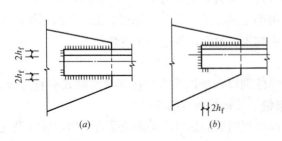

图 3-66　杆件与节点板的焊缝连接

(a) 两面侧焊；(b) L 形围焊

角焊缝的优点是焊件板边不必预先加工，也不需要校正缝距，施工方便。其缺点是应力集中现象比较严重；由于必须有一定的搭接长度，角焊缝连接在材料使用上不够经济。

3）螺栓连接

A. 普通螺栓连接：

螺栓连接施工简单，固定牢靠，无须专门设备，广泛用于临时固定构件及可拆卸结构的安装中。按国际标准，螺栓统一用螺栓的性能等级来表示，如"4.6级"、"8.8级"、"10.9级"等。此处小数点前数字表示螺栓材料的最低抗拉强度 f_u，例如"4"表示400N/mm²，"8"表示 800N/mm² 等。小数点及以后数字（0.6、0.8等）表示螺栓材料的屈强比，即屈服点与最低抗拉强度的比值。普通螺栓是属于 4.6 级的螺栓，用 Q235 钢制成。

普通螺栓连接有两种，一种是 C 级螺栓（粗制螺栓）连接，另两种是 A 级或 B 级螺栓（精制螺栓）连接。C 级螺栓加工粗糙、尺寸不够准确，只要求Ⅱ类孔（即在单个零件上一次冲成或不用钻模钻成设计孔径的孔），成本低；A 级和 B 级螺栓经车削加工制成，尺寸准确，要求Ⅰ类孔（连接板件组装后，孔精确对准，内壁平滑，孔轴垂直于被连板件的接触面），其抗剪性能比 C 级螺栓好，但成本高，安装困难，较少使用。

C 级螺栓在传递剪力时，连接的变形较大，但传递拉力的性能尚好。因此钢结构规范规定，C 级螺栓宜用于沿其杆轴方向受拉的连接。

A）普通螺栓连接的破坏形式：普通螺栓连接按受力性质可分为抗剪螺栓连接和受拉螺栓连接。

a. 抗剪螺栓连接：抗剪螺栓连接是指在外力作用下，被连接构件的接触面产生相对剪切滑移的连接，如图 3-67 所示。

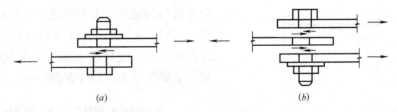

图 3-67　抗剪螺栓连接
（a）单剪；（b）双剪

普通抗剪螺栓连接有五种破坏形式：

当螺栓杆较细、板件较厚时，螺栓杆可能被剪断，如图 3-68（a）所示。

当螺栓杆较粗、板件相对较薄时，板件可能先被挤压而破坏，如图 3-68（b）所示。

当螺栓孔对板的削弱过于严重时，板件可能在削弱处被拉断，如图 3-68（c）所示。

当端距太小时，板端可能受冲剪而破坏，如图 3-68（d）所示。

当螺栓杆细长，螺栓杆可能发生过大的弯曲变形而使连接破坏，如图 3-68（e）所示。

b. 受拉螺栓连接：受拉螺栓连接是指外力作用下，被连接构件的接触面将互相脱开而使螺栓杆受拉的连接（图 3-69），受拉螺栓连接是通过计算来保证其不发生破坏的。

B）普通螺栓连接排列的构造要求：

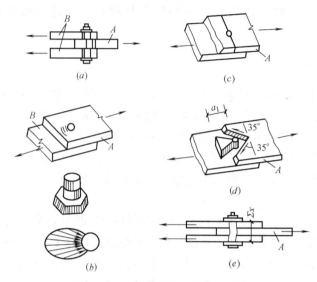

图 3-68 受剪螺栓的五种破坏形式

a. 受力要求：端距不能太小，否则孔端前的钢板被撕坏，要求端距$\geq 2d_0$；边距不能太小，否则边距前钢板也被撕坏，要求边距$\geq 2d_0$（或 $1.5d_0$，视具体情况而定）；中距不能太小，否则两孔间的钢板被挤坏，要求中距$\geq 3d_0$，但中距也不能过大，否则受压构件两孔间的钢板被压屈鼓肚。

b. 构造要求：中距、端距、边距不能过大，否则板翘曲后浸入潮气、水而腐蚀。

c. 施工要求：为了便于拧紧螺栓，所以应留适当的间距，不同的施工工具有不同的要求。《钢结构工程施工质量验收规范》根据螺栓孔的直径、钢材板边加工情况及受力方向，规定了螺栓最大、最小容许距离，见表 3-8。

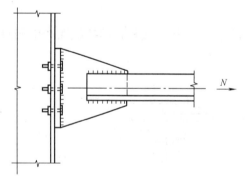

图 3-69 受拉螺栓连接

螺栓或铆钉的最大、最小容许距离

表 3-8

名称	位置和方向			最大容许距离 （取两者的较小值）	最小容许距离
中心间距	外排（垂直内力方向或顺内力方向）			$8d_0$ 或 $12t$	$3d_0$
	中间排	垂直内力方向		$16d_0$ 或 $24t$	
		顺内力方向	构件受压力	$12d_0$ 或 $18t$	
			构件受拉力	$16d_0$ 或 $24t$	
	沿对角线方向			—	
中心至构件边缘距离	垂直内力方向	顺内力方向			$2d_0$
		剪切边或手工气割边		$4d_0$ 或 $8t$	$1.5d_0$
		轧制边、自动气割或锯割边	高强螺栓		
			其他螺栓或铆钉		$1.2d_0$

B. 高强螺栓连接的受力特点：

高强螺栓是一种新的连接形式，它具有施工简单、受力性能好、可拆换、耐疲劳以及在动力荷载作用下不致松动等优点，是很有发展前途的连接方法。

如图 3-70 所示，用特制的扳手上紧螺帽，使螺栓产生预拉力 P，通过螺帽和垫板，对被连接件也产生了同样大小的预压力 P。在预压力 P 作用下，沿被连接件表面就会产生摩擦力，显然，只要 N 小于此摩擦力，构件便不会滑移，连接就不会受到破坏，这就是高强度螺栓连接的原理。

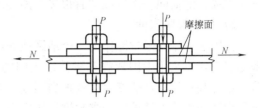

图 3-70　高强螺栓连接

如上所述，高强度螺栓连接是靠连接件接触面间的摩擦力来阻止其相互滑移的，为使接触面有足够的摩擦力，就必须提高构件的夹紧力和增大构件接触面的摩擦系数。构件间的夹紧力是靠对螺栓施加预拉力来实现的，但由低碳钢制成的普通螺栓，因受材料强度的限制，所能施加的预拉力是有限的，它所产生的摩擦力比普通螺栓的抗剪能力还小，所以如要靠螺栓预拉力所引起的摩擦力来传力，则螺栓材料的强度必须比构件材料的强度大得多才行，亦即螺栓必须采用高强度钢制造，这也就是称为高强度螺栓连接的原因。

高强度螺栓连接中，摩擦系数的大小对承载力的影响很大。试验表明摩擦系数与构件的材质（钢号）、接触面的粗糙程度、法向力的大小等都有直接的关系，其中主要是接触面的形式和构件的材质。为了增大接触面的摩擦系数，施工时应将连接范围内构件接触面进行处理，处理的方法有喷砂、用钢丝刷清理等。设计中，应根据工程情况，尽量采用摩擦系数较大的处理方法，并在施工图上清楚注明。

应当指出，高强度螺栓实际上有摩擦型和承压型之分。摩擦型高强度螺栓承受剪力的准则是设计荷载引起的剪力不超过摩擦力，以上所述就是指这一种；而承压型高强度螺栓则是以杆身不被剪坏或板件不被压坏为设计准则，其受力特点及计算方法等与普通螺栓基本相同，但由于螺栓采用了高强度钢材，所以具有较高的承载能力。

（四）建筑结构抗震基本知识

1. 地震震级和烈度的基本概念

（1）地震的相关概念

地震，是一种自然现象，但对人们的正常生活和生产却是一种灾难。地震分为陷落地震、火山地震、构造地震三类。最常见的构造地震是由于地球内部不断的运动，致使地壳内层内积聚了大量内能，这些内能所产生的巨大力量作用在岩层上，使地壳发生变形，在脆弱部分发生断裂和错动引起地壳震动。地震的大小和强烈程度国际上用震级和烈度来表示。

1）震级

震级是地震时散发出的能量大小的等级，国际上现分为九级。震级越大，影响就越大。一般小于 2 级的地震称微震，人们感觉不到；2～4 级称为有感地震，5 级以上称破坏性地震，会对地面上的东西包括建筑物造成不同程度的破坏；7～8 级称为强烈地震或大地震；超过 8 级的地震称为特大地震。

2）地震烈度

地震烈度是指某一地区地面上各类建筑物等遭受一次地震影响的强烈程度。地震烈度不仅与震级大小有关，而且与震源深度，震中距离、地质构造等因素有关。一次地震只有一个震级，然而同一次地震却有很多个烈度区。

3）抗震设防烈度

按国家规定权限批准作为一个地区地震设防依据的地震烈度，称为抗震设防烈度。一般情况下，可采用中国地震动参数区划图的地震基本烈度，或采用与《建筑抗震设计规范》设计基本地震加速度对应的地震烈度。对已编制抗震设防区划的城市也可采用批准的抗震设防烈度或设计地震动参数进行抗震设防。

（2）地震对建筑物的破坏

在强烈地震作用下，各类建筑物会遭到程度不同的破坏，按其破坏形态及直接原因，可分以下几类：

1）结构丧失整体性的破坏

房屋建筑或构筑物是由许多构件组成的，在强烈地震作用下，构件连接不牢，支承长度不够和支撑失稳等都会使结构丧失整体性而破坏。

2）承重构件强度不足引起局部破坏

任何承重构件都有各自的特定功能，以适应承受一定的外力作用。对于设计时未考虑抗震设防或抗震设防不足的结构，在强烈地震作用下，不仅构件的内力增大很多，其受力性质往往也将改变，致使构件因强度不足而破坏。

3）地基失效引起破坏

当建筑物地基内含饱和砂层、粉土层时，在强烈地面运动作用下，土中孔隙水压力急剧增高，致使地基土发生液化，地基承载力下降，甚至完全丧失，从而导致上部建筑物的破坏。

4）次生灾害

所谓次生灾害是指地震时给排水管网、煤气管道、供电线路的破坏，以及易燃、易爆、有毒物质、核物质容器的破裂，造成的水灾、火灾、污染、瘟疫等严重灾害。同时，地震造成交通和通信的中断，医院、电厂、消防等部门工作无法正常进行，更加剧了抗震救灾工作的困难。这些次生灾害，有时比地震直接造成的损失还大。在城市，尤其是大城市这个问题已越来越引起人们的关注。

（3）抗震设防的基本要求

进行抗震设计、施工及材料选择时，应遵守下列一些要求：

1）选择对抗震有利的场地、地基和基础

建筑抗震有利地段，一般是指稳定基岩、坚硬土或开阔平坦、密实均匀的中硬土等地段。不利地段，一般是指软弱土，液化土，条状突出的山嘴，高耸孤立的山丘，非岩质的陡坡，河岩和边坡边缘，在平面分布上成因、岩性、状态明显不均匀的土层（如故河道、断层破碎带、暗埋的塘浜沟谷及半填半挖地基）等地段。危险地段，一般是指地震时可能发生滑坡、崩塌、地陷、地裂、泥石流等及地震断裂带上可能发生地表位错的部位等地段。

确定建筑场地时，应选择有利地段，避开不利地段（无法避开时应适当采取措施），不应在危险地段建造甲、乙、丙类建筑。

2）选择对抗震有利的建筑平面和立面

建筑及抗侧力结构的平面布置宜规则对称，并应具有良好的整体性；建筑的立面和竖向剖面宜规则，结构的侧向刚度宜均匀变化，竖向抗侧力构件的截面尺寸和材料强度宜自下而上逐渐减小，避免抗侧力结构的侧向刚度和承载力突变。体型复杂、平立面特别不规则的建筑结构，可按实际需要在适当部位设置防震缝，将建筑分成规则的抗侧力结构单元。防震缝应根据抗震设防烈度、结构材料种类、结构类型、结构单元的高度和高差情况，留有足够的宽度，防震缝两侧选择技术上、经济上合理的抗震结构体系。

抗震结构体系应根据建筑的抗震设防类别、抗震设防烈度、建筑高度、场地条件、地基、结构材料和施工等因素，经技术、经济和使用条件综合比较确定。

3）在设计结构各构件之间的连接时，应符合下列要求，施工时对这些连接节点也应特别重视：

A. 构件节点的强度不应低于其连接构件的强度。

B. 预埋件的锚固强度不应低于被连接件的强度。

C. 装配式结构的连接应能保证结构的整体性。

D. 预应力混凝土构件的预应力钢筋宜在节点核心区以外锚固。

4）处理好非结构构件和主体结构的关系

非结构构件如女儿墙、高低跨封墙、雨篷、贴面、顶棚、围护墙、隔墙等。在抗震设计中，处理好非结构构件与主体结构之间的关系，可防止附加震害，减少损失。

5）注意材料的选择和施工质量

抗震结构在材料选用、施工质量，特别是在材料代用上，有特殊的要求的应特别注意。这是抗震结构施工中一个十分重要的问题，在抗震设计和施工中应当引起足够的重视。

混凝土结构材料应符合下列规定：

A. 混凝土强度等级，框支梁、框支柱及抗震等级为一级的框架结构的梁、柱节点核芯区，不应低于C30；构造柱、芯柱、圈梁及其他各类构件不应低于C20；由于高强混凝土具有脆性性质，故规定9度设防时不宜超过C60，8度时不宜超过C70。

B. 钢筋宜优先采用延性、韧性和可焊性较好的钢筋；纵向受力钢筋宜选用HRB400级和HRB335级热轧钢筋。箍筋宜选用HRB335、HRB400和HPB235级热轧钢筋。

C. 对抗震等级为一、二级的框架结构，其纵向受力钢筋采用普通钢筋时，钢筋的抗拉强度实测值与屈服强度实测值的比值不应小于1.25；且钢筋的屈服强度实测值与强度标准值的比值不应大于1.3。

钢结构的钢材应符合下列规定：

A. 钢材的抗拉强度实测值与屈服点强度实测值的比值不应小于1.2；钢材应有明显的屈服台阶，且伸长率应大于20%；钢材应有良好的可焊性和合格的韧性。

B. 钢结构的钢材宜采用Q235等级B、C、D的碳素钢及Q345等级B、C、D、E的低合金钢；当有可靠依据时，尚可采用其他钢种钢号。

2. 建筑结构抗震构造措施

（1）震害及其分析

在强烈地震作用下，多层砌体房屋将可能在以下部位破坏：

A. 墙体的破坏（尤其是窗间墙）。

B. 墙体转角处的破坏。

C. 楼梯间墙体的破坏。

D. 内外墙连接处的破坏。

E. 楼盖预制板的破坏。

F. 突出房屋的阳台、雨篷及屋顶间等附属结构的破坏。

（2）多层砖房抗震构造措施

1）设置钢筋混凝土构造柱

构造柱设置部位，一般情况下应符合表 3-9 的要求。外廊式或单面走廊式的多层砖房，应根据房屋增加一层后的层数，按表 3-9 要求设置构造柱，且单面走廊两侧的纵墙均应按外墙处理；教学楼、医院等横墙较少的房屋，应根据房屋增加一层后的层数，按上述要求设置构造柱。当教学楼、医院等横墙较少的房屋为外廊式或单面走廊式时，对于 6 度不超过四层、7 度不超过三层和 8 度不超过二层的多层房屋，应按增加二层后的层数，按表 3-9 要求设置构造柱。

砖房构造柱设置要求   表 3-9

房屋层数				设 置 部 位	
6 度	7 度	8 度	9 度		
四、五	三、四	二、三		外墙四角，错层部位墙与外纵墙交接处，大房间内外墙交接处，较大洞口两侧	7、8 度时，楼、电梯间的四角；隔 15m 或单元横墙与外纵墙交接处
六、七	五	四	二		隔开间横墙（轴线）与外墙交接处，山墙与内纵墙交接处；7～9 度时，楼、电梯间的四角
八	六、七	五、六	三、四		内墙（轴线）与外墙交接处，内墙的局部较小墙垛处；7～9 度时，楼、电梯间四角，9 度时内纵墙与横墙（轴线）交接处

2）钢筋混凝土圈梁的设置

一般房屋也设置圈梁，但抗震地区的圈梁应比常规的多，通常每层都要设置。圈梁设置要求为：

A. 装配式钢筋混凝土楼、屋盖或木楼、屋盖的砖房，横墙承重时应按表 3-10 的要求设置圈梁；纵墙承重时每层均应设置圈梁，且抗震横墙上的圈梁间距应比表内要求适当加密。

砖房现浇钢筋混凝土圈梁设置要求   表 3-10

墙体	烈 度		
	6、7	8	9
外墙及内纵墙	屋盖处及每层楼盖处	屋盖处及每层楼盖处	屋盖处及每层楼盖处
内横墙	屋盖处及每层楼盖处；屋盖处间距不应大于 7m；楼盖处间距不应大于 15m；构造柱对应部位	屋盖处及每层楼盖处；屋盖处沿所有横墙，且间距不应大于 7m；楼盖处间距不应大于 7m；构造柱对应部位	屋盖处及每层楼盖处，各层所有横墙

B. 现浇或装配整体式钢筋混凝土楼、屋盖与墙体有可靠连接的房屋，应允许不另设圈梁，但楼板沿墙体周边应加强配筋并应与相应的构造柱钢筋可靠连接。圈梁的有关节点

可参见图 3-71 所示。

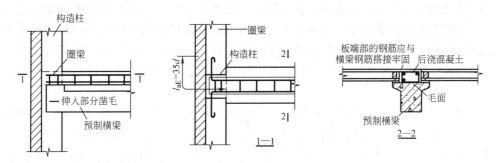

图 3-71　梁或板缝配筋与圈梁相连替代圈梁

3）墙体之间的连接

墙体之间的连接要符合下列要求：当 7 度设防时层高超过 3.6m 或长度大于 7.2m 的大房间，以及 8 度和 9 度设防时，外墙转角及内、外墙交接处，当未设构造柱时应沿墙高每隔 500mm 配置 2ϕ6 拉结钢筋，并每边伸入墙内不应少于 1m，如图 3-72 所示。

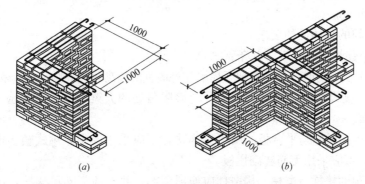

图 3-72　墙体间的连接
（a）外墙转角；（b）内墙转角

后砌的非承重砌体隔墙应沿墙高每隔 500mm 配置 2ϕ6 拉结钢筋与承重墙或柱拉结，并每边伸入墙内不应小于 500mm（图 3-73）；8 度和 9 度时长度大于 5m 的后砌非承重砌体隔墙的墙顶，尚应与楼板或梁拉结（图 3-74）。

4）楼盖（屋盖）构件的连接

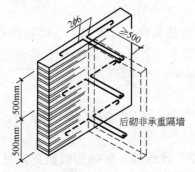

图 3-73　后砌非承重墙与承重墙的拉结

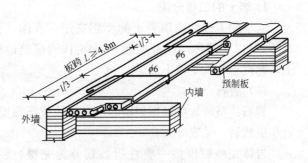

图 3-74　墙与预制板的拉结

187

楼盖（屋盖）构件应具有足够的搭接长度和可靠的连接：

A. 现浇钢筋混凝土楼板或屋面板伸进纵、横墙内的长度，均不应小于120mm。

B. 装配式钢筋混凝土楼板或屋面板，当圈梁未设在板的同一标高时，板端伸进外墙的长度不应小于120mm，伸进内墙的长度不宜小于100mm，在梁上不应小于80mm。

C. 当板的跨度大于4.8m并与外墙平行时，靠外墙的预制板侧边应与墙或圈梁拉结（图3-74）。

D. 房屋端部大房间的楼盖，8度时房屋的屋盖和9度时房屋的楼（屋）盖，当梁设在板底时，钢筋混凝土预制板应相互拉结，并且应与梁、墙或圈梁拉结。

E. 楼（屋）盖的钢筋混凝土梁或屋架，应与墙、柱（包括构造柱）或圈梁可靠连接，梁与砖柱的连接不应削弱柱截面，各层独立砖柱顶部应在两个方向均有可靠连接。

F. 坡屋顶房屋的屋架应与顶层圈梁可靠连接，檩条或屋面板应与墙及屋架可靠连接，房屋出入口的檐口瓦应与屋面构件锚固；8度和9度时，顶层内纵墙顶宜增砌支撑端山墙的踏步式墙垛。

G. 预制阳台应与圈梁和楼板的现浇板带可靠连接。

H. 门窗洞处不应采用无筋砖过梁；过梁支承长度，6～8度时不应小于240mm，9度时不应小于360mm。

5）对楼梯间的整体性的要求

楼梯间的整体性应符合以下几条：

A. 8度和9度设防时，顶层楼梯间横墙和外墙宜沿墙高每隔500mm设$2\phi6$通长钢筋。

B. 8度和9度设防时，楼梯间及门厅内墙阳角处的大梁支承长度不应小于500mm，并应与圈梁连接。

C. 装配式楼梯段应与平台板的梁可靠连接，不应采用墙中悬挑式踏步或踏步竖肋插入墙体的楼梯，不应采用无筋砖砌栏板。

D. 突出屋顶的楼梯、电梯、构造柱应伸到顶部，并与顶部圈梁连接，内外墙交接处应沿墙高每隔500mm设$2\phi6$拉结钢筋，且每边伸入墙内不应小于1m。

6）应采用同一类型的基础

同一结构单元的基础（或桩承台），宜采用同一类型的基础，底面埋在同一标高上，否则应增设基础圈梁并应按1∶2的台阶逐步放坡。

（五）岩土与基础基本知识

1. 岩土的工程分类

岩土的工程性质由岩土的类别决定。我国《建筑地基基础设计规范》（GB 50007—2002）（以下简称《地基规范》）中将作为建筑地基的岩土分为岩石、碎石土、砂土、粉土、黏性土和人工填土六类。

（1）岩石

岩石的坚硬程度根据岩块的饱和单轴抗压强度f_{rk}分为坚硬岩、较硬岩、较软岩、软岩和极软岩，见表3-11。

岩体完整程度按完整性指数划分为完整、较完整、较破碎、破碎和极破碎，见表3-12。

岩石坚硬程度的划分　　　　　　　　表 3-11

坚硬程度类别	坚硬岩	较硬岩	较软岩	软岩	极软岩
饱和单轴抗压强度标准值 f_{rk}(MPa)	$f_{rk}>60$	$30<f_{rk}\leqslant60$	$15<f_{rk}\leqslant30$	$5<f_{rk}\leqslant15$	$f_{rk}\leqslant5$

岩体完整程度划分　　　　　　　　表 3-12

完整程度等级	完整	较完整	较破碎	破碎	极破碎
完整性指数	＞0.75	0.55～0.75	0.35～0.55	0.15～0.35	＜0.15

注：完整性指数是岩体纵波波速与岩块纵波波速之比的平方。选定岩体、岩块测定时波速应具有代表性。

（2）碎石土

碎石土为粒径大于 2mm 的颗粒含量超过全重 50% 的土。根据粒组含量及颗粒形状，碎石土可按表分为块石、漂石、碎石、卵石、角砾、圆砾，见表 3-13。

碎石土的分类　　　　　　　　表 3-13

土的名称	颗 粒 形 状	粒 组 含 量
漂石	圆形及亚圆形为主	粒径大于 200mm 的颗粒含量超过全重 50%
块石	棱角形为主	
卵石	圆形及亚圆形为主	粒径大于 20mm 的颗粒含量超过全重 50%
碎石	棱角形为主	
圆砾	圆形及亚圆形为主	粒径大于 2mm 的颗粒含量超过全重 50%
角砾	棱角形为主	

注：分类时应根据粒组含量栏从上到下以最先符合者确定。

（3）砂土

砂土为粒径大于 2mm 的颗粒含量不超过全重 50%、粒径大于 0.075mm 的颗粒含量超过全重 50% 的土。根据粒组含量，砂土可按表分为砾砂、粗砂、中砂、细砂和粉砂，见表 3-14。

砂土的分类　　　　　　　　表 3-14

土的名称	粒 组 含 量
砾砂	粒径大于 2mm 的颗粒含量占全重 25%～50%
粗砂	粒径大于 0.5mm 的颗粒含量超过全重 50%
中砂	粒径大于 0.25mm 的颗粒含量超过全重 50%
细砂	粒径大于 0.075mm 的颗粒含量超过全重 85%
粉砂	粒径大于 0.075mm 的颗粒含量超过全重 50%

注：分类时应根据粒组含量栏从上到下以最先符合者确定。

（4）粉土

粉土为性质介于砂土和黏性土之间，塑性指数 $I_P\leqslant10$ 且粒径大于 0.075mm 的颗粒含量不超过全重 50% 的土。

塑性指数等于液限与塑限之差，即 $I_p=w_L-w_p$，其中，塑限为土由半固态转变为可塑状态的界限含水量。液限是指土由可塑状态转变为流动状态的界限含水量，塑性指数表示土的可塑性范围。

（5）黏性土

黏性土是指塑性指数 $I_P>10$ 的土。按塑性指数，可将黏性土分为黏土（$I_P>7$）和粉质黏土（$10<I_P\leqslant7$）。

按液性指数可将黏性土分为坚硬、硬塑、可塑、软塑和流塑五种状态。

液限指数公式为： $$I_L = \frac{w - w_p}{I_p} \tag{3-34}$$

液性指数 I_L 是土的天然含水量和塑限之差与塑性指数的比值，是判断黏性土软硬程度的指标。

（6）人工填土

人工填土是指由于人为因素而堆填的土。按其组成和成因，可分为素填土、杂填土和冲填土。

素填土是由碎石土、砂、粉土、黏性土等组成的土。经过分层压实后的素填土称为压实填土。

杂填土是指含有大量的建筑垃圾、工业废料或生活垃圾等人工堆填物。其中工业废料、生活垃圾成分复杂，且含有大量的污染物，该类填土不能作为地基。

冲填土是指由水力冲填泥砂形成的土，一般压缩性大、含水量大、强度低。

（7）其他土类

1）软土

软土是指天然含水量高、压缩性高、强度低、渗透性差的黏性土，包括淤泥、淤泥质土等。软土一般在静水或缓慢流动的流水环境中形成，我国的软土主要分布在沿海、湖泊地区。

软土地基上的建筑物易产生较大沉降或不均匀沉降，且沉降稳定所需要的时间很长，所以，在软土上建造建筑物必须慎重对待。

2）红黏土

红黏土是碳酸盐系岩石经红土化作用所形成的棕红、褐黄等色的高塑性黏土。红黏土的液限一般大于 50%，具有表面收缩、上硬下软、裂隙发育的特征，吸水后迅速软化。红黏土在我国云南、贵州和广西等省区分布较广，在湖南、湖北、安徽、四川等省也有局部分布。

一般情况下，红黏土的表层压缩性低、强度较高、水稳定性好，属良好的地基土层。但随着含水量的增大，土体呈软塑或流塑状态，强度明显降低，工程性质较差。红黏土的土层分布厚度也受下部基岩起伏的影响而变化较大。因此，在红黏土地区的工程建设中，应注意场地及边坡的稳定性、地基土层厚度的不均匀性、地基土的裂隙性和胀缩性、岩溶和土洞现象以及高含水量红黏土的强度软化特性及其流变性。

2. 地基与基础

建筑物修建在地表，上部结构的荷载最终都会传到地表的土层或岩层上，这部分起支撑作用的土体或岩体就是地基。将向地基传递荷载的下部承重结构称为基础。经过人工处理的地基称为人工地基；不需处理的地基称为天然地基。

基础底面距地面的深度称为基础的埋置深度。根据埋置深度，基础可以分为浅基础和深基础，埋置深度在 5m 以内且能用一般方法施工的基础称为浅基础。埋置深度超过 5m 的基础称为深基础，该类基础施工难度大，成本高，一般用于高层建筑或工程性质较差的地基。

（1）无筋扩展基础

无筋扩展基础是指由砖、毛石、混凝土或毛石混凝土、灰土和三合土等脆性材料组成的墙下条形基础或柱下独立基础，如图 3-75 所示。这些材料有较好的抗压性能，抗拉、抗剪强度均很低。在基础设计时，为了限制基础内的拉应力和剪应力不超过基础材料强度的设计值，通过基础的构造来达到这一目标，即基础的高宽比（外伸宽度与基础高度的比值）。应小于规范规定的台阶宽高比的允许值，如图 3-76 所示。

无筋扩展基础适用于 6 层和 6 层以下（三合土基础不宜超过 4 层）的民用建筑和轻型厂房。

无筋扩展基础的高度，应满足下式要求：

$$H_0 \geqslant (b - b_0)/2\tan\alpha \tag{3-35}$$

式中 b——基础底面宽度；

     b_0——基础顶面墙体宽度或柱脚宽度；

     H_0——基础高度；

   $\tan\alpha$——基础台阶宽高比（$b_2 : H_0$），其允许值按规范选用；

     b_2——基础台阶宽度。

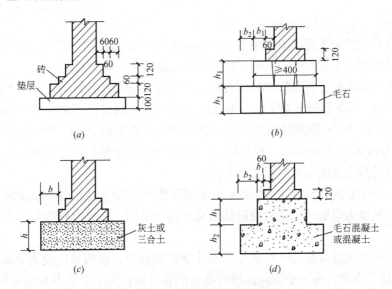

图 3-75 无筋扩展基础

（a）砖基础；（b）毛石基础；（c）灰土基础；（d）毛石混凝土基础、混凝土基础

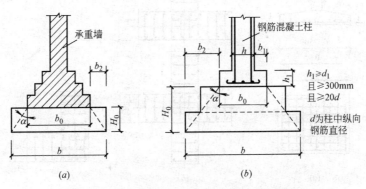

图 3-76 无筋扩展基础台阶宽高比的允许值

191

（2）扩展基础

扩展基础是指柱下钢筋混凝土独立基础和墙下钢筋混凝土条形基础，如图 3-77 所示。扩展基础抗弯和抗剪性能良好，适用于"宽基浅埋"或有地下水时，也称柔性基础，能充分发挥钢筋的抗弯性能及混凝土抗压性能，适用范围广。

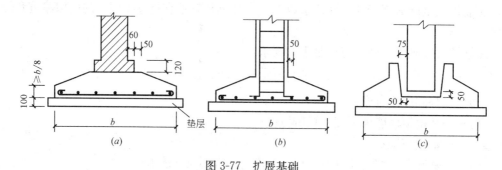

图 3-77　扩展基础
(a) 钢筋混凝土条形基础；(b) 现浇独立基础；(c) 预制杯形基础

扩展基础应满足以下构造要求：

1）锥形基础的边缘高度不宜小于 200mm；阶梯形基础的每阶高度宜为300～500mm。

2）垫层的厚度不宜小于 70mm；垫层混凝土强度等级应为 C15。

3）扩展基础底板受力钢筋的最小直径不宜小于 10mm，间距不宜大于 200mm，也不宜小于 100mm。墙下钢筋混凝土条形基础纵向分布钢筋的直径不应小于 8mm，间距不大于 300mm；每延米分布钢筋的面积不应小于受力钢筋面积的 10%。当有垫层时钢筋混凝土的保护层厚度不小于 40mm，垫层厚度不小于 70mm，无垫层时不小于 70mm。

4）钢筋混凝土强度等级不应小于 C20。

5）当柱下钢筋混凝土独立基础的边长和墙下钢筋混凝土条形基础的宽度大于或等于 2.5m 时，底板受力钢筋的长度可取边长或宽度的 0.9 倍，并宜交错布置，如图 3-78（a）所示。

6）钢筋混凝土条形基础底板在 T 形及十字形交接处，底板横向受力钢筋仅沿一个主要受力方向通长布置，另一个方向的横向受力钢筋可布置到主要受力方向底板宽度的 1/4

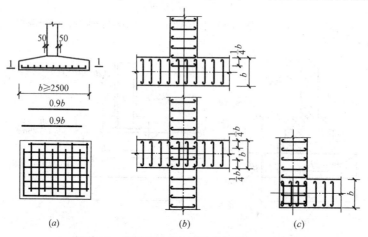

图 3-78　扩展基础底板受力钢筋布置示意图

处，如图 3-78（b）所示。在拐角处底板横向受力钢筋应沿两个方向布置，如图 3-78（c）所示。

（3）柱下条形基础

当上部结构荷载较大、地基土的承载力较低时，采用无筋扩展基础或扩展基础往往不能满足地基强度和变形的要求。为增加基础刚度，防止由于过大的不均匀沉降引起的上部结构的开裂和损坏，常采用柱下条形基础。根据刚度的需要，柱下条形基础可沿纵向设置，也可沿纵横向设置而如图 3-79 所示。如果柱网下的地基土较软弱，土的压缩性或柱荷载的分布沿两个柱列方向都很不均匀，一方面需要进一步扩大基础底面积，另一方面又要求基础具有较大刚度以调整地基不均匀沉降，则可采用交叉条形基础。该基础形式多用于框架结构。

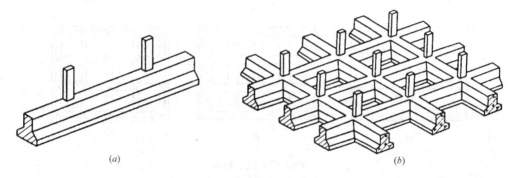

（a）   （b）

图 3-79　柱下条形基础

（a）柱下单向条形基础；（b）交叉条形基础的构造要求

1）柱下条形基础梁的高度宜为柱距的 1/8～1/4。翼板厚度不应小于 200mm。当翼板厚度大于 250mm 时，宜采用变厚度翼板，其坡度宜小于等于 1:3。

2）桩下条形基础的两端宜向外伸出，其长度宜为第一跨度的 0.25 倍，使基底反力分布比较均匀、基础内力分布比较合理。

3）基础垫层和钢筋保护层厚度、底板钢筋的部分构造要求可参考扩展基础的规定。

（4）筏形基础

当地基特别软弱，上部荷载很大，用交叉条形基础将导致基础宽度较大而又相互接近，或有地下室时，可将基础底板连成一片而成为筏形基础。

筏形基础可分为墙下筏形基础和柱下筏形基础，如图 3-80 所示。柱下筏形基础常有平板式和梁板式两种。平板式筏形基础是在地基上做一块钢筋混凝土底板，柱子通过柱脚支承在底板上；梁板式筏形基础分为下梁板式和上梁板式，下梁板式基础底板上面平整，可作建筑物底层地面。

筏形基础，特别是梁式筏形基础整体刚度较大，能很好地调整不均匀沉降，常用于高层建筑中。

筏形基础的混凝土强度等级不应低于 C30。当有地下室时应采用防水混凝土，防水混凝土的抗渗等级应根据地下水的最大水头与防渗混凝土厚度的比值，按现行《地下工程防水技术规范》选用。

采用筏形基础的地下室应沿四周布置钢筋混凝土外墙，外墙厚度不应小于 250mm，

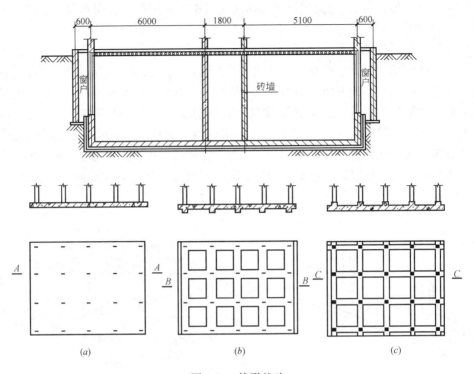

图 3-80　筏形基础
(a) 平板式；(b) 下梁板式；(c) 上梁板式

内墙厚度不应小于 200mm。墙体内应设置双面钢筋，竖向、水平钢筋的直径不应小于 12mm，间距不应大于 300mm。

筏板最小厚度不小于 400mm；对 12 层以上建筑的梁板式筏形基础其底板厚度与最大双向板格的短边净跨之比不小于 1/14。

(5) 高层建筑箱形基础

箱形基础是由底板、顶板、钢筋混凝土纵横隔墙构成的整体现浇钢筋混凝土结构，如图 3-81 所示。箱形基础具有较大的基础底面、较深的埋置深度和中空的结构形式，上部结构的部分荷载可用开挖卸去的土的重量得以补偿。与一般的实体基础比较，它能显著地提高地基的稳定性，降低基础沉降量。

箱形基础比筏形基础具有更大的空间刚度，以抵抗地基或荷载分布不均匀引起的差异沉降。此外，箱形基础还具有良好的抗震性能，广泛应用于高层建筑中。

箱形基础的混凝土强度等级不应低于 C30。

箱形基础外墙宜沿建筑物周边布置，内墙沿上部结构的柱网或剪力墙位置纵横均匀布置，墙体水平截面总面积不宜小于箱形基础外墙外包尺寸的水平投影面积的 1/10。对基础平面长宽比大于 4 的箱形基础，其纵墙水平截面面积不应小于箱基外墙外包尺寸水平投影面积的 1/18。

(6) 桩基础

当地基土上部为软弱土，且荷载很大采用浅基础已不能满足地基强度和变形的要求，可利用地基下部比较坚硬的土层作为基础的持力层设计成深基础，桩基础是最常见的深

194

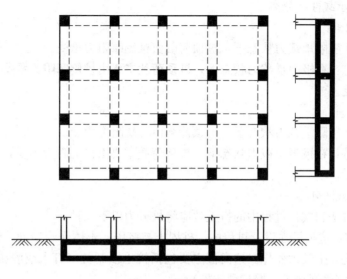

图 3-81　箱形基础

基础。

　　桩基础是由桩和承台两部分组成，如图 3-82 所示。桩在平面上可以排成一排或几排，所有桩的顶部由承台连成一个整体并传递荷载。桩基础的作用是将承台以上上部结构传来的外力通过承台，由桩传到较深的地基持力层中，承台将各桩连成一个整体共同承受荷载。

　　由于桩基础的桩尖通常都进入到了比较坚硬的土层或岩层，因此，桩基础具有较高的承载力和稳定性，具有良好的抗震性能，是减少建筑物沉降与不均匀沉降的良好措施。桩基础还具有很强的灵活性，对结构体系、范围及荷载变化等有较强的适应能力。

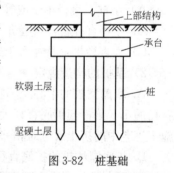

图 3-82　桩基础

　　1）桩的分类

　　A. 按施工方式分类：按施工方法的不同可分为预制桩和灌注桩两大类。

　　B. 按桩身材料分类：

　　A）混凝土桩又可分为混凝土预制和混凝土灌注桩（简称灌注桩）两类。各种混凝土桩是目前最广泛使用的基桩。

　　B）钢桩：由于钢材价格较高，钢桩在国内采用较少，常见的有型钢和钢管两类。

　　C）组合桩：即采用两种材料组合而成的桩，如钢管桩内填充混凝土，或上部为钢管桩、下部为混凝土桩。

　　C. 按桩的使用功能分类：

　　A）竖向抗压桩，主要承受竖直向下荷载的桩。

　　B）水平受荷桩，主要承受水平荷载的桩。

　　C）竖向抗拔桩，主要承受拉拔荷载的桩。

　　D）复合受荷桩，承受竖向和水平荷载均较大的桩。

D. 按桩的承载性状分类

A）摩擦型桩：

摩擦桩：在极限承载力状态下，桩顶荷载由桩侧摩阻力承受。

端承摩擦桩：在极限承载力状态下，桩顶荷载主要由桩侧摩阻力承受，部分桩顶荷载由桩端阻力承受。

B）端承型桩：

端承桩：在极限承载力状态下，桩顶荷载由桩端阻力承受。

摩擦端承桩：在极限承载力状态下，桩顶荷载主要由桩端阻力承受，部分桩顶荷载由桩侧摩阻力承受。

E. 按成桩方法分类

根据成桩方法和成桩过程中的挤土效应将桩分为以下几种：

A）挤土桩：这类桩在设置过程中，桩周土被挤压，土体受到挠动，使土的工程性质与天然状态相比发生较大变化。这类桩主要包括挤土预制桩（打入或静压）、挤土灌注桩（如振动、锤击沉管灌注桩，爆扩灌注桩）。

B）部分挤土桩：这类桩在设置过程中由于挤土作用轻微，故桩周土的工程性质变化不大。主要有打入截面厚度不大的工字形和 H 型钢桩、冲击成孔灌注桩和开口钢管桩、预钻孔打入式灌注桩等。

C）非挤土桩：这类桩在设置过程中将相应于桩身体积的土挖出，这类桩主要是各种形式的钻孔桩、挖孔桩等。

F. 按桩径的大小分类：

A）小桩：直径小于或等于 250mm。

B）中等直径桩：直径介于 250mm～800mm。

C）大直径桩：直径大于或等于 800mm。

2）基桩的构造规定

A. 摩擦型桩的中心距不宜小于桩身直径的 3 倍；扩底灌注桩的中心距不宜小于扩底直径的 1.5 倍，当扩底直径大于 2m 时，桩端净距不宜小于 1m。在确定桩距时还应考虑施工工艺中的挤土效应对相邻桩的影响。

B. 扩底灌注桩的扩底直径不宜大于桩身直径的 3 倍。

C. 预制桩的混凝土强度等级不应低于 C30，灌注桩不应低于 C20，预应力桩不应低于 C40。

D. 打入式预制桩的最小配筋率不宜小于 0.8%，静压预制桩的最小配筋率不宜小于 0.6%，灌注桩的最小配筋率不宜小于 0.2%～0.65%（小直径取大值）。

E. 桩顶嵌入承台的长度不宜小于 50mm。桩顶主筋应伸入承台内，其锚固长度对 HPB235 级钢筋不宜小于 30 倍主筋直径，对 HRB335、HRB400 级钢筋不宜小于 35 倍主筋直径。

3）承台构造

承台有多种形式，如柱下独立桩基承台、箱形承台、筏形承台、柱下梁式承台和墙下条形承台等。承台的作用是将桩连成一个整体，并把建筑物的荷载传到桩上，因而承台要有足够的强度和刚度。以下主要介绍板式承台的构造要求。

A. 承台的宽度不应小于 500mm。边桩中心至承台边缘的距离不宜小于桩的直径或边长，且桩的外边缘至承台边缘的距离不小于 150mm。对条形承台梁，桩外边缘至承台 梁边缘的距离不小于 75mm。

B. 承台厚度不应小于 300mm。

C. 承台的配筋，对于矩形承台其钢筋应按双向均匀通长配筋，钢筋直径不宜小于 10mm，间距不宜大于 200mm [图 3-83 (a)]；对于三桩承台，钢筋应按三向板带均匀配置，且最里面的三根钢筋围成的三角形应在柱截面范围内 [图 3-83 (b)]。承台梁的主筋除满足计算要求外尚应符合《混凝土结构设计规范》关于最小配筋率的规定，主筋直径不宜小于 12mm，架立筋不宜小于 10mm，箍筋直径不宜小于 6mm [图 3-83 (c)]。

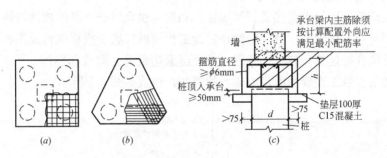

图 3-83　承台配筋示意

(a) 矩形承台配筋；(b) 三桩承台配筋；(c) 承台梁

D. 承台混凝土的强度等级不宜低于 C20。纵向钢筋的混凝土保护层厚度不应小于 70mm，当有混凝土垫层时，不应小于 40mm。

4）承台之间的连接

单桩承台宜在两个相互垂直方向上设置连系梁，两桩承台宜在其短向设置连系梁，有抗震要求的柱下独立承台宜在两个主轴方向设置连系梁。连系梁顶面宜与承台位于同一标高。

连系梁的宽度不应小于 250mm，梁的高度可取承台中心距的 1/10～1/15。连系梁内上下纵向钢筋直径不应小于 12mm 且不应少于 2 根，并按受拉要求锚入承台。

四、其他相关知识

（一）工程造价基本知识

1. 建筑安装工程费用项目的组成

（1）建筑安装工程费用的组成内容

单位工程预算的造价由直接费、间接费、利润和税金组成，其组成的具体内容根据不同地区、不同时期不尽相同。费用定额是建设工程招标标底、投标报价及工程预、结算的编制依据，我国现行建筑安装工程费用（根据国家建设部、财政部建标〔2003〕206 号文关于印发《建筑安装工程费用项目组成》的通知）组成如图 4-1 所示：

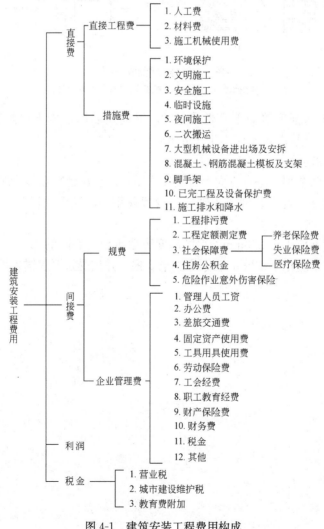

图 4-1 建筑安装工程费用构成

1）直接费

$$直接费＝直接工程费＋措施费 \tag{4-1}$$

A. 直接工程费：是指施工过程中耗费的构成工程实体的各项费用，包括人工费、材料费、施工机械使用费。

$$直接工程费＝人工费＋材料费＋施工机械使用费 \tag{4-2}$$

A）人工费：是指直接从事建筑安装工程施工的生产工人开支的各项费用。

$$人工费＝\Sigma（工日消耗量×日工资单价） \tag{4-3}$$

日工资单价的内容包括：

a. 基本工资；

b. 工资性补贴：是指按规定标准发放的物价补贴，煤、燃气补贴，交通补贴，住房补贴和流动施工津贴等；

c. 生产工人辅助工资：是指生产工人年有效施工天数以外非作业天数的工资，包括职工学习、培训期间的工资，调动工作、探亲、休假期间的工资，因气候影响的停工工资，女工哺乳期间的工资，病假在六个月以内的工资及产、婚、丧假期的工资；

d. 职工福利费；

e. 生产工人劳动保护费。

各地方执行的日工资单价一般由各省、市造价管理部门定期进行公布。

B）材料费：是指施工过程中耗费的构成工程实体的原材料、辅助材料、构配件、零件、半成品的费用。

$$材料费＝\Sigma（材料消耗量×材料基价）＋检验试验费 \tag{4-4}$$

其中：

$$材料基价＝[（供应价格＋运杂费）×（1＋运输损耗率）]×（1＋采购保管费率） \tag{4-5}$$

$$检验试验费＝\Sigma（单位材料量检验试验费×材料消耗量） \tag{4-6}$$

内容包括：

a. 材料原价（或供应价格）；

b. 材料运杂费：是指材料自来源地运至工地仓库或指定堆放地点所发生的全部费用；

c. 运输损耗费：是指材料在运输装卸过程中不可避免的损耗；

d. 采购及保管费：是指为组织采购、供应和保管材料过程中所需要的各项费用。包括：采购费、仓储费、工地保管费、仓储损耗；

e. 检验试验费：是指对建筑材料、构件和建筑安装物进行一般鉴定、检验所发生的费用，包括自设实验室进行试验所耗用的材料和化学药品等费用。不包括新结构、新材料的试验费和建设单位对具有出厂合格证明的材料进行检验，对构件做破坏性试验及其他特殊要求检验试验的费用。

C）施工机械使用费：是指施工机械作业所发生的机械使用费以及机械安拆费和场外运输费。

$$施工机械使用费＝\Sigma（施工机械台班消耗量×机械台班单价） \tag{4-7}$$

其中，机械台班单价由七项费用组成，分别是：

a. 折旧费：指施工机械在规定的使用年限内，陆续收回其原值及购置资金的时间价值。

b. 大修理费：指施工机械按规定的大修理间隔台班进行必要的大修理，以恢复其正常功能所需的费用。

c. 经常修理费：指施工机械除大修理以外的各级保养和临时故障排除所需的费用。包括为保障机械正常运转所需替换设备与随机配备工具附具的摊销和维护费用，机械运转中日常保养所需润滑与擦拭的材料费用及机械停滞期间的维护和保养费用等。

d. 安拆费及场外运费：安拆费指施工机械在现场进行安装与拆卸所需的人工、材料、机械和试运转费用以及机械辅助设施的折旧、搭设、拆除等费用；场外运费指施工机械整体或分体自停放地点运至施工现场或由一施工地点运至另一施工地点的运输、装卸、辅助材料及架线等费用。

e. 人工费：指机上司机（司炉）和其他操作人员的工作日人工费及上述人员在施工机械规定的年工作台班以外的人工费。

f. 燃料动力费。

g. 养路费及车船使用税。

B. 措施费：是指为完成工程项目施工，发生于该工程施工前和施工过程中技术、生活、安全等方面的非工程实体项目的费用。

措施费的内容包括：

A）环境保护费：是指施工现场为达到环保部门要求所需要的各项费用。

B）文明施工费：是指施工现场文明施工所需的各项费用。

C）安全施工费：是指施工现场安全施工所需要的各项费用。

D）临时设施费：是指施工企业为进行建筑工程施工所必须搭设的生活和生产用的临时建筑物、构筑物和其他临时设施费用等。临时设施包括临时宿舍、文化福利及公用事业房屋与构筑物，仓库、办公室、加工厂以及施工现场 50m 以内道路、水、电、管线等临时设施和小型临时设施。

E）夜间施工增加费：是指因夜间施工所发生的夜班补助费、夜间施工降效、夜间施工照明设备摊销及照明用电等费用。

F）二次搬运费：是指因施工场地狭小等特殊情况而发生的二次搬运费用。

G）大型机械设备进出场及安拆费：是指机械整体或分体自停放场地运至施工现场或由一个施工地点运至另一个施工地点，所发生的机械进出场运输及转移费用及机械在施工现场进行安装、拆卸所需的人工费、材料费、机械费、试运转费和安装所需的辅助设施的费用。

H）混凝土、钢筋混凝土模板及支架费：是指混凝土施工过程中需要的各种钢模板、木模板、支架等的支、拆、运输费用及模板、支架的摊销（或租赁）费用。

I）脚手架费：是指施工需要的各种脚手架搭、拆、运输费用及脚手架的摊销（或租赁）费用。

J）已完工程及设备保护费：是指竣工验收前，对已完工程及设备进行保护所需费用。

K）施工排水、降水费：是指为确保工程在正常条件下施工，采取各种排水、降水措施所发生的各种费用。

措施费可以根据不同地区的实际情况进行增列，如湖北省鄂建〔2003〕44 号文《湖北省建筑安装工程费用定额》增列冬雨期施工增加费，生产工具用具使用费，工程定位、点交、场地清理费等项目。

2）间接费

$$间接费＝规费＋企业管理费 \tag{4-8}$$

A. 规费：是指政府和有关部门规定必须交纳的费用，它是经省级以上政府和有关部门批准的行政收费项目，是不可竞争性费用。

内容包括：

A）工程排污费：是指施工现场按规定交纳的工程排污费。

B）工程定额测定费：是指按规定支付工程造价（定额）管理部门的定额测定费。

C）社会保障费：包括养老保险费、失业保险费、医疗保险费。

D）住房公积金：是指企业按照规定标准为职工缴纳的住房公积金。

E）危险作业意外伤害保险：是指按照建筑法规定，企业为从事危险作业的建筑安装施工人员支付的意外伤害保险费。

B. 企业管理费：是指组织施工生产和经营管理所需费用。

内容包括：

A）管理人员工资：指管理人员的基本工资、工资性补贴、职工福利费、劳动保护费等。

B）办公费：指企业管理办公用的文具、纸张、账表、印刷、邮电、书报、会议、水电、烧水和集体取暖（包括现场临时宿舍取暖）用煤等费用。

C）差旅交通费：指职工因工出差、调动工作的差旅费、住勤补助费，室内交通费和误餐补助费，职工探亲路费，劳动力招募费，职工离退休、退职一次性路费，工伤人员就医路费，工地转移费以及管理部门使用的交通工具的油料、燃料、养路费及牌照费。

D）固定资产使用费：指管理和试验部门及附属生产单位使用的属于固定资产的房屋、设备仪器等的折旧、大修、维修或租赁费。

E）工具用具使用费：指管理使用的不属于固定资产的生产工具、器具、家具、交通工具和检验、试验、测绘、消防用具等的购置、维修和摊销费。

F）劳动保险费：指由企业支付离退休职工的易地安家补助费、职工退职金、六个月以上的病假人员工资、职工死亡伤葬补助费、抚恤金、按规定支付给离休干部的各项经费。

G）工会经费：是指企业按职工工资总额计提的工会经费。

H）职工教育经费：是指企业为职工学习先进技术和提高文化水平按职工工资总额计提的费用。

I）财务保险费：是指施工管理用财产、车辆保险。

J）财务费：是指企业为筹集资金而发生的各种费用。

K）税金：是指企业按规定交纳的房产税、车船使用税、土地使用税、印花税等。

L）其他：包括技术转让费、技术开发费、业务招待费、绿化费、广告费、公证费、法律顾问费、审计费、咨询费等。

3）利润

利润是指施工企业完成所承包工程应获得的盈利，是施工企业职工所创造的价值在建筑安装工程造价的体现。

利润率应根据项目的不同投资来源及工程类别实行差别利润率。在投标报价过程中，随着企业决定利润率水平的自主权逐渐扩大，企业将可以根据工程的难易程度、市场竞争情况和自身的经营管理水平自行确定合理的利润率。

4）税金

是指国家税法规定的应计入建筑安装工程造价内的营业税、城市维护建设税及教育费附加。

$$税金＝不含税工程造价×税率 \qquad (4-9)$$
$$不含税工程造价＝直接费＋间接费＋利润 \qquad (4-10)$$

税率依照表 4-1 计取：

税率的计取   表 4-1

工程类别 项目　　　计费 基础	纳税人所在地在市区	纳税人所在地在县城、镇	纳税人所在地不在市区、县城或镇
	不 含 税 工 程 造 价		
综合税率(%)	3.41	3.35	3.22

（2）建筑安装工程费用计价程序

根据建设部第 107 号令《建筑工程施工发包与承包计价管理办法》和国家建设部、财政部建标〔2003〕206 号文的规定，建筑安装工程造价可分为以直接费为计算基础、以人工费和机械费为计算基础和以人工费为计算基础的三种计价程序（表 4-2、表 4-3、表 4-4）。

1）以直接费为计算基础

以直接费为计算基础的计价程序表   表 4-2

序　号	费用项目	计 算 方 法
1	直接工程费	按预算表
2	措施费	按规定标准计算
3	小计	(1)＋(2)
4	间接费	(3)×相应费率
5	利润	[(3)＋(4)]×相应利润率
6	合计	(3)＋(4)＋(5)
7	含税造价	(6)×(1＋相应税率)

2）以人工费和机械费为计算基础

以人工费和机械费为计算基础的计价程序表   表 4-3

序　号	费用项目	计 算 方 法
1	直接工程费	按预算表
2	其中人工费和机械费	按预算表
3	措施费	按规定标准计算
4	其中人工费和机械费	按规定标准计算
5	小计	(1)＋(3)
6	人工费和机械费小计	(2＋(4)
7	间接费	(6)×相应费率
8	利润	(6)×相应利润率
9	合计	(5)＋(7)＋(8)
10	含税造价	(9)×(1＋相应税率)

3）以人工费为计算基础

以人工费为计算基础的计价程序表
表 4-4

序　号	费 用 项 目	计 算 方 法
1	直接工程费	按预算表
2	直接工程费中人工费	按预算表
3	措施费	按规定标准计算
4	措施费中人工费	按规定标准计算
5	小计	(1)＋(3)
6	人工费小计	(2)＋(4)
7	间接费	(6)×相应费率
8	利润	(6)×相应利润率
9	合计	(5)＋(7)＋(8)
10	含税造价	(9)×(1＋相应税率)

2. 工程量的计算方法

工程量是把设计图纸的内容按定额的分项工程或按结构构件项目划分，并按统一的计算规则进行计算，以物理计量单位或自然计量单位表示的实体数量。物理计量单位是以分项工程或结构构件的物理属性为计量单位，如长度、面积、体积和质量等。自然计量单位是以客观存在的自然实体为单位的计量单位，如套、个、组、台、座等。

（1）工程量计算的依据

1）经审定的设计施工图纸及其说明；

2）工程量计算规则；

3）建筑工程施工组织设计、施工技术措施方案及辅助资料。

（2）工程量计算的方法

工程量计算时，通常采用两种方法：一种是工程量计算的一般方法，即按施工顺序计算工程量；另一种方法是按统筹法计算工程量。实际计算时，通常把两种方法结合起来使用。

1）按施工顺序计算工程量

一个单位工程的计算项目，少则几十项，多则近百项，为了加快计算速度，避免重算和漏算，并有利于计算和审核，可以按一定的计算顺序进行计算：

A. 按顺时针方向计算工程量。从平面图左上角开始，按顺时针方向逐步计算工程量，绕一周后再回到左上角为止。这种方法适用于计算外墙基础、外墙砌筑、外墙面装饰抹灰等工程量。

B. 按先横后竖、先上后下、先左后右的顺序计算工程量。此法适用于内墙基础、内墙砌筑、内墙墙身防潮等。

C. 按图纸上轴线的编号顺序计算工程量。这种方法，适用于计算打桩工程、钢筋混凝土柱、梁、板等构件，金属构件、钢木门窗及建筑配件等。

2）统筹法计算工程量

统筹法是指在分析工程量计算中，利用各个分项工程量之间计算的相互关系，采用统筹兼顾的思路，将后面计算中需要用到的数据事先算出来，后续工程量的计算，尽量采用事先计算出来的结果进行计算。

A. 统筹程序，合理安排。工程量计算的先后程序，关系到预算编制效率的高低和快慢。如室内地面项目中的房心回填土、地面垫层、地面面层，按施工顺序计算工程量为：

$$① \xrightarrow[\text{长×宽×高}]{\text{房心回填土}} ② \xrightarrow[\text{长×宽×高}]{\text{地面垫层}} ③ \xrightarrow[\text{长×宽}]{\text{地面面层}} ④$$

由上可以看出，按施工顺序计算工程量时，重复计算了三次长乘宽，而利用统筹法计算工程量时，只需计算一次长乘宽，就可以将地面面层的计算结果运用于房心回填土和地面垫层的计算中，如下所示：

$$① \xrightarrow[\text{长×宽}]{\text{地面面层}} ② \xrightarrow[\text{地面面层×高}]{\text{房心回填土}} ③ \xrightarrow[\text{地面面层×厚}]{\text{地面垫层}} ④$$

B. 利用基数，连续计算。所谓基数，是指"三线一面"，即外墙中心线（$L_中$）、外墙外边线（$L_外$）、内墙净长线（$L_内$）和底层建筑面积（$S_底$），它是许多工程量计算的基础。

A）利用外墙中心线可连续计算的项目有：外墙地槽挖土、基础垫层、基础砌筑、墙基防潮层、基础梁、外墙砌筑等分项工程；

B）利用内墙净长线可连续计算的项目有：内墙地槽挖土、基础垫层、基础砌筑、墙基防潮层、基础梁、内墙砌筑和内墙装饰等分项工程；

C）利用外墙外边线可连续计算的项目有：勒脚、外墙裙、散水等分项工程；

D）利用底层建筑面积可连续计算的项目有：平整场地、房心回填土、地面垫层、综合脚手架等分项工程。

C. 一次计算，多次使用。对规律性较为明显的项目，其常用的工程系数应预先编入手册，以便在后续工程量的计算中，可供反复使用。

D. 结合实际，灵活机动。对于不能用"线"和"面"等基数计算的不规则的、造形较为复杂的项目，在计算工程量时，应结合实际，灵活运用。如外墙基础断面不同时，可采用分段计算法；遇多层建筑物各楼层的建筑面积不同时，可采用分层计算法；带有壁柱的外墙，可采用加补计算法，先计算外墙的体积，再计算砖柱的体积；每层楼地面面积相同，地面构造除一层门厅为大理石地面以外，其余均为水泥砂浆地面时，可采用补减计算法，先按每层均是水泥砂浆地面计算各楼层工程量，然后再减去门厅的大理石工程量。

（3）工程量计算的步骤

1）列出分项工程项目名称

根据施工图纸，结合施工组织设计的有关内容，按照一定的计算顺序，列出单位工程施工图预算的分项工程名称。

2）列出工程量计算式

分项工程项目列出后，可以根据施工图纸所示的部位、尺寸和数量，按工程量计算规则，列出工程量计算式。

3）调整计量单位

通常计算的工程量都是以"m、m²、m³"为计量单位，而在企业定额中，往往"10m、100m²、10m³"为计量单位。因此，还要把工程量按定额中规定的计量单位进行调整，使工程量计算的计量单位与定额相应项目的计量单位保持一致。

（4）工程量计算注意事项

1）严格按现行定额规定的计算规则进行计算。

在计算工程量时，必须严格执行工程量计算规则，以免造成工程量计算中的误差，从而影响工程造价的准确性。例如，《全国统一建筑预算工程量计算规则》中规定，墙体工程量的计算，不应扣除 0.3m² 以下孔洞所占体积，应增加三皮砖以上腰线或挑檐所占体积。

2）工程量必须严格按照施工图进行计算。

工程量应严格按照施工图纸进行计算，不得随意加大或缩小图纸尺寸，不得重算、漏算或改变项目名称。

3）计量单位必须与现行定额的计量单位一致。

计算工程量时，所算各工程子项的计量单位必须与现行定额的计量单位相一致。例如定额规定以平方米为计量单位时，所计算的工程量也必须以平方米为计量单位。在《全国统一建筑工程预算工程量计量规则》中，主要计量单位采用以下规定：

A. 以体积计算的为立方米（m³），如钢筋混凝土梁、柱、板等；

B. 以面积计算的为平方米（m²），如顶棚、墙面的抹灰等；

C. 以长度计算的为米（m），如楼梯栏杆等；

D. 以重量计算的为吨（t）或公斤（kg），如钢筋、预埋铁件等；

E. 以件（个或组）计算的为件（个或组）。

另外，还要正确地掌握同一计量单位的不同含义。如楼地面工程量计算中，整体面层按主墙间净面积以平方米计算，而块料面层按实铺面积以平方米计算。

4）计算工程量的项目必须与现行定额的项目一致。

计算工程量时，根据施工图列出的项目必须与定额中相应分项工程的项目一致。例如，湖北省 2003 消耗量定额规定：楼地面镶贴块料面层子目中已包括找平层，找平层不另行计算。因此，在列项时必须要熟悉定额中该项目所包括的工程内容。

5）工程量计算的准确度。

工程量计算数字要准确。工程量汇总后，其准确度取值要求达到：

A. 立方米（m³）、平方米（m²）及米（m）取小数点后两位；

B. 吨（t）或公斤（kg）取小数点后三位；

C. 套、件、组等取整数。

6）各分项工程子项应标明序号、项目名称、定额编号等，以便于检查和审核。

（5）建筑面积的计算

建筑面积，也称建筑展开面积，是指建筑物各层外围结构水平投影面积的总和，以"m²"为计量单位。

建筑面积是一项重要的工程量指标，如综合脚手架、垂直运输工程量是以建筑面积表示的；也是一项重要的技术经济指标，如：单方造价＝总造价/总建筑面积（元/m²），所以准确计算建筑面积对建设项目至关重要。

建筑面积的计算以建设部于 2005 年 4 月颁布的《建筑工程建筑面积计算规范》（GB/T 50353—2005）为依据，适用于新建、扩建、改建的工业与民用建筑工程。

1）应计算建筑面积的内容

A. 范围：围护结构外围，不能包括勒脚、外墙抹灰、装饰面、块料面层等。

B. 方法：按自然层的水平面积计算，自然层是指按楼板、地板结构分层的楼层。

C. 高度、层高、净高的规定：

A）高度：指室内地面标高至屋面板板面结构标高之间的垂直距离。单层建筑物按高度确定，具体如下：

高度≥2.2m，按全面积计算；高度<2.2m，按1/2面积计算。

B）层高：指上、下两层楼面结构标高之间的垂直距离。多层建筑物按层高确定，具体如下：

层高≥2.2m，按全面积计算；层高<2.2m，按1/2面积计算。

C）净高：指楼面或地面至上部楼板底面或吊顶底面之间的垂直距离。坡屋顶或场馆看台下，当设计加以利用时，按净高确定，具体如下：

净高>2.1m，按全面积计算；1.2m≤净高≤2.1m，按1/2面积计算；净高<1.2m，不计算建筑面积。

D. 雨篷、阳台、通廊等计算要点：

A）雨篷：当雨篷结构的外边线至外墙结构外边线的宽度超过2.1m者，按雨篷结构板的水平投影面积的1/2计算建筑面积。

B）阳台：不论是凹阳台、挑阳台、封闭阳台、不封闭阳台，均按其水平投影面积的1/2计算。

C）有永久性顶盖无围护结构的车棚、货棚、站台、加油站、收费站，应按其顶盖水平投影面积的1/2计算。

D）建筑物外落地橱窗、门斗、挑廊、走廊、檐廊、架空走廊：

a. 有围护结构的（或称封闭式），应按其围护结构外围水平面积计算：层高 h≥2.2m，建筑面积按全面积计算；层高 h<2.2m，建筑面积按1/2面积计算。

b. 有永久性顶盖无围护结构的应按其结构底板水平面积的1/2计算。

2）不应计算建筑面积的内容

A. 建筑物通道（骑楼、过街楼的底层）。

B. 建筑物内的设备管道夹层。

C. 建筑物内分隔的单层房间，舞台及后台悬挂幕布、布景的天桥、挑台等。

D. 屋顶水箱、花架、凉棚、露台、露天游泳池。

E. 建筑物内的操作平台、上料平台、安装箱和罐体的平台。

F. 勒脚、附墙柱、垛、台阶、墙面抹灰、装饰面、镶贴块料面层、装饰性幕墙、空调机外机搁板（箱）、飘窗、构件、配件的宽度在2.10m以内的雨篷以及与建筑物内不相连通的装饰性阳台、挑廊。

G. 无永久性顶盖的架空走廊、室外楼梯和用于检修、消防等的室外钢楼梯、爬梯。

H. 自动扶梯、自动人行道。

I. 独立烟囱、烟道、地沟、油（水）罐、气柜、水塔、储油（水）池、储仓、栈桥、地下人防通道、地铁隧道。

【例 4-1】 根据图 4-2 计算该建筑物的建筑面积（墙厚均为240mm）。

解： 底层建筑面积＝（6＋4.0＋0.24）×（3.30＋2.70＋0.24）＝10.24×6.24＝63.90m²

楼隔层建筑面积＝（4.0＋0.24）×（3.30＋0.24）＝4.24×3.54＝15.01m²

全部建筑面积＝63.90＋15.01＝78.91m²

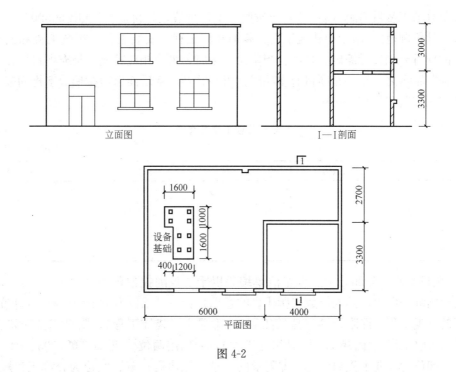

图 4-2

3. 工程量清单计价的基本概念

工程量清单,是表现拟建工程的分部分项工程项目、措施项目、其他项目名称及其相应工程数量的明细清单。工程量清单应由具有编制招标文件能力的招标人,或受其委托具有相应资质的中介机构进行编制,它是招标文件的重要组成部分之一,并随着招标文件发至投标人。

工程量清单计价,是指按招标文件的要求,完成工程量清单所需的全部费用,包括分部分项工程费、措施项目费、其他项目费和规费、税金。

(1) 工程量清单的编制

工程量清单的编制具体包括以下内容:

1) 总说明

总说明应按下列内容填写:

A. 工程概况:建设规模、工程特征、计划工期、施工现场实际情况、交通运输情况、自然地理条件、环境保护要求等;

B. 工程招标和分包范围;工程量清单编制依据;

C. 工程质量、材料、施工等的特殊要求;

D. 招标人自行采购材料的名称、规格型号、数量等;

E. 预留金、自行采购材料的金额数量;

F. 其他需要说明的问题。

2) 分部分项工程量清单

分部分项工程项目是指构成工程实体的工程项目,又称实体工程项目(土、石方工程除外)。分部分项工程量清单为不可调整的闭口清单。

分部分项工程量清单（表4-5）应按照《工程量清单计价规范》GB 50500—2003（以下简称《计价规范》）附录中建筑工程、装饰装修工程、安装工程、市政工程和园林绿化工程中的项目分别进行编码、列项。当附录缺项时，可作相应补充，补充项目可在序号栏内以"补"字示之。当补充项目有多项时，可在"补"字后面以阿拉伯数字排列表示，如"补1"、"补2"、"补3"……

分部分项工程量清单

表4-5

工程名称：

第 页 共 页

序 号	项目编码	项目名称	计量单位	工程数量
1 2 3 … n				

A. 项目编码：分部分项工程量清单编码以十二位阿拉伯数字（图4-3）表示。一至九位为全国统一编码，其九位数字所代表的意思是：一、二位为附录顺序码，《计价规范》规定了的五类工程，即附录A（建筑工程）、附录B（装饰工程）、附录C（安装工程）、附录D（市政工程）、附录E（园林绿化工程），分别用两位代码01、02、03、04、05表示；三、四位为专业工程顺序码，即附录的"章"顺序码；五、六位为分部工程顺序码，即附录的"节"顺序码；七、八、九位为分项工程顺序码。另外，十至十二位数字由编制人自行设置，为项目名称顺序码，自001起依次编制。

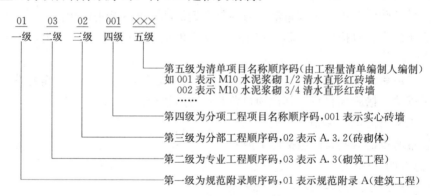

图4-3 清单项目编码示意图

B. 项目名称：在项目名称栏中，应根据《计价规范》附录并结合拟建工程的实际，对具体工程清单项目的项目名称、项目特征、工程内容进行准确、简明地描述。其中，项目特征和工程内容可根据实际工程需要进行增减。

C. 计量单位

计量单位采用基本单位。除各专业另有特殊规定外，均按以下单位计量：

A）以重量计算的项目——t 或 kg；

B）以体积计算的项目——m^3；

C）以面积计算的项目——m^2；

D）以长度计算的项目——m；

E）以自然计量单位计算的项目——个、套、块、樘、组、台······

F）没有具体数量的项目——系统、项。

D. 工程数量：工程数量应按《计价规范》附录中相应工程量计算规则进行计算，一般应反映分部分项工程项目的"实体净量"。即按照设计图示尺寸计算工程实体的数量，不考虑因施工方案不同对工程量可能产生的影响。工程数量有效位数的保留：t 应保留小数点后三位数字，m^3、m^2、m 均应保留小数点后两位数字，个、项、套、樘等应该取整数。

【例 4-2】 某综合楼工程挖基坑土方，依据《计价规范》中工程量计算规则，计算出工程量为 8.67m^3，其分部分项工程量清单的填写如表 4-6 所示。

分部分项工程量清单　　　　　　　　　　　　　　　表 4-6

工程名称：综合楼工程建筑　　　　　　　　　　　　　　　　　　　　第　页　共　页

序　号	项目编码	项目名称	计量单位	工程数量
1 ⋮ n	010101003001	挖基坑土方 土壤类别：三类土；基础类型：独立基础； 垫层底面积：1.7m×1.7m； 挖土深度：0.75m； 弃土运距：1.8km 工作内容：1. 土方开挖 　　　　　2. 基地钎探 　　　　　3. 运输	m^3	8.67

3）措施项目清单

措施项目是指完成工程项目施工，发生于该工程施工前和施工过程中技术、生活、安全等方面的非工程实体项目。措施项目清单为可调整清单。

措施项目清单只列序号和项目名称，由于每个措施项目的计量单位均为"项"，数量为"1"，故措施项目清单没有表现计量单位和工程数量（表 4-7）。

措施项目清单　　　　　　　　　　　　　　　　　　表 4-7

工程名称：　　　　　　　　　　　　　　　　　　　　　　　　　　第　页　共　页

序　号	项 目 名 称
1 2 ⋮ n	

措施项目清单中名称应根据拟建工程的具体施工组织措施和技术措施方案，参照《计价规范》措施项目一览表（表 4-8）所提供的项目进行列项。措施项目缺项时，编制人可作补充。

措施清单项目　　　　　　　　　　　　　　　　　　表 4-8

序　号	项 目 名 称
1	通用项目
1.1	环境保护：施工现场采用的环境保护措施项目
1.2	文明施工：施工现场采用的文明施工措施项目

序　号	项　目　名　称
1　通用项目	
1.3	安全施工:施工现场采用的安全施工措施项目
1.4	临时设施:施工生产活动必须搭设的临时设施项目
1.5	夜间施工:拟建工程有必须连续施工的要求或工期紧张有夜间施工的倾向
1.6	二次搬运:因施工现场狭窄必须发生材料设备二次搬运
1.7	大型机械设备进出场及安拆:施工方案中有大型机具的使用方案,拟建工程必须有大型机具
1.8	混凝土、钢筋混凝土模板及支架:拟建工程中有混凝土及钢筋混凝土工程
1.9	脚手架
1.10	已完工程及设备保护:已完工程与设备的保护措施
1.11	施工排水、降水:依据水文地质资料,拟建工程的地下施工深度低于地下水位
2　建筑工程	
2.1	垂直运输机械:施工方案中有垂直运输机械的内容、施工高度超过5m的工程
3　装饰装修工程	
3.1	垂直运输机械:施工方案中有垂直运输机械的内容、施工高度超过5m的工程
3.2	室内空气污染测试:使用挥发性有害物质的材料
4　安装工程	
4.1	组装平台:拟建工程中有钢结构、非标设备制作安装、工艺管道预制安装
4.2	设备、管道施工的安全、防冻和焊接保护措施:设备、管道冬期施工,易燃易爆、有毒有害环境施工,对焊接质量要求较高的工程
4.3	压力容器和高压管道的检验:工程中有三类压力窗口制作安装及超过10MPa的高压管道敷设
4.4	焦炉施工大棚:焦炉施工方案要求
4.5	焦炉烘炉、热态工程
4.6	管道安装后的充气保护措施:设计及施工规范要求,洁净度要求较高的管线
4.7	隧道内施工的通风、供水、供气、供电、照明及通信设施:隧道施工方案要求
4.8	现场施工围栏:招标文件及施工组织设计要求,拟建工程有需要隔离施工的内容
4.9	长输管道临时水工保护设施:长输管线涉水敷设
4.10	长输管道施工便道:一般输管道工程均需要
4.11	长输管道跨越或穿越施工措施:长输管道穿越铁路、公路、河流
4.12	长输管道地下穿越地上建筑物的保护措施
4.13	长输管道工程施工队伍调遣
4.14	格架式抱杆
5　市政工程	
5.1	围堰
5.2	筑岛
5.3	现场施工围栏
5.4	便道
5.5	便桥
5.6	洞内施工的通风、供水、供气、供电、照明及通信设施
5.7	驳岸块石清理

4）其他项目清单

其他项目是指实体项目和措施项目之外的，招标人或投标人所发生的与拟建工程有关的项目。

其他项目清单的编制和措施项目清单一样，由于单位是"项"，数量为"1"，所以其他项目清单只列序号和项目名称，没有表现计量单位和工程数量（表4-9）。在其他项目清单中，招标人不能自行填写金额数量。

其他项目清单　　　　　　　　　　　　　　表4-9

工程名称：　　　　　　　　　　　　　　　　　　　　　　　　　第 页 共 页

序　　号	项　目　名　称
1	招标人部分
2	投标人部分

其他项目清单中项目名称按下列内容列项：

招标人部分——预留金、材料购置费；

投标人部分——总承包服务费、零星工作项目费。

其中预留金——是指招标人为可能发生的工程量变更而预留的金额；

材料购置费——是指招标人自行采购材料的金额；

总承包服务费——是指为配合协调招标人进行的工程分包和材料采购所需的费用；

零星工作项目费——是指完成招标人提出的，对未来可能发生的工程量清单以外的零星工作项目所需的费用。

零星工作项目应根据拟建工程的具体情况，详细列出人工、材料、机械的名称、计量单位和相应数量（表4-10）。

零星工作项目表　　　　　　　　　　　　　　表4-10

工程名称：　　　　　　　　　　　　　　　　　　　　　　　　　第 页 共 页

序　　号	名　　称	计量单位	数　　量
1	人工		
	小计		
2	材料		
	小计		
3	机械		
	小计		
	合计		

（2）工程量清单计价

工程量清单计价是指按招标文件的要求，完成工程量清单所需的全部费用（价格），包括分部分项工程费（分部分项工程量清单计价合计）、措施项目费（措施项目清单计价）、其他项目费（其他项目清单计价合计）和规费、税金。

工程量清单计价格式具体包括以下内容：

1）封面

2）工程项目总价表、单项工程费汇总表、单位工程费汇总表

A. 工程项目总价表应填写投标总价，它是组成工程项目的各个单项工程费的汇总。

当只有一个单项工程时，单项工程费即为该工程项目总价。

B. 单项工程费汇总表包括组成单项工程的各个单位工程费的汇总。建筑安装工程通常包括建筑工程、装饰装修工程、给排水采暖燃气工程、电气照明工程、设备安装工程、工业管道工程、消防工程、通风空调工程、自动化控制仪表安装工程、通信设备及线路工程、建筑智能化系统设备工程等。

C. 单位工程费，包括分部分项工程量清单计价合计、措施项目清单计价、其他项目清单计价合计和规费、税金。规费为经省级以上政府和有关部门批准的行政收费项目，规费和税金均为不可竞争性费用，应按规定计取。

【例 4-3】 某市区综合楼工程（依据湖北省鄂建〔2003〕44 号文《湖北省建筑安装工程费用定额》）计算后，工程项目总价表、单项工程费汇总表、单位工程费汇总表填写分别如表 4-11、表 4-12、表 4-13 所示。

工程项目总价表　　　　　　　　　　　　　　　　　　表 4-11

工程名称：某综合楼建筑、装饰装修、安装工程　　　　　　　　　　　　　第　页　共　页

序　　号	单项工程名称	金额（元）
1	某综合楼	707864.13
	合计	707864.13

注：1. 单项工程名称应按单项工程费汇总表的工程名称填写；
　　2. 表中金额应按单项工程费汇总表的合计金额填写。

单项工程费汇总表　　　　　　　　　　　　　　　　　　表 4-12

工程名称：某综合楼　　　　　　　　　　　　　　　　　　　　　　第　页　共　页

序　　号	单位工程名称	金额（元）
1	某综合楼建筑	462693.13
2	某综合楼装饰装修	194711.00
3	某综合楼安装	50460.00
	合计	707864.13

注：1. 单位工程名称应按单位工程费汇总表的工程名称填写；
　　2. 表中金额应按单位工程费汇总表的合计金额填写。

其中，建筑工程计算如表 4-13：

单位工程费汇总表　　　　　　　　　　　　　　　　　　表 4-13

工程名称：某综合楼建筑　　　　　　　　　　　　　　　　　　　　　第　页　共　页

序　　号	单位工程名称	金额（元）
1	分部分项工程量清单计价合计	305888.52
2	措施项目清单计价合计	57111.12
3	其他项目清单计价合计	63799.66
4	规费	21339.97
5	税金	14553.86
6	合计	462693.13

注：依据湖北省鄂建〔2003〕44 号文《湖北省建筑安装工程费用定额》：规费＝[(1)＋(2)＋(3)]×费率（费率取5%）；税金＝[(1)＋(2)＋(3)＋(4)]×税率（税率取 3.41%）。

3）分部分项工程量清单综合单价及计价表

分部分项工程量清单计价由投标人按照分部分项工程量清单进行编制。由于分部分项工程量清单为不可调整的闭口清单，所以投标人对分部分项工程量清单必须逐一计价，对清单所列内容不允许作任何更改变动。投标人如果认为清单内容有不妥或遗漏，只能通过

质疑的方式由清单编制人作统一的修改更正。

分部分项工程量清单计价应采用综合单价计价，其值等于综合单价乘以工程量清单数量。

综合单价，是指工程数量为一个基本计量单位的实体工程的清单项目，完成其规定工程内容所需的人工费、材料费、机械使用费、管理费和利润，并考虑一定风险因素。综合单价的计算是将实际发生的所有费用摊入清单工程量内。

$$综合单价＝人工费＋材料费＋机械使用费＋管理费＋利润＋风险 \qquad (4-11)$$

A. 人工费、材料费、机械使用费：按招标文件要求，设计图纸、现场实际及施工方案、工程量清单的项目特征等，按工程内容分别列项计价。投标人应按企业定额或参照建设行政主管部门发布的社会平均水平消耗量定额执行。

B. 管理费、利润：按相应的基数乘以费率计算。投标人应根据企业综合实力和投标资料，自行决定费率标准或参照建设行政主管部门发布的费用定额执行。

C. 风险：是指市场价格（包括人工、材料、机械）上涨给承包人造成的风险，此外还包括其他非发包人责任可能给承包人造成的损失，投标人可自主确定投标报价的风险系数。

【例 4-4】 某综合楼中土石方工程依据《湖北省（2003）消耗量定额及统一计价表》工程量计算规则，计算出人工挖基坑为 $15.9m^3$，拖拉机运土方为 $20.3m^3$，基底钎探为 $11.6m^3$，不考虑风险，四类工程。要求根据分部分项工程量清单表 4-6 编制分部分项工程量清单综合单价及计价表。

解：分部分项工程量清单综合单价及计价表填写如表 4-14、表 4-15、表 4-16 所示。

分部分项工程量清单综合单价计算表　　　　　　　　　　表 4-14

工程名称：某综合楼建筑　　　　　　　　　　　　　　　　　　　　　第 页 共 页

序号	项目编码	项 目 名 称	单位	工程数量	综合单价（元）					小计（元）
					人工费	材料费	机械费	管理费	利润	
1	010101003001	挖基坑土方 土壤类别：三类土； 基础类型：独立基础； 垫层底宽、底面积：1.7m×1.7m； 挖土深度：0.75m； 弃土运距：1.8km 工作内容：1. 土方开挖 　　　　　2. 基地钎探 　　　　　3. 运输	m³	8.67	70.29	0.045	49.26	2.39	2.39	124.38
	A1-26	人工挖基坑	100m³	0.159	1898.40	—	11.21	38.19	38.19	1985.99
	A1-256	拖拉机运土方	100m³	0.203	1391.70	1.91	2095.31	69.78	69.78	3628.48
	A1-41	基地钎探	100m³	0.116	216	—		4.32	4.32	224.64
⋮ n										

注：1. 表中序号、项目编码、项目名称、单位和工程数量必须按照分部分项工程量清单相应内容填写，见表 4-6。
　2. 定额子目所对应的工程量应按照相应定额的工程量计算规则计算。
　3. 依据湖北省鄂建〔2003〕44 号文《湖北省建筑安装工程费用定额》，管理费＝（人工费＋材料费＋机械费）×费率（费率取 2%）；利润＝（人工费＋材料费＋机械费）×费率（费率取 2%）。
　4. 综合单价＝人工费＋材料费＋机械费＋管理费＋利润＝[∑（定额数量×定额人工费）]/清单数量＋[∑（定额数量×定额材料费）]/清单数量＋[∑（定额数量×定额机械费）]/清单数量＋[∑（定额数量×定额管理费）]/清单数量＋[∑（定额数量×定额利润）]/清单数量

分部分项工程量清单综合单价分析表

表 4-15

工程名称：某综合楼建筑

序号	项目编码	项目名称	工程内容	综合单价组成（元）					综合单价（元）
				人工费	材料费	机械费	管理费	利润	
1	010101003001	挖基坑土方 土壤类别：三类土； 基础类型：独立基础； 垫层底宽、底面积：1.7m×1.7m； 挖土深度：0.75m； 弃土运距：1.8km		70.29	0.045	49.26	2.39	2.39	124.38
			土方开挖	34.81	—	0.206	0.70	0.7	
			拖拉机运土方	32.59	0.045	49.06	1.63	1.63	
			基底钎探	2.89	—	—	0.058	0.058	
⋮ n									

注：1. 综合单价计算表和综合单价分析表中综合单价的计算结果应该相等；

2. 综合单价＝人工费＋材料费＋机械费＋管理费＋利润＝Σ［（定额数量×定额人工费）/清单数量］＋Σ［（定额数量×定额材料费）/清单数量］＋Σ［（定额数量×定额机械费）/清单数量］＋Σ［（定额数量×定额管理费）/清单数量］＋Σ［（定额数量×定额利润）/清单数量］

分部分项工程量清单计价表

表 4-16

工程名称：某综合楼建筑

序号	项目编码	项目名称	计量单位	工程数量	金额（元）	
					综合单价	合价
1	010101003001	挖基坑土方 土壤类别：三类土； 基础类型：独立基础； 垫层底宽、底面积：1.7m×1.7m； 挖土深度：0.75m； 弃土运距：1.8km 工作内容：1. 土方开挖 　　　　　2. 基地钎探 　　　　　3. 运输	m³	8.67	124.38	1078.37
⋮ n						

注：1. 表中序号、项目编码、项目名称、单位和工程数量必须按照分部分项工程量清单相应内容填写。

2. 合价＝工程数量×综合单价，其中，综合单价依照综合单价计算表或分析表计取。

4）措施项目清单计价表及措施项目费分析表

投标人应根据招标文件中措施项目清单填写措施项目清单计价表，如表 4-17、表 4-18。由于措施项目清单为可调整清单，投标人对招标文件中所列项目，可根据企业自身特点作适当的变更增减。投标人要对拟建工程可能发生的措施项目和措施费用作总体考虑，措施项目清单计价表一经报出，即被认为是包括了所有应该发生的措施项目的全部费用。

措施项目清单计价表

表 4-17

工程名称：

序号	项目名称	金额（元）
1		
⋮ n		
合计		

注：1. 表中序号、项目名称必须按措施项目清单中的相应内容填写。

2. 投标人可根据施工组织设计采取的措施增加项目。

措施项目费分析表　　　　　　　　　　　　　　表 4-18

工程名称：　　　　　　　　　　　　　　　　　　　　　　　　　　　第　页　共　页

序号	措施项目名称	单位	数量	其中(元)					小计
				人工费	材料费	机械费	管理费	利润	
1									
⋮									
n									
合计									

注：表中单位、数量均按"项"、"1"填写。

5）其他项目清单计价表及零星工作项目计价表

其他项目清单计价中的招标人部分金额为不可竞争性费用，投标人应按招标文件总说明中的数字填写，如表 4-19、表 4-20 所示。但因招标人对未来工程的情况难以作出准确的预测，所以预留金只是一个估算。招标人自行采购材料的金额，一般应按招标人计划采购的材料规格、品种、数量和预测价格计算。

其他项目清单计价表　　　　　　　　　　　　　　表 4-19

工程名称：　　　　　　　　　　　　　　　　　　　　　　　　　　　第　页　共　页

序号	项 目 名 称	金额(元)
1	招标人部分	
	小计	
2	投标人部分	
	小计	
	合计	

注：表中序号、项目名称必须按其他项目清单中的相应内容填写。

零星工作项目表　　　　　　　　　　　　　　表 4-20

工程名称：　　　　　　　　　　　　　　　　　　　　　　　　　　　第　页　共　页

序号	名称	计量单位	数量	金额(元)	
				综合单价	合价
1	人工				
	小计				
2	材料				
	小计				
3	机械				
	小计				
	合计				

注：1. 表中的人工、材料、机械名称、计量单位和相应数量应按零星工作项目表中相应的内容填写。
　　2. 工程竣工后零星工作费应按实际完成的工程量所需费用结算。

投标人部分的总承包服务费和零星工作项目费，由投标人根据招标文件要求和具体的工程情况进行确定。

6）主要材料价格表

主要材料价格表（表 4-21）是由投标人提供给评委评标时使用的一份表格。表中材料编码，应采用全国统一编码，所填写单价应与工程量清单综合单价中的材料单价相一致。

主要材料价表 表 4-21

工程名称：

第　页　共　页

序号	材料编码	名称规格	单位	数量	单价(元)	合价(元)

（二）工程合同基本知识

1. 建筑工程合同的订立

合同，是平等主体的自然人、法人、其他组织之间设立、变更、终止民事权利、义务关系的协议。我国于 1999 年 3 月 15 日通过了《中华人民共和国合同法》，并于 1999 年 10 月 1 日起施行。

建设工程合同在本质上是指承包人进行工程建设，发包人支付价款的合同。一般情况下，承、发包双方签订建设工程施工合同是通过招投标程序进行的：

招标（要约邀请）───投标（要约）───向中标人发出中标通知书（承诺）───签订建设工程施工合同。

（1）建设工程招投标的原则和意义

建设工程招标是指招标人在发包建设项目之前，公开招标或邀请投标人，根据招标人的意图和要求提出报价，择日当场开标，以便从中择优选定中标人的一种经济活动。

建设工程投标是指具有合法资格和能力的投标人根据招标条件，经过研究和计算，在指定期限内填写标书，提出报价，并等候开标，决定能否中标的经济活动。

1）招投标活动的基本原则

A. 公开原则。要求招标投标活动具有高度的透明性，招标信息、招标程序必须公开，即采用公开招标方式的，应当发布招标公告。

B. 公平原则。要求给予所有投标人以完全平等的机会，使每一个投标人享有同等的权利并承担同等的义务，招标文件和招标程序不得含有任何对某一方歧视的要求或规定。

C. 公正原则。要求在选定中标人的过程中，评标标准应当明确、严格，评标机构的组成必须避免任何倾向性，招标人与投标人双方在招标投标活动中的地位平等，任何一方不得向另一方提出不合理的要求，不得将自己的意志强加给对方。

D. 诚实信用原则。要求招标投标当事人应以诚实、守信的态度行使权利、履行义务，以维护双方的利益平衡，以及自身利益和社会利益的平衡。

2）招标投标制度的意义

A. 有利于规范招标投标活动；

B. 保护国家利益、社会公共利益以及招标和投标活动当事人的合法权益；

C. 有利于承包商不断提高企业的管理水平；

D. 有利于促进市场经济体制的进一步完善；

E. 有利于促进我国建筑业与国际接轨。

3）建设工程施工招投标程序

建设工程施工招投标具体程序如下：

A. 成立招标组织，由招标人自行招标或委托招标；

B. 编制招标文件；

C. 工程标底价格的编制（设有标底的）；

D. 发布招标公告或发出投标邀请书；

E. 对潜在投标人进行资格审查，并将审查结果通知各潜在投标人；

F. 发售招标文件；

G. 组织投标人勘察现场；

H. 召开投标预备会：招标文件的澄清、修改、答疑；

I. 投标文件的编制与递交；

J. 开标；

K. 评标；

L. 确定中标单位；

M. 发出中标通知书；

N. 签订承发包合同。

（2）建设工程合同的谈判

经过招标、投标、发出中标通知书等一系列步骤和过程之后，招标人和中标人之间的工程合同法律关系就已经建立。但是，由于工程合同的标的规模大、投资大、技术复杂、影响因素多，而工程招标投标时间相对较短，工程招标投标工作相对较为仓促，从而可能会导致工程合同条款和其他合同文件的完备性、准确性、充分性不足，甚至存在合法性方面的缺陷，给今后合同的履行造成很大困难和不利影响。因此，中标后，招标人和中标人在不背离中标通知书中确定的和工程招投标过程中经双方确定的未来工程合同实质性内容的前提下，双方还必须进行合同谈判，进一步澄清和补充合同条款，使合同双方在谈判中进一步地沟通，详细地交换意见，并在此基础上最终签订一份对双方均有利的、合法的工程合同。

1）合同谈判目标

在工程合同谈判过程中，合同当事人双方的共同目标是完善合同条件，保证建设工程项目的顺利实施，避免和减少合同履行过程中的合同纠纷和合同问题。

对于招标人而言，除完善合同条件外，还要求尽量降低合同价款。在定标时，虽然从总体上可以接受中标人的投标报价，但仍希望通过合同谈判，进一步降低合同价格。在谈判过程中，招标人若有更好的建议、措施、技术和方法，也可向中标人提出，建议其采纳。

对于中标人而言，由于建设工程市场竞争非常激烈，招标人在建设工程项目招标时经常提出十分苛刻的条件，在投标时，投标人只能被动接受。进入工程合同谈判阶段，中标人被动地位有所改变，中标人可利用这一机会与招标人谈判，去掉单方约束性条款，减少合同风险，争取对自己更为有利的合同价格和合同条款。

2）合同谈判的内容

A. 技术谈判：对工程合同技术方面条款和内容进行研究、讨论和谈判。

A) 对合同工程内容和范围的确认：合同"标的"是合同最基本的要素，建设工程合同的标的量化就是工程承包内容和范围。在合同条款中，对于"可供选择的项目"、"除另有规定外的一切工程"等不确定的内容，应力争在签订合同前予以明确。

B) 对建设项目施工条件、技术要求、技术规范及对采纳的施工技术方案进行确认。

C) 工期和保修期：

a. 明确保证开工的措施。对于建设单位影响开工的因素应列入合同条件中，在施工过程中，由于建设单位原因导致工程不能如期开工，工期应给予顺延。

b. 明确工程变更、不可抗力及"作为一个有经验的承包人也无法预料的工程施工过程中条件的变化"等条款。在施工过程中发生上述事件，工期应给予顺延。

c. 明确保修工程的范围和保修责任及保修期的开始和结束时间。

D) 对工程质量保证措施进行确认，明确工程验收以及衔接工序和隐蔽工程施工的验收程序。

B. 商务谈判：合同当事人对工程合同商务方面的条款和内容进行谈判。

A) 合同价格条款：根据合同计价方式的不同，合同有总价合同、单价合同及成本加酬金合同。不同的合同形式具有不同的合同价格处理方式，在合同中应予以明确。

B) 合同价格调整条款：一般建设工程工期较长，遭受通货膨胀等因素的影响，可能给承包人造成较大损失。价格调整条款可以比较公正地解决这一非承包人可控制的风险损失。

C) 合同价款支付方式的条款：合同价款的支付分为四个阶段，预付款、工程进度款、竣工结算款和退还保修金。

（3）建设工程合同的签订

工程合同谈判进行到一定阶段后，在合同当事人双方都已明确了观点，对原则性问题基本达成共识的情况下，即可签订合同协议书，形成正式的工程合同。根据我国《合同法》的规定，建设工程合同必须采用书面形式才能生效。

在合同订立过程中，招标人和投标人应严格履行法律义务，避免缔约过失行为。

1）招标人缔约过失行为：

A. 招标人违反附随义务，即招标人隐瞒建设工程项目真实情况，招标人发现投标人的投标文件错误后没有给予适当确认而恶意地利用投标文件错误进行授标的。

B. 招标人采用不公正、不合理的招标方式进行招标。

C. 招标人泄漏或者不正当使用非中标人的技术成果和经营信息。

D. 招标人借故不与中标人签订工程合同。

E. 由于招标人的原因终止招标或者导致招标失败。

2）投标人缔约过失行为

A. 投标人串通投标，或以虚假手段骗取中标。

B. 中标人借故不与招标人签订工程合同。

2. 建设工程合同的类型

（1）按承发包的工程范围划分

1）建设工程总承包合同：发包人将工程建设的全过程，即从工程立项到交付使用全部发包给一个承包人的合同。

2）建设工程承包合同：发包人将建设工程中勘察、设计、施工等每一项分别发包给一个承包人的合同。

3）分包合同：经合同约定和发包人认可，从工程承包人承包的工程中承包部分工程而订立的合同。

（2）按完成工程建设阶段划分

1）建设工程勘察合同：建设工程勘察阶段，合同当事人双方就查明、分析、评价建设场地的地质地理环境特征和岩土工程条件而签订的合同。

2）建设工程设计合同：建设工程设计阶段，合同当事人双方就建设工程所需的技术、经济、资源、环境等条件进行综合分析、论证而签订的合同。

3）建设工程施工合同：建设工程施工阶段，合同当事人双方就建设工程的施工，包括新建、扩建、改建而签订的合同。

（3）按付款方式划分

1）总价合同

总价合同分为可调总价合同和固定总价合同。固定总价合同是最典型的合同类型。

固定总价合同即总价固定不变，除了业主要求建设项目有重大变更以外，一般不允许进行合同价格的调整。这类合同由于承包人承担了全部的工作量和价格风险，因此其报价必须考虑施工期间物价变化及工程量变化带来的影响。

固定总价合同适用条件：

A. 工程范围清楚明确，报价的工程量必须准确而不是估计数字；

B. 工程设计较细，图纸完整、详细、清楚；

C. 工程量小、工期短，估计在工程过程中环境因素变化小，工程条件稳定并合理；

D. 工程结构及技术简单、风险小、报价估算方便；

E. 工程投标期长，承包人可以详细作现场调查、复核工作量、分析招标文件；

F. 合同条件完备，双方的权利、义务清楚。

2）单价合同

单价合同是指承包人按规定承担报价的风险，即对报价（主要指单价）的正确性和适宜性承担责任，而业主承担工程量变化风险的合同。单价合同中，由于合同当事人双方的风险得到了合理的分配，因此，这种合同不受工程类型的限制，在我国得到了广泛的应用。单价合同又可分为固定单价合同和可调单价合同。

A. 固定单价合同：合同单价固定，不因物价变动而调整，承包人承担物价上涨的风险。

B. 可调单价合同：单价可以随市场物价指数的变化而进行调整。

3）成本加酬金合同

成本加酬金合同是指业主不仅向承包人支付工程项目的实际成本，而且按事先约定的某一种方式支付酬金的合同。在这种合同中，由于业主是按实际成本对承包人进行结算，因此，承包人不承担任何风险，而业主承担了全部工程量和价格风险，这将导致承包人在工程中不会较好的进行成本控制，相反期望提高成本以提高自身的经济效益。

成本加酬金合同的适用范围：

A. 需要立即开展工作的项目，如震后救灾工作。

B. 新型工程项目或项目工程内容及技术经济指标未确定的项目。

C. 风险很大的项目。

（4）与工程建设有关的其他合同

1）建设工程监理合同：监理单位就建设过程中代表业主对建设工程的质量、工期和资金等方面实施监督管理而与业主签订的合同。

2）建设工程物资采购合同：发包人或承包人就工程物资的采购与物资供应商所签订的合同。

3）建设工程保险合同：发包人或承包人为防范特定风险而与保险公司签订的合同。

4）建设工程担保合同：发包人或承包人与第三人就保证建设工程合同全面、正确履行而订立的合同。

3. 建设工程合同的主要内容与履行

在建设工程合同的签订过程中，合同类型不同，合同当事人权利、义务也不同，建设工程合同的主要内容也各异。常用的有：

（1）建设工程总承包合同

这种承包制度不仅可以减少业主面对承包人的数量，给业主带来很大的方便，而且也使得承包人能够统一管理整个项目，避免多头领导，降低管理费用，方便协调和控制，减少大量的重复管理工作，减少额外开销，减少中间检查和交接环节，避免由此引起的工程拖延，从而大大缩短工期。

1）建设工程总承包人应具备的条件

对建设工程实行总承包，要求承包人具备以下条件：

A. 必须是具有法人地位的经济实体。

B. 由各地区、各部门根据建设需要分别组建，并向公司所在地工商行政管理部门登记，领取法人企业营业执照。

C. 总承包公司接受工程项目总承包任务后，可对勘察设计、工程施工和材料设备供应等进行招标，签订分包合同，并负责对各项分包任务进行综合协调管理和监督。

D. 总承包公司应具有较高的组织管理水平、专业工程管理经验和工作效率。

2）建设工程总承包合同的主要条款

A. 词语涵义及合同文件：这一条款不仅对合同中常用的或容易引起歧义的词语进行准确解释、定义，而且对合同文件的组成、顺序及合同使用的标准也作了明确的规定。

B. 总承包内容：合同当事人双方须明确总承包的内容，包括从工程立项到交付使用全过程的工作内容，具体包括可行性研究、勘察设计、设备采购、施工管理、试车考核（或交付使用）等。

C. 双方当事人的权利义务：这一条款对合同当事人双方的权利、义务作了明确的规定，这是合同的重要内容，规定应当详细、准确。

发包人一般应当承担以下义务：

A）按照约定向承包人支付工程款；

B）向承包人提供现场；

C）协助承包人申请有关许可、执照和批准；

D）如果发包人单方要求终止合同后，没有承包人的同意，在一定时期内不得重新开始实施该工程。

承包人一般应当承担以下义务：

A）完成满足发包人要求的工程以及相关的工作；

B）提供履约保证；

C）负责工程的协调与恰当实施；

D）按照发包人的要求终止合同。

D. 合同履行期限：合同当事人双方应明确规定交工时间及各阶段的工作期限。

E. 合同价款：合同当事人双方应明确规定合同价款的计算方式、结算方式以及价款的支付期限等。

F. 工程质量与验收：合同当事人双方应明确规定对工程质量的要求，对工程质量的验收方法、验收时间及确认方式。工程质量检验的重点应当是竣工验收，通过竣工检验后发包人可以接受工程。合同也可以约定竣工后的检验。

G. 合同的变更：工程建设的特点决定了合同在履行中往往会出现一些事先没有估计到的情况。一般在合同期限内的任何时间，发包人代表可以通过发布指示或要求承包人递交建议书的方式提出变更。如果承包人认为这种变更具有价值的，也可以在任何时候向发包人代表提交此类建议书。当然，最后的批准权在发包人。

H. 风险、责任和保险：承包人应当保障和保护发包人、发包人代表以及雇员免遭由工程导致的一切索赔、损害和开支。应由发包人承担的风险也应作明确的规定。合同对保险的办理、保险事故的处理等都应作明确的规定。

I. 工程保险：合同当事人双方应按国家的规定写明保修项目、内容、范围、期限及保修金额和支付方法。

J. 对设计、分包人的规定：承包人进行并负责工程的设计，设计应当由合格的设计人员进行。承包人还应当编制足够详细的施工文件，编制和提交竣工图纸、操作和维修手册。承包人应当对所有分包方遵守合同的全部规定负责，任何分包方、分包方的代理人或者雇员的行为或者违约，完全视为承包人自己的行为或者违约，并负全部责任。

K. 索赔和争议的处理：合同当事人双方应明确索赔的程序和争议的处理方式。对争议的处理，一般应以仲裁作为解决的最终方式。

L. 违约责任：合同当事人双方应明确双方的违约责任，包括发包人不按时支付合同款的责任、超越合同规定干预承包人工作的责任等，也包括承包人不能按合同约定的期限和质量完成工作的责任等。

3）建设工程总承包合同的履行

A. 建设工程总承包合同订立后，双方都应按合同的规定严格履行。

B. 总承包单位可以按合同规定对工程项目进行分包，但不得到手转包。所谓到手转包，是指将建设项目转包给其他单位承包，只收取管理费，不派项目管理班子对建设项目进行管理，不承担技术经济责任的行为。

C. 建筑工程总承包单位可以将承包工程中的部分工程发包给具有相应资质条件的分包单位，但是除总承包合同中约定的工程分包外，必须经发包人认可。

（2）建设工程施工合同

建设工程施工合同是建设工程合同的一种，它与其他建设工程合同一样是一种双务、有偿合同，在订立合同时应遵守自愿、公平、诚实信用等原则。

建设工程施工合同的当事人是发包人和承包人，双方是平等的民事主体。承发包双方签订施工合同，必须具备相应资质和履行施工合同的能力。

在建设工程施工合同履行中，业主实行的是以工程师为核心的管理体系。工程师是指监理单位委派的总监理工程师或发包人指定的履行合同的负责人，其具体身份和职权由发包人、承包人在专用条款中约定。

建设工程施工合同具有以下特点：

合同主体的严格性。合同的主体必须具有履约能力。发包人一般只能是经过批准进行工程项目建设的法人，必须有国家已批准的建设项目，落实了投资来源，并且应具备相应的组织管理能力；承包人必须具备法人资格，而且应当具备相应的从事勘察、设计、施工等资质。无营业执照或无承包资质的单位不能作为建设工程施工合同的主体，资质等级低的单位不能越级承包建设单位。

合同标的特殊性。建筑工程施工合同的标的是各类建筑产品。建筑产品是不动产，这就决定了每个建筑施工合同的标底都是特殊的，相互间具有不可替代性；这还决定了施工生产的流动性。另外，建筑产品的类别庞杂，每一个建筑产品都需单独设计和施工（即使可重复利用标准设计或重复使用图纸，也会有必要的设计修改才能施工）。建筑产品的单件性生产，决定了建筑工程施工合同标的的特殊性。

合同履行期限的长期性。建设工程由于结构复杂、体积大、建筑材料类型多、工作量大，使得合同履行期限都较长。而且，建设工程合同的订立和履行一般都需要较长的准备期，在合同的履行过程中，还可能因为不可抗力、工程变更、材料供应不及时等原因而导致合同期限顺延。所有这些情况，决定了建设工程施工合同的履行期限具有长期性。

计划和程序的严格性。订立建设工程施工合同必须以国家批准的投资计划为前提。即使建设项目是非国家投资的，以其他方式筹集的投资也要受到当年的贷款规模和批准限额的限制。建设工程施工合同的订立和履行还必须符合国家关于建设程序的规定，并满足法定或其内在规律所必须要求的前提条件。如《建设工程施工合同管理办法》第七条的规定，签订施工合同必须具备以下条件：

1）初步设计已经批准；

2）工程项目已经列入年度建设计划；

3）有能够满足施工需要的设计文件和有关技术资料；

4）建设资金和主要建筑材料、设备来源已经落实；

5）对于投标工程，中标通知书已经下达。

合同形式的特殊要求。考虑到建设工程的重要性和复杂性，在建设过程中经常会发生影响合同履行的纠纷，因此《合同法》第二百七十条规定，建设工程合同应当采用书面形式。

建设工程施工合同的主要内容包括：

根据工程建设施工的相关法律、法规，结合我国工程建设施工的实际情况，并在借鉴了国际上广泛使用的土木工程施工合同（特别是 FIDIC 土木工程施工合同条件）的基础上，国家建设部、国家工商行政管理局于 1999 年 12 月 24 日发布了《建设工程施工合同（示范文本）》（GF—1999—0201）（以下简称《施工合同文本》），该合同文本规定了建设工程施工合同的主要内容，并在全国范围内得到了广泛的运用。

1)《施工合同文本》的结构

《施工合同文本》由《协议书》、《通用条款》、《专用条款》三部分组成，并附有三个附件：附件一《承包人承揽工程项目一览表》、附件二《发包人供应材料设备一览表》、附件三《工程质量保修书》。

A.《协议书》：

《协议书》是《施工合同文本》中总纲性文件，概括了当事人双方最主要的权利、义务，规定了合同工期、质量标准和合同价款等实质性内容，载明了组成合同的各个文件，并经合同双方签字和盖章认可而使合同成立的重要文件。

B.《通用条款》：

《通用条款》是根据我国的法律、行政法规，参照国际惯例，并结合土木工程施工的特点和要求，将建设工程施工合同中共性的一些内容抽象出来编写的一份完整的合同文件。《通用条款》是双方当事人进行合同谈判的基础，它具有很强的通用性，基本适用于各类公用建筑、民用住宅、工业厂房、交通设施及线路管道的施工和设备安装等要求。

《通用条款》的内容由法定的内容或无须双方协商的内容（如工程质量、检查和返工、重检验以及安全施工）和应当双方协商才能明确的内容（如进度计划、工程款的支付、违约责任的承担等）两部分组成。具体来说《通用条款》包括 11 部分 47 条内容，其中 11 部分如下：

① 词语定义及合同文件

② 双方一般权利和义务

③ 施工组织设计和工期

④ 质量与检验

⑤ 安全施工

⑥ 合同价款与支付

⑦ 材料、设备供应

⑧ 工程变更

⑨ 竣工验收与结算

⑩ 违约、索赔和争议

⑪ 其他

C.《专用条款》：

考虑到不同建设工程项目的施工内容各不相同，工期、造价也随之变动，承包人、发包人各自的能力、施工现场的环境也不相同，《通用条款》不能完全适用于各个具体工程，因此配之以《专用条款》对其作必要的修改和补充，使《通用条款》和《专用条款》成为双方统一意愿的体现。

《专用条款》的条款号与《通用条款》相一致，由当事人根据工程的具体情况予以明确或者对《通用条款》进行修改。如《通用条款》中第 9.1（2）条规定：承包人应向工程师提供年、季、月度工程进度计划及相应的进度统计报表，而《专用条款》中第 9.1（2）条规定了承包人应提供计划、报表的名称及完成时间。很显然专用条款是对通用条款规定内容的确认与具体化。

D. 附件：

《施工合同文本》的附件是对施工合同当事人的权利、义务的进一步明确，并且使得施工合同当事人的有关工作一目了然，便于执行和管理。

2）合同文件及解释顺序

《施工合同文本》规定了施工合同文件的组成及解释顺序：

A. 施工合同协议书；

B. 中标通知书；

C. 投标书及其附件；

D. 施工合同专用条款；

E. 施工合同通用条款；

F. 标准、规范及有关技术文件；

G. 图纸；

H. 工程量清单；

I. 工程报价单或预算书。

双方有关工程的洽商、变更等书面协议或文件均视为施工合同的组成部分。

当合同文件中出现不一致时，上面的顺序就是合同的优先解释顺序。所谓优先解释顺序是指合同文件各组成部分应当能相互补充、互为说明，不能自相矛盾，如果自相矛盾、有分歧或不一致时则排序后面的内容应服从排序前面的内容，遵循前面内容优先的原则以解决矛盾、有分歧或不一致的问题。

3）《施工合同文本》的主要条款

A. 双方的一般权利及义务：

A）发包人工作：

a. 在工程开工之前，应完成土地征用、拆迁补偿、平整施工场地等工作，使施工场地具备施工条件。

b. 将施工所需水、电、通信线路从施工场地外部接至专用条款约定地点，并保证施工期间的需要。

c. 开通施工场地与城乡公共道路的通道，以及专用条款约定的施工场地内的主要交通干道，要求满足施工运输的需要，保证施工期间的畅通。

d. 向承包人提供施工场地的工程地质和地下管线资料，保证数据真实，位置准确。

e. 办理施工许可证和临时用地、停水、停电、中断道路交通、爆破作业以及可能损坏道路、管线、电力、通信等公共设施法律、法规规定的申请批准手续及其他施工所需的证件（证明承包人自身资质的证件除外）。

f. 确定水准点与坐标控制点，以书面形式交给承包人，并进行现场交验。

g. 组织承包人和设计单位进行图纸会审和设计交底。

h. 协调处理施工现场周围地下管线和邻近建筑物、构筑物（包括文物保护建筑）、古树名木的保护工作，并承担有关费用。

i. 组织做好施工工程竣工验收工作。

j. 发包人应做的其他工作，双方在专用条款内约定。

B）承包人工作

a. 根据发包人的委托，在其设计资质等级和业务允许的范围内，按时完成施工图设计或与工程配套的设计。

b. 向工程师提供年、季、月工程进度计划及相应进度统计报表。

c. 负责施工现场的安全保卫工作，提供和维修非夜间施工使用的照明、围栏设施。

d. 向发包人提供施工现场办公、生活的房屋及设施。

e. 严格遵守有关部门对施工场地交通、施工噪声以及环境保护和安全生产等的管理规定，按管理规定办理有关手续，并以书面形式通知发包人。

f. 已竣工工程未交付发包方之前，承包人应负责已完工程的成品保护工作，保护期间发生损坏，承包人自费予以修复。要求承包人采取特殊措施保护的单位工程的部位和相应追加合同价款，在专用条款内约定。

g. 做好施工现场地下管线和邻近建筑物、构筑物（包括文物保护建筑）、古树名木的保护工作。

h. 保证施工场地的清洁符合环境卫生管理有关规定。交工前现场的清理必须达到专用条款约定的要求。

i. 承包人应做的其他工作，双方在专用条款内约定。

B. 进度控制条款：

A）承包人按时提交进度计划：承包人应当在专用条款约定的日期内，将工程进度计划提交工程师。工程师接到承包人提交的进度计划后，应当予以确认或者提出修改意见，时间限制由双方在专用条款中约定。如果工程师逾期不确认也不提出书面意见，则视为已经同意。

B）承包人依照进度计划执行：承包人应当按照工程师确认的进度计划组织施工，接受工程师对进度的检查、监督。工程实际进度与经确认的进度计划不符时，承包人应当按照工程师的要求提出改进措施，经工程师确认后执行。因承包人的原因导致实际进度与进度计划不符，承包人无权就改进措施提出追加合同价款。

C）对工期延误的承担：因以下原因造成工期延误，经工程师确认，工期相应顺延：发包人不能按专用条款的约定提供开工条件；发包人不能按约定日期支付工程预付款、进度款，致使工程不能正常进行；工程师未按合同约定提供所需指令、批准等，致使施工不能正常进行；设计变更和工程量增加；一周内非承包人原因停水、停电、停气造成停工累计超过 8 小时；不可抗力；专用条款中约定或工程师同意工期顺延的其他情况。承包人在以上情况发生后 14 天内，就延误的工期以书面形式向工程师提出报告。工程师在收到报告后 14 天以内予以确认，逾期不予以确认也不提出修改意见，视为同意顺延工期。

D）工程竣工验收的执行程序：

承包人提交竣工验收报告。工程具备竣工验收条件，承包人按国家工程竣工验收有关规定，应向发包人提供完整竣工资料及竣工验收报告。

发包人组织验收。发包人自收到竣工验收报告后 28 天内组织单位验收，并在验收后 14 天内给予认可或提出修改意见。发包人收到承包人送交的竣工验收报告后 28 天内不组织验收，或验收后 14 天内不提出修改意见，视为竣工验收报告已被认可。

发包人不按时组织验收的后果。发包人收到承包人竣工验收报告后 28 天内不组织验收，从第 29 天起承担工程保管及一切意外责任。

C. 质量控制条款：

合同当事人双方应在合同协议书中约定工程的质量标准。质量标准的评定一般以国家、行业的质量检验评定标准为依据。因承包人原因工程质量达不到约定的质量标准，承包人承担违约责任。

双方对工程质量有争议，由双方同意的工程质量检测机构鉴定，所需费用及因此造成的损失，由责任方承担。双方均有责任，由双方根据其责任分别承担。

A）施工过程中的检查和返工：

承包人应认真按照标准、规范和设计图纸要求以及工程师依据合同发出的指令施工，随时接受工程师的检查检验，为检查检验提供便利条件。

工程质量达不到约定标准的部分，工程师一经发现，应要求承包人拆除和重新施工，承包人应按工程师的要求拆除和重新施工，直到符合约定标准。因承包人原因达不到约定标准，由承包人承担拆除和重新施工的费用，工期不予顺延。

因工程师指令失误或其他非承包人原因发生的追加合同价款，由发包人承担。

B）隐蔽工程和中间验收：

工程具备隐蔽条件或达到专用条款约定的中间验收部位，承包人先进行自检，并在隐蔽或中间验收前 48 小时以书面形式通知工程师验收。通知包括隐蔽和中间验收的内容、验收时间和地点。承包人准备验收记录，验收合格，工程师在验收记录上签字后，承包人可进行隐蔽和继续施工。验收不合格，承包人在工程师限定的时间内修改后重新验收。

工程师不能按时进行验收，应在验收前 24 小时以书面形式向承包人提出延期要求，延期不能超过 48 小时。工程师未能按以上时间提出延期要求，不进行验收，承包人可自行组织验收，工程师应承认验收记录。

经工程师验收，工程质量符合标准、规范和设计图纸等要求，验收 24 小时后，工程师不在验收记录上签字，视为工程师已经认可验收记录，承包人可进行隐蔽或继续施工。

C）重新检验：无论工程师是否进行验收，当其要求对已经隐蔽的工程重新检验时，承包人应按要求进行剥离或开孔，并在检验后重新覆盖或修复。检验合格，发包人承担由此发生的全部追加合同价款，赔偿承包人损失，并相应顺延工期。检验不合格，承包人承担发生的全部费用，工期不予顺延。

D）材料设备供应：

a. 发包人供应材料设备时的质量控制：

实行发包人供应材料设备的，发包人应当向承包人提供其供应材料设备的产品合格证明，并对这些材料设备的质量负责。发包人应在其所供应的材料设备到货前 24 小时，以书面形式通知承包人，由承包人派人与发包人共同清点。

发包人供应的材料设备经双方共同验收后由承包人妥善保管，发包人支付相应的保管费用。因承包人的原因发生损坏丢失，由承包人负责赔偿。发包人不按规定通知承包人验收，发生的损坏丢失由发包人负责。

发包人供应材料设备使用前的检验或试验。发包人供应的材料设备进入施工现场后需要在使用前检验或者试验的，由承包人负责，费用由发包人负责。

b. 承包人采购材料设备的质量控制：

实行承包人采购材料设备的，应当由承包人选择生产厂家或者供应商，发包人不得指定生产厂家或者供应商。

承包人采购材料设备的验收：承包人根据专用条款的约定及设计和有关标准要求采购工程需要的材料设备，并提供产品合格证明。承包人在材料设备到货前24小时通知工程师验收。

承包人采购的材料设备与要求不符时的处理：承包人采购的材料设备与设计或者标准要求不符时，承包人应按工程师要求的时间运出施工场地，重新采购符合要求的产品，并承担由此发生的费用，由此延误的工期不予顺延。

承包方采购材料设备在使用前检验或试验：承包人采购的材料设备在使用前，承包人应按工程师的要求进行检验或试验，不合格的不得使用，检验或试验费用由承包人承担。

承包人使用代用材料：承包人需要使用代用材料时，须经工程师认可后方可使用，由此增减的合同价款由双方以书面形式议定。

E）竣工验收：工程具备竣工验收条件，承包人按国家工程竣工验收有关规定，向发包人提供完整竣工资料及竣工验收报告。双方约定由承包人提供竣工图，应当在专用条款内约定提供的日期和份数。

F）保修：

承包人按照法律、行政法规或国家关于工程质量保修的有关规定，对交付发包人使用的工程在质量保修期内应当承担保修责任。

要实施质量保修工作，承包人必须在工程竣工验收之前，与发包人签订质量保修书，作为合同附件。质量保修书的主要内容包括：

a）质量保修项目内容及范围；

b）质量保修期；

c）质量保修责任；

d）质量保修金的支付及返还。

D. 投资控制条款：

承包人应按合同专用条款约定的时间，向工程师提交已完工程量的报告。工程师接到报告后7天内按设计图纸核实已完工程量（以下称计量），并在计量前24小时通知承包人。承包人收到通知后不参加计量，计量结果有效，并作为工程价款支付的依据。

工程师接到承包人报告后7天内未进行计量，从第8天起，承包人报告中开列的工程量即视为被确认，作为工程价款支付的依据。工程师不按约定时间通知承包人，致使承包人未能参加计量，计量结果无效。

对承包人超出设计图纸范围和因承包人原因造成返工的工程量，工程师不予计量。

A）工程款支付：

a. 工程预付款：实行工程预付款的，双方应当在专用条款内约定发包人向承包人预付工程款的时间和数额，开工后按约定的时间和比例逐次扣回。预付时间应不迟于约定的开工日期前7天。发包人不按约定预付，承包人在约定预付时间7天后向发包人发出要求预付的通知，发包人收到通知后仍不能按要求预付，承包人可在发出通知后7天停止施工，发包人应从约定应付之日起向承包人支付应付款的贷款利息，并承担违约责任。

b. 工程进度款：

在确认计量结果后14天内，发包人应向承包人支付工程进度款。按约定时间发包人应扣回的预付款，与工程进度款同期结算。

双方在专用条款中约定的可调价款、工程变更调整的合同价款及其他条款中约定的追加合同价款，应与工程进度款同期调整支付。

发包人不按合同约定支付工程进度款，双方又未达成延期付款协议，导致施工无法进行，承包人可停止施工，由发包人承担违约责任。

B）工程结算：

工程竣工验收报告经发包人认可后 28 天，承包人向发包人递交竣工决算报告及完整的结算资料。发包人自收到竣工结算报告及结算资料后 28 天内进行核实，确认后支付工程竣工结算价款。承包人收到竣工结算价款后 14 天内将竣工工程交付发包人。

工程竣工验收报告经发包人认可后 28 天内，承包人未能向发包人递交竣工结算报告及完整的结算资料，造成工程结算不能正常进行或者工程竣工结算价款不能及时支付，发包人要求交付工程的，承包人应当交付；发包人不要求交付工程的，承包人承担保管责任。

发包人收到竣工结算报告及结算资料后 28 天内无正当理由不支付工程竣工结算价款，从第 29 天按承包人同期向银行贷款利率支付拖欠工程价款的利息，并承担违约责任。

发包人、承包人对工程竣工结算价款发生争议时，按有关条款约定处理。

E. 合同争议的解决

合同当事人在履行施工合同时发生争议，可以和解或者要求合同管理及其他有关主管部门调解。和解或调解不成的，双方可以在专用条款内约定以下一种方式解决争议：

A）双方达成仲裁协议，向约定的仲裁委员会申请仲裁；

B）向有管辖权的人民法院起诉。

4）建设工程施工合同的履行

合同履行是指合同当事人双方根据合同约定的内容，各自完成合同义务的行为。对于发包人而言，履行施工合同的主要义务是按约定支付合同价款，而承包人最主要的义务是按约定交付工作成果。

A. 安全施工：

承包人在施工过程中应严格按照工程质量、安全及消防管理有关规定执行，随时接受行业安全检查人员依法对其实施的监督管理，积极有效地采取安全防护措施。

发生重大伤亡及其他安全事故，承包人应按有关规定立即上报有关部门并通知工程师，同时按政府有关部门要求处理，发生的费用由事故责任方承担。由于承包人安全措施不力所造成的事故，由承包人承担责任和因此发生的费用。

承包人在动力设备、输电线路、地下管道、密封防震车间、易燃易爆地段以及临街交通要道附近施工时或在放射、毒害性环境中施工时，应在施工前向工程师提出安全防护措施，并经工程师确认后实施，防护措施费用由发包人承担。

B. 保险：

为保证工程的顺利实施，合同当事人双方应承担各自的保险义务，具体如下：

在工程开工前，发包人应当为建设工程和施工场地内发包人员及第三方人员生命财产办理保险，支付保险费用。

承包人应当为施工场地内自有人员生命财产和施工机械设备办理保险，并为从事危险作业的职工办理意外伤害保险，支付保险费用。

运至施工场地内用于工程的材料和待安装设备，不论由承发包双方任何一方保管，都应由发包人（或委托承包人）办理保险，并支付保险费用。

C. 关于工程分包：工程分包是指经合同约定和发包人认可，从工程承包人承包的工程中承包部分工程的行为。承包人应与分包单位签订分包合同，未经发包人同意，承包人不得将其承包工程的任何部分分包。

（3）工程分包合同

经发包人同意，施工（总）承包企业可以将其所承包的建设工程中专业工程或劳务作业分包给其他建筑业企业完成，并与该建筑业企业签订工程分包合同。分包分为专业工程分包和劳务作业分包。

1）分包资质管理

《合同法》规定，禁止（总）承包人将工程分包给不具备相应资质条件的单位。

A. 专业承包资质：专业承包序列企业资质设有 2～3 个等级，60 个资质类别，其中常用类别有：地基与基础、建筑装饰装修、建筑幕墙、钢结构、机电设备安装、电梯安装、消防设施、建筑防水、防腐保温、园林古建筑、爆破与拆除、电信工程、管道工程等。

B. 劳务分包资质：劳务分包序列企业资质设有 1～2 个等级，13 个资质类别，其中常用类别有：木工作业、砌筑作业、抹灰作业、油漆作业、钢筋作业、混凝土作业、脚手架作业、模板作业、焊接作业、水暖电安装作业等。

2）建设工程施工专业分包合同示范文本的主要内容

《建设工程施工专业分包合同（示范文本）》（GF—2003—0213）由《协议书》、《通用条款》、《专用条款》三部分组成。

A.《协议书》的内容包括：

A）分包工程概况：分包工程名称、分包工程地点、分包工程承包范围；

B）分包合同价款及支付；

C）工期：开工日期、竣工日期、合同工期总日历天数；

D）工程质量标准；

E）组成合同的文件：本合同协议书、中标通知书、分包人的报价、除总包合同工程价款之外的总包合同文件、本合同专用条款、本合同通用条款、本合同工程建设标准及图纸和有关技术文件、合同履行过程中承包人和分包人协商一致的其他书面文件；

F）本协议书中有关词语的定义；

G）合同的生效。

B.《通用条款》的内容包括：

A）词语定义及合同文件；

B）双方一般的权利和义务；

C）工期；

D）合同价款与支付；

E）工程变更；

F）竣工验收与结算；

G）违约、索赔及争议；

H）保险及担保；

I）其他。

C.《专用条款》的内容包括：

A）词语定义及合同文件；

B）双方一般权利和义务；

C）工期；

D）质量与安全；

E）合同价款与支付；

F）工程变更；

G）竣工验收与结算；

H）违约、索赔及争议；

I）保险及担保；

J）其他。

3）总、分包的连带责任

建设工程总承包单位按照总承包合同的约定对建设单位负责，分包单位按照分包合同的约定对总承包单位负责。总承包单位和分包单位就分包工程对建设单位承担连带责任。

分包工程价款由总承包单位对分包单位进行结算，建设单位未经总承包单位同意，不得以任何名义向分包单位支付各种工程款项。

4）违法分包及转包

施工单位不得违法分包或转包工程。

A. 违法分包：

A）总承包单位将工程分包给不具备相应资质条件的单位；

B）除合同约定的分包外，总承包单位未经业主许可，擅自将建设工程分包给其他单位；

C）总承包单位将建设工程主体结构的施工分包给其他单位；

D）分包单位将其承包的建设工程再分包。

B. 转包：

A）总承包单位将其承包的工程全部转包给其他施工单位，从中提取回扣；

B）总承包单位将其承包的全部工程肢解以后以分包的名义转包给他人。

4. 工程变更及工程索赔的基本知识

（1）工程变更

1）能够构成设计变更的事项包括以下变更

A. 更改有关部分的标高、基线、位置和尺寸；

B. 增减合同中约定的工程量；

C. 改变有关工程的施工时间和顺序；

D. 其他有关工程变更需要的附加工作。

因变更导致合同价款的增减及造成的承包人损失，由发包人承担，延误的工期相应顺延。

2）承包人在工程变更确定后 14 天内，提出变更工程价款的报告，经工程师确认后调整合同价款。变更合同价款按下列方法进行：

A. 合同中已有适用于变更工程的价格，按合同已有的价格变更合同价款；

B. 合同中只有类似于变更工程的价款，可以参照类似价格变更合同价款；

C. 合同中没有适用或类似于变更工程的价格，由承包人提出适当的变更价格，经工程师确认后执行。

承包人在双方确定变更后 14 天内不向工程师提出变更价款报告时，视为该项变更不涉及合同价款的变更。

工程师应在收到变更工程价款报告之日起 14 天内予以确认，工程师无不正当理由不确认时，自变更工程价款报告送达之日起 14 天后视为变更工程价款报告已被确认。

（2）工程索赔

1）索赔的概念

在合同履行过程中，合同当事人一方因对方不履行或未能正确履行合同所规定的义务或未能保证承诺的合同条件实现而遭受损失后，可根据合同的约定，凭有关证据，通过合法的途径和程序向对方提出赔偿要求。

广义地讲，索赔应当是双向的，既可以是承包人向业主提出的索赔，也可以是业主向承包人提出的索赔，后者在国际工程承包界称之为反索赔。

2）索赔成立的条件

A. 与合同对照，事件已造成了承包人工程项目成本的额外支出或工期损失；

B. 造成费用增加或工期损失的原因，按合同约定不属于承包人的行为责任或风险责任；

C. 承包人按合同规定的程序提交索赔意向通知和索赔报告。

3）工程索赔的分类

A. 按索赔发生的原因分类：

A）发包人违约索赔；

B）工程量增加索赔；

C）不可预见因素索赔；

D）不可抗力损失索赔；

E）加速施工索赔；

F）工程停建、缓建索赔；

G）解除合同索赔；

H）第三方因素索赔；

I）国家政策、法规变更索赔。

B. 按索赔的目的分类：

A）工期索赔：要求业主延长施工时间，推迟竣工日期。

B）费用索赔：要求业主补偿费用损失，调整合同价款。

C. 按索赔的依据分类：

A）合同内索赔：合同内索赔是指索赔涉及的内容在合同文件中能够找到依据，业主或承包人可以据此提出赔偿要求的索赔。这种能够直接在合同文件中找到的条款，一般称为"明示条款"。

B）合同外索赔：合同外索赔是指索赔涉及的内容在合同文件中没有专门的文字叙述，但可以根据该合同某些条款的含义推论出的索赔。这种隐含在合同文件中的条款，一般称为"默示条款"。

C）道义索赔：道义索赔是指通情达理的业主看到承包人为完成某项困难的施工，承受了额外费用损失，甚至承受重大亏损时，出于善良意愿给承包人以适当的经济补偿。因在合同条款中没有此项索赔的规定，所以也称之为"额外支付"。

D. 按索赔的有关当事人分类：

A）承包商同业主之间的索赔；

B）总承包商与分包商之间的索赔；

C）承包商同供货商之间的索赔；

D）承包商向保险公司、运输公司索赔。

E. 按索赔的对象分类：

A）索赔：索赔是指承包人向业主提出的索赔；

B）反索赔：反索赔是指业主向承包人提出的索赔。

F. 按索赔的业务性质分类：

A）工程索赔：工程索赔是指在工程承包合同履行过程中，由于施工条件、施工技术或施工范围等因素变化而引起的索赔。

B）商务索赔：商务索赔是指在商贸交易过程中，由于物资采购、运输、保管等方面活动而引起的索赔。

G. 按索赔的处理方式分类：

A）单项索赔：单项索赔是指当每一件索赔事项发生后，要求对方进行单项解决支付，而不与其他索赔事项混在一起的索赔。

B）总索赔：总索赔又称一揽子索赔或综合索赔。它是指将整个工程（或某项工程）中所发生的多项索赔事项综合在一起，以一揽子的方式向对方提出的索赔。

4）索赔的基本程序

承包人向发包人索赔的基本程序如下：

A. 索赔事项发生后 28 天内，向工程师发出索赔意向通知。

B. 发出索赔意向通知后 28 天内，向工程师提出补偿经济损失和（或）延长工期的索赔报告有关资料。

C. 工程师在收到承包人送交的索赔报告和有关资料后，于 28 天内给予答复，或要求承包人进一步补充索赔理由和证据。

D. 工程师在收到承包人送交的索赔报告和有关资料后 28 天内未给予答复或未对承包人作进一步要求，视为该项索赔已经认可。

当该索赔事件持续进行时，承包人应当阶段性向工程师发出索赔意向，在索赔事件终了后 28 天内，向工程师送交索赔的有关资料和最终索赔报告。索赔答复程序同 C、D 规定。

在合同履行过程中，由于承包人未能按合同约定履行各项义务或发生错误而给发包人造成损失，发包人同样可按上述确定的时限向承包人提出索赔。

5）索赔的依据

A. 国家法律、政府相关法规、法令、文件、技术规范：

A）《民法通则》、《中华人民共和国合同法》、《中华人民共和国仲裁法》、《中华人民共和国建筑法》等国家颁布的法律；

B）《建设工程勘察设计管理条例》等国务院颁发的行政法规；

C）相关部门规章及地方性法规。

B. 合同文件：

A）合同协议书；

B）中标通知书；

C）投标书及其附件；

D）本合同专用条款；

E）本合同通用条款；

F）标准、规范及有关技术文件；

G）图纸；

H）工程量清单；

I）工程报价单或预算书。

C. 合同履行过程中涉及的相关资料：

A）工程各项有关设计交底记录、变更图纸、变更施工指令等；

B）工程各项经业主或监理工程师签订的签证；

C）工程各项往来信件、指令、信函、通知、答复等；

D）工程各项会议纪要；

E）施工计划及现场实施情况记录；

F）施工日志及工长工作日志、备忘录；

G）工程送电、送水、道路开通、封闭的日期及数量记录；

H）工程停电、停水和干扰事件影响的日期及恢复施工的日期；

I）工程预付款、进度款拨付的数额及日期记录；

J）图纸变更、交底记录的送达份数及日期记录；

K）工程有关施工部位的照片及录像等；

L）工程现场气候记录；

M）工程验收报告及各项技术鉴定报告等；

N）工程材料采购、订货、运输、进场、验收、使用等方面的凭证；

O）工程会计核算资料；

P）国家、省、市有关影响工程造价、工期的文件、规定等。

6）索赔文件

索赔文件是承包人向业主提出索赔的正式书面材料，其内容包括：

A. 索赔信：索赔信是承包人致业主或其代表的一封简短信函，内容有：

A）说明索赔事件；

B）列举索赔理由；

C）提出索赔金额与工期；

D）附件说明。

B. 索赔报告：索赔报告是索赔材料的正文，其结构一般包括以下三部分：

A) 标题：概括索赔的核心内容；

B) 事实与理由：合理运用合同规定、客观事实说明要求索赔的理由；

C) 损失计算及要求赔偿金额及工期：通过列举并汇总各项明细数字定量的说明要求索赔的金额及工期。

C. 附件：

A) 索赔报告中所列举事实、理由、影响等的证明文件和证据。

B) 详细计算书，这是为了证实索赔金额的真实性而设置的，可以运用大量图表加以说明。

索赔文件的编写应特别强调：索赔事件发生的不可预见性，承包人无法制止这类事件的发生；承包人为了避免和减轻索赔事件的影响和损失已经尽可能的采取了最大的努力；索赔事件和工程因此受到的影响及损失之间存在直接的因果关系。

7) 索赔管理

A. 工期索赔管理：工期的延误可能是由于承包人的内部管理造成的，也有可能是由于与工程施工有关的其他各方造成的。由承包人内部管理原因而造成的延误由承包人自行承担，由非承包人原因造成的延误可向责任方提出索赔，具体有：

A) 业主未能按时提交可以进行施工的现场；

B) 有记录可查的特殊反常的恶劣天气；

C) 工程师在规定的时间内未能提供所需的图纸或指示；

D) 有关放线的资料不准确；

E) 现场发现化石、古钱币或文物；

F) 工程变更或工程量增加引起施工程序的变动；

G) 业主和工程师要求暂停工程；

H) 不可抗力引起的工程损坏和修复；

I) 业主违约；

J) 工程师对合格工程要求拆除或剥离部分工程予以检查，造成工程进度被打乱，影响后续工程的开展；

K) 工程现场中其他承包人的干扰；

L) 合同文件中某些内容错误或互相矛盾。

承包人针对以上事件提出索赔，具体分为三种情况：一，只索赔工期，指双方都无法控制的原因引起的工期延误，如特殊反常的天气，工人罢工、政府间经济制裁等；二，索赔工期和费用，指由于发包人原因造成的延误，且该延误活动在网络图的关键线路上，导致工期及费用的损失；三，只索赔费用，指由于发包人原因造成的延误，但该延误活动不在网络图的关键线路上，所以不影响工期，但给承包人造成的额外费用损失，发包人应给予补偿。

工期索赔的计算方法以网络图分析法为主。网络图分析法是指通过对比分析干扰事件发生前后的施工网络进度计划，得出工期值之差，计算索赔值。这种方法较为科学合理，适用于各种干扰事件的索赔。

B. 费用索赔管理：费用索赔的前提是在实际施工过程中所发生的费用超过了投标报

价中该项工作的预算费用，且费用超支的责任不在承包人，也不属于承包人应承担的风险范围。

引起费用索赔的原因主要有：

A）发生可补偿费用的工期延误事件；

B）施工受到干扰，导致施工临时中断或工作效率降低；

C）发包人指令工程变更或产生额外工程，导致工程成本增加。

费用索赔的计算，一般有两种方法：

A）总费用法：总费用法又称总成本法，是指将该项工程的实际总费用减去原合同投标报价的费用得出索赔金额的方法。

$$索赔金额＝实际总费用－投标报价的费用$$

这种方法虽然简单，但由于实际完成工程的总费用中，可能包括由于承包人原因所增加的费用，其结果不尽合理。在实际工程索赔中，这种方法用得极少。

B）分项费用法：

分项费用法是根据索赔事件所造成的损失或成本增加，按费用项目逐项分别进行分析、计算索赔金额的一种方法。

这种方法计算复杂，但能客观地反映承包人的实际损失，科学合理，易于接受，有利于对索赔报告的分析评价和索赔的解决。

8）反索赔

A. 反索赔的概念：

反索赔是指业主向承包人提出的索赔，由于承包人不履行或不完全履行约定的义务，或是由于承包人的行为使业主受到损失时，业主为了维护自己的利益，向承包人提出的索赔。

国际上，反索赔包括两方面内容：其一，对承包人施工质量存在的问题和拖延工期，业主向承包人提出损失补偿要求；其二，业主对承包人提出的损失索赔要求进行批驳，即对索赔要求进行充分、合理的评审和修正，否定其不合理的要求，接受其合理要求。

B. 反索赔的内容：

A）对承包人履约中的违约责任进行索赔：

a. 工期延误反索赔：由于承包人原因引起工期延误，将导致业主不能在预定的时间内将工程投入使用，回收投资效益，失去盈利机会。其造成的费用索赔可按照业主在合同中约定的误期违约金来执行，违约金一般包括：业主盈利损失；由于工期延长而引起的贷款利息增加；工期拖延带来的附加监理费；由于本工程拖期竣工不能使用，租用其他建筑物时的租赁费。

b. 施工缺陷反索赔：当承包人的施工质量不符合合同约定的要求，或在保修期期满之前，未完成应该负责的修补工作，业主有权向承包人追究责任。如果承包人未在规定的保修期内完成修补工作，业主有权雇佣他人来完成工作，发生的费用由承包人承担。

c. 承包人不履行的保险费用索赔：当承包人没有对合同条款规定的项目投保，或不能保证保险有效，业主可以投保且保证保险有效，业主所支付的保险费用由承包人承担，可在应付给承包人的款项中扣回。

d. 对超额利润的索赔：当工程量增加很多，超过有效合同价的15％，但承包人的固定成本并没有因为工程量增加而增加，承包人预期收益增大；或由于政策、法规的变化致使承包人在工程实施中降低了成本，导致承包人获得较大利润，业主可与承包人进行协商，收回部分超额利润。

e. 对指定分包商的付款索赔：当承包商未按分包合同要求向指定分包商支付工程款，业主可以从应支付给承包商的任何款项中扣回相应数额，作为支付指定分包商的款项。

f. 业主合理终止合同或承包人不正当地放弃工程的索赔：当业主合理终止合同或承包人不正当地放弃工程，业主可以将余下工程交由新的承包人完成，业主有权要求原承包人退还新承包人完成工程所需的工程款与原合同未付部分的差额。

g. 由于工伤事故给业主方人员和第三方人员造成的人身或财产损失的索赔。

B) 对承包人所提出的索赔要求进行批驳：

此类反索赔通常与承包人所提出的索赔同时进行，由于承发包双方利益不一致，反索赔与索赔是一对矛盾体，一个索赔成功的案例，往往又是反索赔不成功的案例。业主在反索赔时，应注意技巧，因为处理不当将导致诉讼。

判断承包人是否有索赔的权利时，主要依据以下几方面：

a. 此项索赔是否具有合同依据；

b. 索赔报告中引用的索赔理由是否充分；

c. 索赔事项的发生是否属于承包人的责任或承包人的风险范畴；

d. 在索赔事项初发时，承包人是否采取了控制措施；

e. 承包人是否在合同规定的时限内向业主和工程师报送索赔意向通知书。

（三）施工项目管理基本知识

1. 施工项目管理的概念

（1）工程项目

工程项目，又称土木工程项目或建筑工程项目，是以建筑物或构筑物为目标生产产品、有开工时间和竣工时间的相互关联的活动所组成的特定过程。该过程要达到的最终目标应符合预定的使用要求，并满足标准（或业主）要求的质量、工期、造价和资源等约束条件。

1）工程项目的特点

A. 工程项目是一次性的过程。这个过程除了有确定的开工时间和竣工时间外，还有过程的不可逆性、设计的单一性、生产的单件性、项目产品位置的固定性等。

B. 每一个工程项目的最终产品均有特定的用途和功能，它是在概念阶段策划并且决策，在设计阶段具体确定，在实施阶段形成，在结束阶段交付。

C. 工程项目的实施阶段主要是在露天进行。受自然条件的影响大，施工条件很差，变更多，组织管理任务繁重，目标控制和协调活动困难重重。

D. 工程项目生命周期的长期性。从概念阶段到结束阶段，少则数月，多则数年甚至几十年。工程产品的使用周期也很长，其自然寿命主要是由设计寿命决定的。

E. 投入资源和风险的大量性。由于工程项目体形庞大，故需要投入的资源多、生命周期很长，投资额巨大，风险量也很大。投资风险、技术风险、自然风险和资源风险与各种项目相比，都是发生频率高、损失量大的，在项目管理中必须突出风险管理过程。

2）工程项目的分类

A. 按性质分类：工程项目按性质分类，可分为建设项目和更新改造项目。

A）建设项目包括新建和扩建项目。新建项目指从无到有建设的项目；扩建项目指原有企业为扩大原有产品的生产能力或效益和为增加新品种的生产能力而增建主要生产车间或其他产出物的活动过程。

B）更新改造项目包括改建、恢复、迁建项目。改建项目指对现有厂房、设备和工艺流程进行技术改造或固定资产更新的过程；恢复项目指原有固定资产已经全部或部分报废，又投资重新建设的项目；迁建项目是由于改变生产布局、环境保护、安全生产以及其他需要，搬迁到另外地方进行建设的项目。

B. 按用途分类：工程项目按用途分类，可分为生产性项目和非生产性项目。

A）生产性项目包括工业工程项目和非工业工程项目。工业工程项目包括重工业工程项目、轻工业工程项目等；非工业工程项目包括农业工程项目、交通运输工程项目、能源工程项目、IT工程项目等。

B）非生产性项目包括居住工程项目、公共工程项目、文化工程项目、服务工程项目、基础设施工程项目等。

C. 按专业分类：工程项目按专业分类，可分为建筑工程项目、土木工程项目、线路管道安装工程项目、装修工程项目。

A）建筑工程项目亦称房屋建筑工程项目，是产出物为房屋工程兴工构建及相关活动构成的过程。

B）土木工程项目指产出物为公路、铁路、桥梁、隧道、水工、矿山、高耸构筑物等兴工构建及相关活动构成的过程。

C）线路管道安装工程指产出物为安装完成的送变电、通信等线路，给水排水、污水、化工等管道，机械、电气、交通等设备，动工安装及相关活动构成的过程。

D）装修工程项目指构成装修产品的抹灰、油漆、木作等及其相关活动构成的过程。

D. 按等级分类：工程项目按等级分类，可分为一等项目、二等项目和三等项目。

A）一般房屋建筑工程的一等项目包括：28层以上，36m跨度以上（轻钢结构除外），单项工程建筑面积30000m^{2}以上；二等项目包括：14～28层，24～36m跨度（轻钢龙骨除外），单项工程建筑面积10000～30000m^2；三等项目包括：14层以下，24m跨度以下（轻钢结构除外），单项工程建筑面积10000m^{2}以下。

B）公路工程的一等项目包括高速公路和一级公路；二等项目包括高速公路路基和一级公路路基；三等项目指二级公路以下的各级公路。

E. 按投资主体分类：按投资主体分类，有国家政府投资工程项目、地方政府投资工程项目、企业投资工程项目、三资（国外独资、合资、合作）企业投资工程项目、私人投资工程项目、各类投资主体联合投资工程项目等。

F. 按工作阶段分类：按工作阶段分类，工程项目可分为预备项目、筹建项目、实施工程项目、建成投产工程项目、收尾工程项目。

A）预备工程项目，指按照中长期计划拟建而又未立项、只做初步可行性研究或提出设想方案供决策参考、不进行建设的实际准备工作。

B）筹建工程项目，指经批准立项，正在进行建设前期准备工作而尚未正式开始施工的项目。这些工作包括：设立筹建机构，研究和论证建设方案，进行设计和审查设计文件，办理征地拆迁手续，平整场地，选择施工机械、材料、设备的供应单位等。

C) 实施工程项目包括：设计项目，施工项目（新开工项目、续建项目）。

D) 建成投产工程项目包括：建成投产项目、部分投产项目和建成投产单项工程项目。

E) 收尾工程项目，指基本全部投产只剩少量不影响正常生产或使用的辅助工程项目。

G. 按管理者分类：按管理者分类，工程项目可分为建设项目、工程设计项目、工程监理项目、工程施工项目、开发工程项目等，它们的管理者分别是建设单位、设计单位、监理单位、施工单位、开发单位。

H. 按规模分类：工程项目按规模分类，可分为大型项目、中型项目和小型项目。

（2）施工项目管理

1）施工项目管理的概念

项目管理是指为了达到项目目标，对项目的策划（规划、计划）、组织、控制、协调、监督等活动过程的总称。项目管理的对象是项目。项目管理者是项目中各项活动主体本身。项目管理的职能同所有管理的职能均是相同的。项目管理要求按照科学的理论、方法和手段进行，特别是要用系统工程的观念、理论和方法进行管理。项目管理的目的就是保证项目目标的顺利实现。

施工项目管理是项目管理的一大类，是指施工项目的管理者为了使项目取得成功（实现所要求的功能、质量、时限、费用预算），用系统的观念、理论和方法，进行有序、全面、科学、目标明确地管理，发挥计划职能、组织职能、控制职能、协调职能、监督职能的作用。其管理对象是各类施工项目。

2）施工项目管理的特点

施工项目管理是特定的一次性任务的管理，它之所以能够使工程项目取得成功，是由于其职能和特点决定的。施工项目管理的特点有：

A. 管理目标明确：施工项目管理是紧紧抓住目标（结果）进行管理的。项目的整体、项目的某一个组成部分、某一个阶段、某一部分管理者在项目的某一段时间内，均有一定的目标。而目标吸引管理者，目标指导行动，目标凝聚管理者的力量。有了目标，也就有了方向，就有了一半的成功把握。除了功能目标外，过程目标归结起来主要有工程进度、工程质量、工程费用。这4个目标的关系是既独立，又对立、统一，是共存的关系。

B. 是系统的管理：施工项目管理把其管理对象作为一个系统进行管理。在这个前提下首先进行的是工程项目的整体管理，把项目作为一个有机整体，全面实施管理，使管理效果影响到整个项目范围；其次，对项目进行系统分解，把大系统分解为若干个子系统，又把每个分解的系统作为一个整体进行管理，用小系统的成功保证大系统的成功；第三，对各子系统之间、各目标之间关系的处理，遵循系统法则，把它们联系在一起，保证综合效果最佳。例如建设项目管理，既把它作为一个整体管理，又分成单项工程、单位工程、分部工程、分项工程进行分别管理，然后以小的管理保大的管理，以局部成功保整体成功。

C. 是以项目经理为中心的管理：由于施工项目管理具有较大的责任和风险，其管理涉及人力、技术、设备、资金、信息、设计、施工、验收等多方面因素和多元化关系，为更好地进行项目策划、计划、组织、指挥、协调和控制，必须实施以项目经理为核心的项目管理体制。在项目管理过程中应授予项目经理必要的权力，以使其及时处理项目实施过程中发生的各种问题。

　　D. 按照项目的运行规律进行规范化的管理：施工项目是一个大的过程，其各阶段也都由过程组成，每个过程的运行都是有规律的。比如，绑扎钢筋作为一道工序，其完成就有其工艺规律；垫层混凝土作为分项工程，其完成既有程序上的规律，又有技术上的规律；建设程序就是建设项目的规律。工程项目管理作为一门科学，有其理论、原理、方法、内容、规则和规律，已经被人们所公认、熟悉、应用，形成了规范和标准，被广泛应用于项目管理实践，使施工项目管理成为专业性的、规律性的、标准化的管理，以此产生项目管理的高效率和高成功率。

　　E. 有丰富的专业内容：施工项目管理的专业内容包括：施工项目的战略管理，施工项目的组织管理，施工项目的规划管理，施工项目的目标控制，施工项目的合同管理、信息管理、生产要素管理、现场管理，施工项目的各种监督，施工项目的风险管理和组织协调等。这些内容构成了工程项目管理的知识宝库。

　　F. 管理应使用现代化管理方法和技术手段：现代施工项目大多数是先进科学的产物或是一种涉及多学科、多领域的系统工程，要圆满地完成项目就必须综合运用现代管理方法和科学技术，如决策技术、预测技术、网络与信息技术、网络计划技术、系统工程、价值工程、目标管理等。

　　G. 应实施动态管理：为了保证施工项目目标的实现，在项目实施过程中要采用动态控制方法，即阶段性地检查实际值与计划值的差异，采取措施，纠正偏差，制定新的计划目标值，使项目能实现最终目标。

　　3）施工项目管理的职能

　　施工项目管理的职能有策划职能、决策职能、计划职能、组织职能、控制职能、协调职能、指挥职能、监督职能。

2. 施工项目经理部的组织形式

　　（1）施工项目管理的组织原则

　　1）责权利平衡。在项目的组织设置过程中应明确项目投资者、业主、项目其他参加者以及其他利益相关者之间的经济关系、职责和权限，并通过合同、计划、组织规则等文件定义。这些关系错综复杂，形成一个严密的体系，它们应符合责权利平衡的原则。

　　2）适用性和灵活性原则。项目组织机构设置的适用性和灵活性原则主要有：应确保项目的组织结构适合于项目的范围、项目组织的大小、环境条件及业主的项目战略；项目组织结构应符合或考虑到与原组织的适应性；顾及项目管理者过去的项目管理经验，应充分利用这些经验，选择最合适的组织结构。项目组织结构应有利于项目的所有参与者的交流和合作，便于领导；组织结构简单、工作人员精简，项目组要保持最小规模，并最大可能地使用现有部门中的职能人员。

　　3）组织制衡原则。由于项目和项目组织的特殊性，要求组织设置和运作中必须有严密的制衡。

　　4）保证组织人员和责任的连续性和统一。

5）管理跨度和管理层次的要求。按照组织效率原则，应建立一个规模适度、组织结构层次较少、结构简单、能高效率运作的项目组织。由于现代工程项目规模大，参加单位多，造成组织结构非常复杂。组织结构设置常常在管理跨度与管理层次之间进行权衡。

6）合理授权。项目的任何组织单元在项目中为实现总目标承担一定的角色，有一定的工作任务和责任，则他必须拥有相应的权力、手段和信息去完成任务。根据项目的特点，项目组织是一种有较大分权的组织。项目鼓励多样性和创新，则必须分权，才能调动下层的积极性和创造力。

（2）施工项目经理部与项目经理

项目经理部是项目管理的工作班子，置于项目经理的领导之下。为了充分发挥项目经理部在项目管理中的主题作用，必须对项目经理部的机构设置加以特别重视，设计好、组建好、运转好，从而发挥其应有的功能。

1）建立项目经理部的基本原则

A. 要根据所设计的项目组织形式设置项目经理部。

B. 要根据项目的规模、复杂程度和专业特点设置项目经理部。

C. 项目经理部是一个具有弹性的一次性管理组织，应随工程任务的变化而进行调整，不应搞成一级固定性组织。

D. 项目经理部的人员配置应面向现场，满足现场的计划与调度、技术与质量、成本与核算、劳务与物资安全与文明作业的需要。

E. 在项目管理机构建成以后，应建立有益于组织运转的工作制度。

2）项目经理部的部门设置和人员配备

项目经理部部门设置和人员配备的指导思想是要把项目经理部建成一个能够代表企业形象面向市场的窗口，真正成为企业加强项目管理、实现管理目标、全面履行合同的主体。一般按照动态管理，优化配置原则，项目经理部的编制设岗定员及人员配备分别由项目经理、总工程师、总经济师、总会计师、政工师和技术、预算、劳资、定额、计划、质量、保卫、测试、计量以及辅助生产人员 15～45 人组成，其中，专业职称设岗为高级 5%～10%，中级 40%～45%，初级 37%～40%，其他 10%～13%，实行一职多岗，一专多能，全部岗位职责覆盖项目施工全过程管理，不留死角，避免了职责重叠交叉。

项目经理部可设置以下管理部门：经营核算部门、工程技术部门、物资设备部门、监控管理部门、测试计量部门。

3）项目经理的地位和要求

A. 项目经理的地位：

项目经理是承包人的法定代表人在承包的项目上的一次性授权代理人，是对工程项目管理实施阶段全面负责的管理者，在整个活动中占有举足轻重的地位。

A）项目经理是企业法人代表在工程项目上负责管理和合同履行的一次性授权代理人，是项目管理的第一责任人。

B）项目经理是协调各方面关系，使之相互紧密协作、配合的桥梁和纽带。

C）项目经理对项目实施进行控制，是各种信息的集散中心。

D）项目经理是项目责、权、利的主体。因为项目经理是项目总体的组织管理者，即是项目中人、财、物、技术、信息和管理等所有生产要素的组织管理者。

B. 对项目经理的要求：

由于项目经理对项目的重要作用，人们对他的知识结构、能力和素质的要求越来越高。按照项目和项目管理的特点，对项目经理有如下几个基本要求：

A）政治素质。项目经理是企业的重要管理者，故应具备较高的政治素质和职业道德。

B）领导素质。项目经理是一名领导者，因此应具有较高的组织能力，具体应满足下列要求：博学多识，明礼诚信；多谋善断，灵活机变；团结友爱，知人善任；公道正直，勤俭自强；铁面无私，赏罚分明。

C）知识素质。项目经理应当是一个专家，具有大专以上相应的学历层次和水平，懂得项目技术知识、经营管理知识和法律知识。特别要精通项目管理的基本理论和方法，懂得项目管理的规律。具有较强的决策能力、组织能力、指挥能力、应变能力，即经营管理能力。

D）实践经验。每个项目经理必须具有一定的工程实践经历和按规定经过一定的实践锻炼。只有具备了实践经验，才能灵活自如地处理各种可能遇到的实际问题。

E）身体素质。必须年富力强，具有健康的身体，以便保持充沛的精力和坚强的意志。

（3）施工项目经理部的组织形式

1）施工项目管理组织的主要形式

A. 工作队式项目组织：

A）工作队式组织形式的应用：

工作队式项目组织构成有以下特征：

a. 项目经理在企业内部聘用职能人员组成管理机构（工作队），由项目经理指挥，独立性大。

b. 项目组织成员在工程建设期间与原所在部门脱离领导与被领导的关系。原单位负责人负责业务指导及考察，但不能随意干预其工作或调回人员。

c. 项目管理组织与项目同寿命。项目结束后机构撤销，所有人员仍回原所在部门和岗位。

B）工作队式组织优点：

a. 项目经理从职能部门聘用的是一批专家，他们在项目管理中配合协同工作，可以取长补短，有利于培养一专多能的人才充分发挥其作用。

b. 各专业人才集中在现场办公，减少了扯皮和等待时间，办事效率高，解决问题快。

c. 项目经理权力集中，运用权力的干扰少，决策及时，指挥灵便。

d. 由于减少了项目与职能部门的结合部，项目与企业的职能部门关系弱化，易于协调关系，减少了行政干预，使项目经理的工作易于开展。

e. 不打乱企业的原建制，传统的直线职能制组织仍可保留。

C）工作队式组织缺点：

a. 各类人员来自不同部门，具有不同的专业背景，相互不熟悉，难免配合不力。

b. 各类人员在同一时期所担负的管理工作任务可能有很大的差别，因此很容易产生忙闲不均，可能导致人员浪费。特别是对稀缺专业人才，难以在企业内调剂使用。

c. 职工长期离开原单位，即离开了自己熟悉的环境和工作配合对象，容易影响其积极性的发挥，而且由于环境变化容易产生临时观点和不满情绪。

d. 职能部门的优势无法发挥作用。由于同一部门人员分散，交流困难，也难以进行有效的培养、指导，削弱了职能部门的工作。当人才紧缺而同时又有多个项目需要按这一形式组织时，或者对管理效率有很高要求时，不宜采用这种项目组织形式。

D）工作队式组织的运作：

这是按照对象原则组织的项目管理机构，可独立地完成任务，相当于一个"实体"。企业职能部门只提供一些服务。这种项目组织类型适用于大型项目、工期要求紧迫的项目、要求多工种多部门密切配合的项目。因此，它要求项目经理素质要高，指挥能力要强，有快速组织队伍及善于指挥来自各方人员的能力。

B. 直线职能式项目组织：

A）直线职能式组织形式的应用：

直线职能式组织结构形式呈直线状且设有职能部门或职能人员的组织，每个成员（或部门）只受一位直接领导人指挥。它是按职能原则建立的项目组织。并不打乱企业现行的建制，把项目委托给企业某一专业部门或委托给某一施工队，由被委托的部门（施工队）领导，在本单位组织人员负责实施项目组织，项目终止后恢复原职。

B）直线职能式组织优点：

a. 相互熟悉的人组合办熟悉的事，人事关系容易协调，人才作用发挥较充分。

b. 从接受任务到组织运转启动所需时间短。

c. 职责明确，职能专一，关系简单。

d. 项目经理无需专业训练便容易进入状态。

C）直线职能式组织缺点：

a. 不能适应大型项目管理需要。

b. 不利于对计划体系下的组织体制（固定建制）进行调整。

c. 不利于精简机构。

D）直线职能式组织的运作：

这种形式的项目组织一般适用于小型的、专业性较强，不需涉及众多部门配合的施工项目。

C. 矩阵式项目组织：

A）矩阵式组织形式的应用：

矩阵式项目组织结构形式呈矩阵状的组织，项目管理人员由企业有关职能部门派出并进行业务指导，受项目经理直接领导。

矩阵式项目组织有以下几点：

a. 项目组织机构与职能部门的结合部同职能部门数相同。多个项目与职能部门的结合部呈矩阵状。

b. 把职能原则和对象原则结合起来，既发挥职能部门的纵向优势，又发挥项目组织的横向优势。

c. 专业职能部门是永久性的，项目组织是临时性的。职能部门负责人对参与项目组织的人员有组织调配、业务指导和管理考察的责任。项目经理将参与项目组织的职能人员在横向上有效地组织在一起，为实现项目目标协同工作。

d. 矩阵中的每个成员或部门，接受原部门负责人和项目经理的双重领导。但部门的控制力大于项目的控制力。部门负责人有权根据不同项目的需要和忙闲程度，在项目之间调配本部门人员。一个专业人员可能同时为几个项目服务。特殊人才可充分发挥作用，免得人才在一个项目中闲置又在另一个项目中短缺，大大提高人才利用率。

e. 项目经理对调配到本项目经理部的成员有权控制和使用。当感到人力不足或某些成员不得力时，他可以要求职能部门给予解决。

f. 项目经理部的工作有多个职能部门支持，项目经理没有人员包袱，但要求在水平方向和垂直方向有良好的信息沟通及良好的协调配合，对整个企业组织和项目组织的管理水平和组织渠道畅通提出了较高的要求。

B）矩阵式组织的优点：

a. 它兼有直线职能式和工作队式两种组织形式的优点，即解决了传统模式中企业组织和项目组织相互矛盾的状况，把职能原则与对象原则隔为一体，求得了企业长期例行性管理和项目一次性管理的一致性。

b. 能够形成以项目任务为中心的管理，集中全部的资源为各项目服务，项目目标能够得到保证，能够迅速反映和满足顾客要求，对环境变化有比较好的适应能力。

c. 由于各种资源统一管理，能达到最有效地、均衡地、节约地、灵活地使用资源，特别是能最有效地利用企业的职能部门人员和专门人才；能够形成全企业统一指挥，协调管理，进而能保证项目和部门工作的稳定性和效率。一个公司项目越多，虽然增加了计划和平衡的难度，但上述这种效果越显著；在另一方面又可保持项目间管理的连续性和稳定性。

d. 项目组织成员仍归属于一个职能部门，则不仅保证组织的稳定性和项目工作的稳定性，而且使得人们有机会在职能部门中通过参加各种项目，获得专业上的发展、丰富的经验和阅历。

e. 矩阵式组织结构富有弹性，有自我调节的功能，能更好地适合于动态管理和优化组合，适合于时间和费用压力大的多项目和大型项目的管理。例如某个项目结束，仅影响专业部门的计划和资源分配，而不影响整个组织结构。

f. 矩阵组织的结构、权力与责任关系趋向于灵活，能在保证项目经理对项目最有控制力的前提下，充分发挥各专业部门的作用，保证有较短的协调、信息和指令的途径。决策层—职能部门—项目实施层之间的距离最小，沟通最快。

g. 组织上打破了传统的以权力为中心的思想，树立了以任务为中心的思想。这种组织的领导不是集权的，而是分权的、民主的、合作的，所以管理者的领导风格必须变化。组织的运作必须是灵活的公开的。人们信息共享，需要相互信任与承担义务，容易接受新思想，整个组织氛围符合创新的需要。

C）矩阵式组织的缺点：

a. 由于人员来自职能部门，且仍受职能部门控制，故凝聚在项目上的力量减弱，往往使项目组织的作用发挥受到影响。

b. 管理人员如果身兼多职地管理多个项目，便往往难以确定管理项目的优先顺序，有时难免顾此失彼。

c. 双重领导。项目组织中的成员既要接受项目经理的领导，又要接受企业中原职能部门的领导。在这种情况下，如果领导双方意见和目标不一致，乃至有矛盾时，当事人便无所适从。要防止这一问题产生，必须加强项目经理和部门负责人之间的沟通。还要有严格的规章制度和详细的计划，使工作人员尽可能明确在不同时间内应当干什么工作。如果矛盾难以解决，应以项目经理的意见为主。

d. 矩阵式组织对企业管理水平、项目管理水平、领导者的素质、组织机构的办事效率、信息沟通渠道的畅通等均有较高要求，因此要精干组织，分层授权，疏通渠道，理顺关系。由于矩阵式组织的复杂性和结合部多，造成信息沟通量膨胀和沟通渠道复杂化，在很大程度上存在信息梗阻和失真。于是，要求协调组织内部的关系时必须有强有力的组织措施和协调办法以排除难题。为此，层次、职责、权限要明确划分。

D) 矩阵式组织的运作：

a. 适用于同时承担多个需要进行项目管理工程的企业。在这种情况下，各项目对专业技术人才和管理人员都有需求，加在一起数量较大。采用矩阵制组织可以充分利用有限的人才对多个项目进行管理，特别有利于发挥优秀人才的作用。

b. 适用于大型、复杂的施工项目。因大型复杂的施工项目要求多部门、多技术、多工种配合实施，在不同阶段，对不同人员，有不同数量和不同搭配的需求。显然，部门控制式机构难以满足这种项目要求；混合工作队式组织又因人员固定而难以调配，人员使用固化，不能满足多个项目管理的人才需求。

D. 事业部式项目组织：

A) 事业部式组织形式的应用：矩阵式组织是在企业内作为派往项目的管理班子，对企业外具有独立的法人资格的项目管理组织。

a. 其特征是企业成立事业部，事业部对企业来说是职能部门，对企业外有相对独立的经营权，可以是一个独立单位。事业部可以按地区设置，也可以按工程类型或经营内容设置。事业部能较迅速适应环境变化，提高企业的应变能力，调动部门积极性。当企业向大型化、智能化发展时，事业部式是一种很受欢迎的选择，既可以加强经营战略管理，又可以加强项目管理。

b. 在事业部下边设置项目经理部，项目经理由事业部选派，一般对事业部负责，有的可以直接对业主负责，是根据其授权程度决定的。

B) 事业部式项目组织优点：事业部式项目组织有利于延伸企业的经营职能，扩大企业的经营业务，便于开拓企业的业务领域，还有利于迅速适应环境变化以加强项目管理。

C) 事业部式项目组织缺点：按事业部式建立项目组织，企业对项目经理部的约束力减弱，协调指导的机会减少，故有时会造成企业结构松散。必须加强其制度约束，并加大企业的综合协调能力。

D) 事业部式组织的运作：事业部式项目组织适用于大型经营性企业的工程承包，特别适用于远离公司本部的工程承包。需要注意的是，一个地区只有一个项目，没有后续工程时，不宜设立地区事业部，也即它适用于在一个地区内有长期市场或一个企业有多种专业化施工力量时采用。在此情况下，事业部与地区市场同寿命。地区没有项目时，该事业部应予撤消。

2）工程项目组织形式的选择

从前面可以看出，一个项目有许多组织形式可以选择，这些项目组织形式，各有其使用范围、使用条件和特点。不存在惟一的适用于所有组织或所有情况的最好的组织形式，即不能说哪一种项目组织形式先进或落后，好或不好，必须按照具体情况分析。选择什么样的项目组织形式，应由企业作出决策。要将企业的具体情况综合起来分析，选择最适宜的项目组织形式，不能生搬硬套某一种形式，更不能不加分析地盲目作出决策。一般说来，应按下列情况具体分析：

A. 项目自身的情况，如规模、难度、复杂程度、项目结构状况、子项目数量和特征。

B. 上层系统组织状况，同时进行的项目数量，及其在本项目中承担的任务范围。同时进行的项目很多，必须采用矩阵式的组织形式。

C. 应采用高效率、低成本的项目组织形式，能使各方面有效地沟通，各方面责权利关系明确，能进行有效的项目 。

D. 决策简便、快速。由于项目与企业部门之间存在复杂的关系，而其中最重要的是指令权的分配。不同的组织形式有不同的指令权的分配。对此企业和项目管理者都应有清醒的认识，并在组织设置及管理系统设计时贯彻这个精神。

E. 不同的组织结构可用于项目生命周期的不同阶段，即项目组织在项目期间不断改变：早期仅为一个小型的研究组织，可能为工作队式的；进入设计阶段可能采用直线式组织，或由一个职能经理领导进行项目规划和设计、合同谈判；在施工阶段为一个生产管理为主的组织，对一个大项目可能是矩阵式的；在交工阶段，需要各层次参与，再次产生集中的必要，通常仍回到直线式组织。

一般情况下工程项目组织形式的选择为：

A. 大型综合企业，人员素质好，管理基础强，业务综合性强，可以承担大型任务，宜采用矩阵式、工作队式、事业部式的项目组织形式。

B. 简单项目、小型项目、承包内容专一的项目，应采用直线职能式项目组织。

C. 在同一企业内可以根据项目情况采用几种组织形式，如将事业部式与矩阵式的项目组织结合使用，将工作队式项目组织与事业部式结合使用等。但不能同时采用矩阵式及混合工作队式，以免造成管理渠道和管理秩序的混乱。表 4-22 可供选择项目组织形式时参考。

选择项目组织形式参考因素　　　　　　　　　　　　　　　　表 4-22

项目组织形式	项目性质	企业类型	企业人员素质	企业管理水平
工作队式	大型项目、复杂项目、工期紧的项目	大型综合建筑企业，项目经理能力较强	人员素质较高、专业人才多、职工技术素质较高	管理水平较高，基础工作较强，管理经验丰富
直线职能式	小型项目、简单项目、只涉及个别少数部门的项目	小建筑企业，任务单一的企业，大中型基本保持直线职能制的企业	素质较差，力量薄弱，人员构成单一	管理水平较低，基础工作较差，缺乏有经验的项目经理
矩阵式	多工种、多部门、多技术配合的项目，管理效率要求很高的项目	大型综合建筑企业，经营范围很宽、实力很强的建筑企业	文化素质、管理素质、技术素质很高，但人才紧缺，管理人才多，人员一专多能	管理水平很高，管理渠道畅通，信息沟通灵敏，管理经验丰富
事业部式	大型项目，远离企业基地项目，事业部制企业承揽的项目	大型综合建筑企业，经营能力很强的企业，海外承包企业，跨地区承包企业	人员素质高，项目经理强，专业人才多	经营能力强，信息手段强，管理经验丰富，资金实力雄厚

3. 施工项目管理的基本内容

（1）施工项目管理的内容

施工项目管理的目标是通过项目管理的工作实现的。为了实现项目管理目标必须对项目进行全过程的多方面的管理。项目管理的内容有：

1）建立项目管理组织

A. 由企业采用适当的方式选聘称职的项目经理。

B. 根据项目组织原则，选用适当的组织形式，组建项目管理机构，明确责任、权限和义务。

C. 在遵守企业规章制度的前提下，根据项目管理的需要，制订项目管理制度。

2）编制项目管理规划

项目管理规划是对项目管理目标、组织、内容、方法、步骤、重点进行预测和决策，做出具体安排的文件。项目管理规划的内容主要有：

A. 进行工程项目分解，形成施工对象分解体系，以便确定阶段控制目标，从局部到整体地进行施工活动和项目管理。

B. 建立项目管理工作体系，绘制项目管理工作体系图和项目管理工作信息流程图。

C. 编制项目管理规划，确定管理点，形成文件，以利执行。

3）进行项目的目标控制

项目的目标有阶段性目标和最终目标。实现各项目标是项目管理的目的所在。因此应当坚持以控制论原理和理论为指导，进行全过程的科学控制。项目的控制目标有：进度控制目标、质量控制目标、成本控制目标、安全控制目标。

由于在项目目标的控制过程中，会不断受到各种客观因素的干扰，各种风险因素有随时发生的可能性，故应通过组织协调和风险管理，对项目目标进行动态控制。

4）对项目现场的生产要素进行优化配置和动态管理

项目的生产要素是项目目标得以实现的保证，主要包括：人力资源、材料、设备、资金和技术（即5M）。生产要素管理的内容包括：

A. 分析各项生产要素的特点。

B. 按照一定原则、方法对项目生产要素进行优化配置，并对配置状况进行评价。

C. 对项目的各项生产要素进行动态管理。

5）项目的合同管理

由于项目管理是在市场条件下进行的特殊交易活动的管理，这种交易活动从招投标开始，并贯穿项目管理的全过程，因此必须依法签订合同，进行履约经营。合同管理的好坏直接涉及项目管理及工程施工的技术经济效果和目标实现。因此，要从招投标开始，加强工程合同的签订、履行和管理。合同管理是一项执法、守法活动，建设市场有国内市场和国际市场，合同管理势必涉及国内和国际上有关法规和合同文本、合同条件，在合同管理中应予高度重视。合同管理还必须注意搞好索赔，讲究方法和技巧，提供充分的证据。

6）项目的信息管理

现代化管理要依靠信息。项目管理是一项复杂的现代化的管理活动，更要依靠大量信息及对大量信息的管理。项目目标控制、动态管理，必须依靠信息管理，并应用电子计算机进行辅助。

7）组织协调

组织协调指以一定的组织形式、手段和方法，对项目管理中产生的关系不畅进行疏通，对产生的干扰和障碍予以排除的活动。由于各种条件和环境的变化，在控制与管理的过程中，必然形成不同程度的干扰，使原计划的实施产生困难，这就必须协调。协调是为顺利"控制"服务的，协调与控制的目的都是保证目标实现。协调要依托一定的组织、形式和手段，并针对干扰的种类和关系的不同而分别对待。除努力寻求规律以外，协调还要靠应变能力，靠处理例外事件的机制和能力来实现。

（2）施工项目管理的程序

项目管理的各个职能以及各个管理部门在项目过程中形成一定的关系，它们之间有工作过程的联系（工作流），也有信息联系（信息流），构成了一个项目管理的整体。这也是项目管理工作的基本逻辑关系。工程项目管理的程序为：

1）制项目管理规划大纲；

2）制投标书并进行投标；

3）签订施工合同；

4）选定项目经理；

5）项目经理接受企业法定代表人的委托组建项目经理部；

6）企业法定代表人与项目经理签订"项目管理目标责任书"；

7）项目经理部编制"项目管理实施规划"；

8）进行项目开工前的准备；

9）施工期间按"项目管理实施规划"进行管理；

10）在项目竣工验收阶段进行竣工结算、清理各种债权债务、移交资料和工程；

11）进行经济分析，做出项目管理总结报告并送企业管理层有关职能部门；

12）企业管理层组织考核委员会对项目管理工作进行考核评价并兑现"项目管理目标责任书"中的奖罚承诺；

13）项目经理部解体；

14）在保修期满前企业管理层根据"工程质量保修书"和约定进行项目回访保修。

主要参考文献

[1] 毕万利主编. 建筑材料. 北京：高等教育出版社，2002.

[2] 高琼英主编. 建筑材料. 武汉：武汉工业大学出版社，2002.

[3] 刘祥顺主编. 建筑材料. 北京：中国建筑工业出版社，1997.

[4] 李业兰主编. 建筑材料. 北京：中国建筑工业出版社，1997.

[5] 龚洛书主编. 新型建筑材料性能与应用. 第5版. 北京：中国环境出版社，2000.

[6] 崔海潮编著. 建筑粘合剂及防水材料应用手册. 北京：中国石化出版社，2000.

[7] 中国建筑防水材料工业协会编. 建筑防水手册. 北京：中国建筑工业出版社，2001.

[8] 刘柏贤主编. 建筑塑料. 北京：化学工业出版社，1999.

[9] 张海梅主编. 建筑材料. 北京：科学出版社，2001.

[10] 赵斌主编. 建筑装饰材料. 天津：天津科学技术出版社，1997.

[11] 陈宝钰主编. 建筑装饰材料. 北京：中国建筑工业出版社，1998.

[12] 哈尔滨建筑大学等合编. 建筑装饰材料. 北京：中国建材工业出版社，1998.

[13] 赵研主编. 建筑识图与构造. 北京：中国建筑建筑工业出版社，2003.

[14] 赵研主编. 建筑识图与构造. 北京：中国建筑建筑工业出版社，2004.

[15] 李必瑜主编. 房屋建筑学. 武汉：武汉理工大学出版社，2000.

[16] 杨金铎，房志勇主编. 房屋建筑构造（第三版）. 北京：中国建材工业出版社，2001.

[17] 刘谊才，李金星，程久平主编. 新编建筑识图与构造. 合肥：安徽科学技术出版社，2003.

[18] 江忆南，李世芬主编. 房屋建筑教程. 北京：化学工业出版社，2004.

[19] 陈卫华主编. 建筑装饰构造. 北京：中国建筑建筑工业出版社，2000.

[20] 危道军主编. 土木建筑制图. 北京：高等教育出版社，2002.

[21] 刘昭如主编. 建筑构造设计基础. 北京：科学出版社，2000.

[22] 刘建荣主编. 房屋建筑学. 武汉：武汉大学出版社，1991.

[23] 舒秋华主编. 房屋建筑学（第二版）. 武汉：武汉理工大学出版社，2002.

[24] 王全凤主编. 快速识读钢筋混凝土结构施工图. 福州：福建科学技术出版社，2004.

[25] 中华人民共和国建设部主编. 建筑结构制图标准 GB/T 50105—2001. 北京：中国计划出版社，2002.

[26] 中国建筑标准设计研究院主编. 混凝土结构施工图平面整体表示方法制图规则和构造详图 03G101-1. 中国建筑标准设计研究院出版，2005.

[27] 河南省建筑设计研究院主编. 中南建筑配件图集（合订本）98ZJ001. 中南地区建筑标准设计协作组办公室，2000.

[28] 胡兴福主编. 建筑力学与结构. 武汉：武汉理工大学出版社，2004.

[29] 罗向荣主编. 建筑结构. 北京：中国环境科学出版社，2003.

[30] 李永光主编. 建筑力学与结构. 北京：机械工业出版社，2006.

[31] 张建荣主编. 建筑结构选型. 北京：中国建筑工业出版社，1999.

[32] 吴承霞，吴大蒙主编. 建筑力学与结构基础知识. 北京：中国建筑工业出版社，1997.

[33] 危道军主编. 招投标与合同管理实务. 北京：高等教育出版社，2004.

[34] 林密主编. 工程项目招投标与合同管理. 北京：中国建筑工业出版社，2003.

[35] 危道军主编. 武汉：建筑装饰专业综和实训. 武汉理工大学出版社，2005.

[36] 危道军，刘志强主编. 武汉：工程项目管理. 武汉理工大学出版社，2004.